Esta edición ha sido revisada
Y APROBADA POR EL AUTOR
Y la primera edición impresa
2009

Este libro es PARA DARLE REFERENCIAS PARA TUBO
Y ACERO PARA CUALQUIER INFORMACIÓN QUE USTED PUEDA necesitar
En la punta de sus dedos para calcular los despegues
Y el peso de los materiales utilizados más comunes

Este libro está dedicado a la memoria de (4) de mis mejores amigos.
Y los compañeros de trabajo. Todos ellos dejaron su huella como líderes
En la industria de tuberías como PIPEFITTER fraguadores y supervisores.

OMAR "cherokee" Robinson

JOHN "DOS TORNILLOS" = Johnson

DON "papá" Jennings

MARK GRIFFITH

Usted estará en mi memoria para siempre

También DEDICADO A MI ESPOSA "CHARLOTTE M. EISENBARTH PARA ELLA
Muchas horas de paciencia mientras escribía este libro

1A

Acerca del Autor

El autor de este libro es el propietario de Bulldog Fabricación y

Los consultores que hace ingeniería, consultoría, estimar y

Equipo de redacción dibujos isométricos. Él también ha enseñado

Pipefitting clases en todo el país mientras se empleaba Por

diversos contratistas.Ha trabajado en todas las fases de la red de

tuberías Desde la industria fabricante de tuberías pipefitter

ingeniero. A través de los (44) años de experiencia, ha visto los

problemas que pipefitters Y soldadores han encontrado durante la

fabricación de piezas de carrete.

Lo último en gráficos y tablas de referencia para tubo & STEEL fue creado Para tener todas las

cartas que usted necesita en un libro al alcance de su mano. Este Libro incluye propiedades de

tubo, tubo de acero y aleación y aceros junto Con pesos de tubería y acero, hormigón reforzar

Rebar, chirrido El metal expandido, etc. Este libro debe proporcionar toda la información

En SPECS, pesos DIMINSIONS, etc. para pedidos, cálculo y fabricación.

"Lo último"
Gráficos y tablas de referencia
Para TUBO Y ACERO

Primera edición 2009

Reservar Precio: $24.95

Creado por

R.L. "Bulldog" EISENBARTH
Propietario de BULLDOG Fabricación y consultores

Teléfono celular (402) 326-2852
Correo electrónico: theultimatepipefitter@gmail.com

Dirección Web: theultimatepipefitter&welder.com

Tabla de contenido	Nº de página

Tabla de contenidos (continuación)

Tabla de contenidos (continuación)   Nº de página

Tabla de contenidos (continuación)   Nº de página

1H

Tabla de contenidos (continuación)

Tabla de contenidos (continuación)

Fórmulas trigonométricas

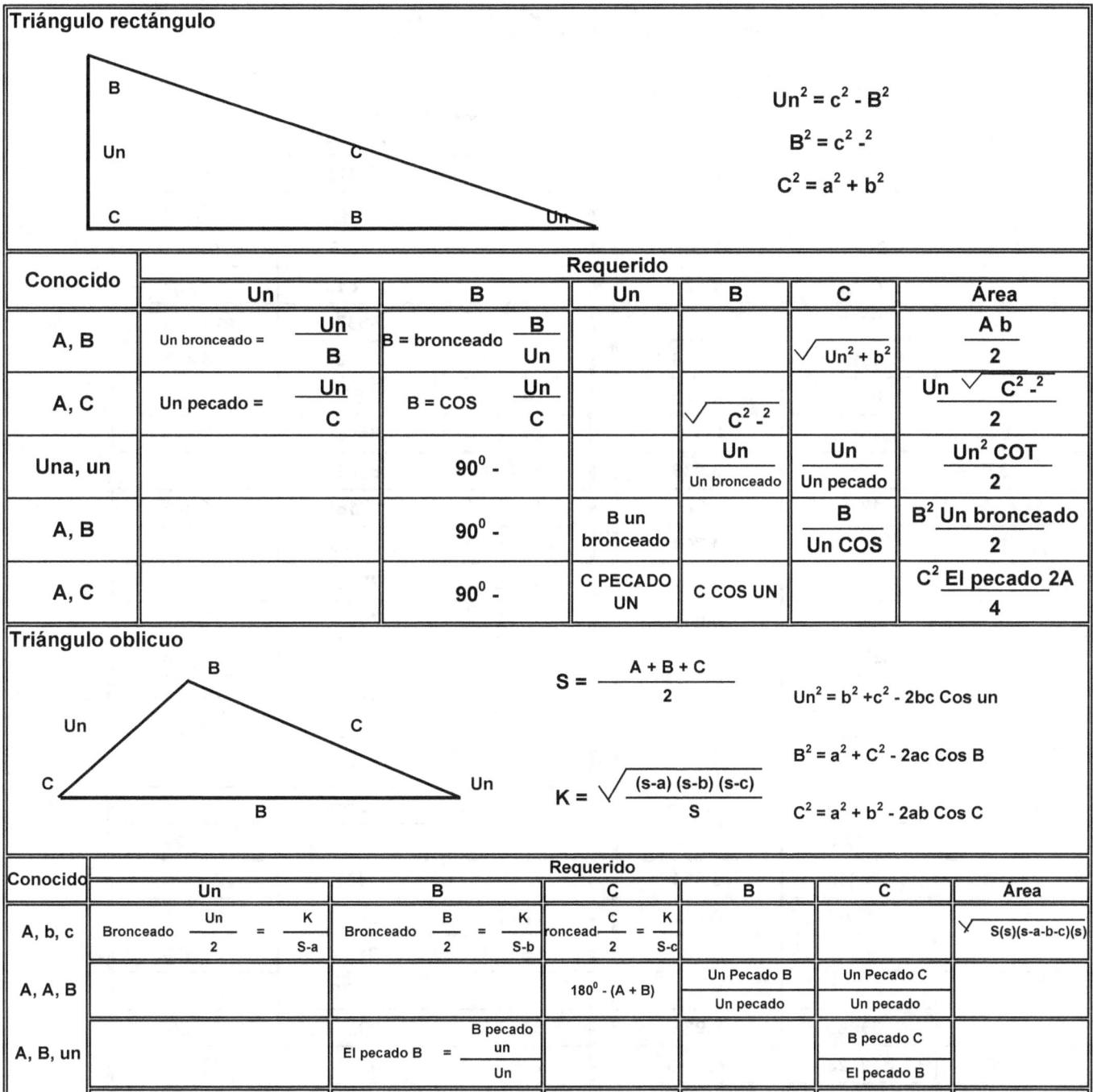

Triángulo rectángulo

$$Un^2 = c^2 - B^2$$
$$B^2 = c^2 - {}^2$$
$$C^2 = a^2 + b^2$$

Conocido	Requerido					
	Un	B	Un	B	C	Área
A, B	Un bronceado = $\dfrac{Un}{B}$	B = bronceado $\dfrac{B}{Un}$			$\sqrt{Un^2 + b^2}$	$\dfrac{A\,b}{2}$
A, C	Un pecado = $\dfrac{Un}{C}$	B = COS $\dfrac{Un}{C}$		$\sqrt{C^2 - {}^2}$		$\dfrac{Un\ \sqrt{C^2 - {}^2}}{2}$
Una, un		$90^0 -$		$\dfrac{Un}{Un\ bronceado}$	$\dfrac{Un}{Un\ pecado}$	$\dfrac{Un^2\ COT}{2}$
A, B		$90^0 -$	B un bronceado		$\dfrac{B}{Un\ COS}$	$\dfrac{B^2\ Un\ bronceado}{2}$
A, C		$90^0 -$	C PECADO UN	C COS UN		$\dfrac{C^2\ El\ pecado\ 2A}{4}$

Triángulo oblicuo

$$S = \dfrac{A + B + C}{2}$$
$$K = \sqrt{\dfrac{(s-a)\,(s-b)\,(s-c)}{S}}$$

$$Un^2 = b^2 + c^2 - 2bc\ Cos\ un$$
$$B^2 = a^2 + C^2 - 2ac\ Cos\ B$$
$$C^2 = a^2 + b^2 - 2ab\ Cos\ C$$

Conocido	Requerido					
	Un	B	C	B	C	Área
A, b, c	Bronceado $\dfrac{Un}{2} = \dfrac{K}{S-a}$	Bronceado $\dfrac{B}{2} = \dfrac{K}{S-b}$	ronceado $\dfrac{C}{2} = \dfrac{K}{S-c}$			$\sqrt{S(s)(s-a-b-c)(s)}$
A, A, B			$180^0 - (A + B)$	$\dfrac{Un\ Pecado\ B}{Un\ pecado}$	$\dfrac{Un\ Pecado\ C}{Un\ pecado}$	
A, B, un		El pecado B $= \dfrac{B\ pecado\ un}{Un}$			$\dfrac{B\ pecado\ C}{El\ pecado\ B}$	
A, B, C	Un bronceado= $\dfrac{Un\ Pecado\ C}{B - un\ Cos\ C}$				$\sqrt{Un^2 + b^2 - 2ab\ Cos\ C}$	$\dfrac{Ab\ pecado\ C}{2}$

Equivalentes decimales

Fracción	DECIMAL	Milímetro	Fracción	DECIMAL	Milímetro
1 / 64	.01563	0.397	33 / 64	.51563	13.097
1 / 32	.03125	0,794	17 / 32	.53125	13.494
3 / 64	.04688	1191	35 / 64	.54688	13.891
1 / 16	0,0625	1,588	9 / 16	.5625	14.288
5 / 64	.07813	1.984	37 / 64	.57813	14.684
3 / 32	.09375	2381	19 / 32	.59375	15.081
7 / 64	.10938	2.778	39 / 64	.60938	15.478
1 / 8	0.125	3.175	5 / 8	0.625	15,875
9 / 64	.14063	3.672	41 / 64	.64063	16.272
5 / 32	.15625	3.969	21 / 32	.65625	16.669
11 / 64	.17188	4.366	43 / 64	.67188	17.066
3 / 16	.1875	4.763	11 / 16	.6875	17.463
13 / 64	.20313	5.159	45 / 64	.70313	17.859
7 / 32	.21875	5.556	23 / 32	.71875	18.256
15 / 64	.23438	5.953	47 / 64	.73438	18.653
1 / 4	.250	6.350	3 / 4	.750	19.050
17 / 64	.26563	6.747	49 / 64	.76563	19.447
9 / 32	.28125	7,144	25 / 32	.78125	19.844
19 / 64	.29688	7.541	51 / 64	.79688	20.241
5 / 16	.3125	7.938	13 / 16	.8125	20.638
21 / 64	.32813	8.334	53 / 64	.82813	21.034
11 / 32	.4375	8.731	27 / 32	.84375	21.431
23 / 64	.35938	9.128	55 / 64	085938	21.828
3 / 8	0.375	9.525	7 / 8	0,875	22.225
25 / 64	.39063	9.922	57 / 64	.89063	22.622
13 / 32	.40625	10.319	29 / 32	.90625	23.019
27 / 64	.42188	10.716	59 / 64	.92188	23.416
7 / 16	.4375	11.113	15 / 16	.9375	23.813
29 / 64	.45813	11.509	61 / 64	.95313	24.209
15 / 32	.46875	11.906	31 / 32	.96875	24.606
31 / 64	.48438	12.303	63 / 64	.98438	25.003
1 / 2	0.500	12.700	1	1.00000	25,400

Decimales DE UN PIE

Pulgada	0"	1"	2"	3"	4"	5"	6"	7"	8"	9"	10"	11"
0	0	.0833	.1667	.2500	.3333	.4167	.5000	.5833	.6667	.7500	.8333	.9167
1/16	.0052	.0885	.1719	.2552	.3385	.4219	.5052	.5885	.6719	.7552	.8385	.9219
1/8	.0104	.0938	.1771	.2604	.3438	.4271	.5104	.5938	.6771	.7604	.8438	.9271
3/16	.0156	.0990	.1823	.2656	.3490	.4323	.5156	.5990	.6823	.7656	.8490	.9323
1/4	.0208	.1042	.1875	.2708	.3542	.4375	.5208	.6042	.6875	.7708	.8542	.9375
5/16	.0260	.1094	.1927	.2760	.3594	.4427	.5260	.6094	.6927	.7760	.8594	.9427
3/8	.0313	.1146	.1979	.2812	.3646	.4479	.5313	.6146	.6979	.7813	.8646	.9479
7/16	.0365	.1198	.2031	.2865	.3698	.4531	.5365	.6198	.7031	.7865	.8698	.9531
1/2	.0417	.1250	.2083	.2917	.3750	.4583	.5417	.6250	.7083	.7917	.8750	.9583
9/16	.0469	.1302	.2135	.2969	.3802	.4635	.5469	.6302	.7135	.7969	.8802	.9635
5/8	.0521	.1354	.2188	.3021	.3854	.4688	.5521	.6354	.7188	.8021	.8854	.9688
11/16	.0573	.1406	.2240	.3073	.3906	.4740	.5573	.6406	.7240	.8073	.8906	.9740
3/4	0,0625	.1458	.2292	.3125	.3958	.4792	.5625	.6458	.7292	.8125	.8958	.9792
13/16	.0677	.1510	.2344	.3177	.4010	.4844	.5677	.6510	.7344	.8177	.9010	.9844
7/8	.0729	.1563	.2396	.3229	.4063	.4896	.5729	.6563	.7396	.8229	.9063	.9896
15/16	.0781	.1615	.2448	.3281	.4115	.4948	.5781	.6615	.7448	.8281	.9115	.9948
1	.0833	.1667	.2500	.3333	.4167	.5000	.5833	.6667	.7500	.8333	.9167	1.0000

3

Los multiplicadores de cosecante = ángulo

El lado opuesto del ángulo X Multiplicador = TRAVEL

Grad	MULT	Grad	MULT	Grad	MULT	Grad	MULT	Grad	MULT
1	57,14	19	3.07	37	1.66	55	1.22	73	1.04
2	28.65	20	2.92	38	1.62	56	1.21	74	1.04
3	19.12	21	2.79	39	1.59	57	1.19	75	1.03.
4	14.33	22	2.67	40	1.55	58	1.18	76	1.03.
5	11.47	23	2.55	41	1.52	59	1.17	77	1.02
6	9,55	24	2.46	42	1.49	60	1.16	78	1.02
7	8.20	25	2.36	43	1.47	61	1.14	79	1.02
8	7.18	26	2.28.	44	1.44	62	1.13	80	1.01
9	6.39	27	2.20	45	1.41	63	1.12	81	1.01
10	5.76	28	2.13	46	1.39	64	1.11	82	1.00
11	5.24	29	2.06	47	1.37	65	1.10	83	1.00
12	4.81	30	2.00	48	1.35	66	1.09	84	1.00
13	4.44	31	1.94	49	1.33	67	1.08	85	1.00
14	4.13	32	1.88	50	1.31	68	1.07	86	1.00
15	3.86	33	1.83	51	1.29	69	1.07	87	1.00
16	3.63	34	1.79	52	1.27	70	1.06	88	1.00
17	3.42	35	1.74	53	1.25	71	1.05	89	1.00
18	3.24	36	1.70	54	1.24	72	1.05	90	1.00

Tabla de circunferencia de tubo

El TAMAÑO DEL TUBO	Diámetro exterior	CIRCUM	1 / 2 CIRCUM	1 / 4 CIRCUM	1 / 8 CIRCUM	1 / 16 CIRCUM
1 1/2	1.9	5 31/32	3	1 1/2	3/4	3/8
2	2.375	7 15/32	3 3/4	1 7/8	15/16	15/32
2 1/2	2,875	9 1/32	4 1/2	2 1/4	1 1/8	9/16
3	3.5	11	5 1/2	2 3/4	1 3/8	11/16
3 1/2	4	12 9/16	6 9/16	3 1/8	1 9/16	25/32
4	4.5	14 1/8	7 1/16	3 17/32	1 3/4	7/8
4 1/2	5.0	15 25/32	7 29/32	3 15/16	1 31/32	1
5	5.563	17 1/2	8 3/4	4 3/8	2 3/16	1 3/32
6	6.625	20 13/16	10 13/32	5 3/16	2 5/8	1 5/16
8	8,625	27 3/32	13 9/16	6 25/32	3 3/8	1 11/16
10	10.75	33 3/4	16 7/8	8 7/16	4 7/32	2 1/8
12	12.75	40 1/16	20 1/32	10	5	2 1/2
14	14	44	22	11	5 1/2	2 3/4
16	16	50 1/4	25 1/8	12 9/16	6 9/32	3 1/8
18	18	56 9/16	28 9/32	14 1/8	7 1/16	3 17/32
20	20	62 13/16	31 13/32	15 11/16	7 7/8	3 15/16
22	22	69 1/8	34 9/16	17 9/32	8 5/8	4 5/16
24	24	75 13/32	37 11/16	18 27/32	9 7/16	4 23/32
26	26	81 11/16	40 27/32	20 7/16	10 7/32	5 3/32
28	28	87 31/32	44	22	11	5 1/2
30	30	94 1/4	47 1/8	23 9/16	11 25/32	5 7/8
32	32	100 17/32	50 1/4	25 1/8	12 9/16	6 9/32
34	34	106 13/16	53 13/32	26 11/16	13 11/32	6 11/16
36	36	113 3/32	56 9/16	28 9/32	14 1/8	7 1/16
40	40	125 21/32	62 13/16	31 13/32	15 23/32	7 7/8
42	42	131 15/16	65 31/32	33	16 1/2	8 1/4
48	48	150 13/16	75 13/32	37 11/16	18 27/32	9 7/16
54	54	169 21/32	84 27/32	42 13/32	21 7/32	10 19/32
60	60	188 1/2	94 1/4	47 1/8	23 9/16	11 25/32

Tubo por cuadros de datos

Fórmula para calcular los pesos DE TUBO = 10.6802 X T X (D - T) Cuando D = O.D. De Pipe & T = espesor de pared de tubo

El TAMAÑO DEL TUBO	Todas DIM'S ESTÁN EN PULGADAS	O.D. DIM	CIRC.	5S	5	10S	10	20	30	STD	40	60	EX. H	80	100	120	140	160	DBL. EX. H
3/8"	Grosor de pared	0,625	1.963	0.049		0.065				0.091	0,091		0.126	0.126					
	Peso			0.328		0.423				0.568	0.568		0.739	0.739					
1/2"	Grosor de pared	0.840	2.639	0,065		0.083				0.109	0.109		0.147	0.147				0.187	0,294
	Peso			0.538		0.671				0.851	0.851		1.088	1.088				1.304	1.714
3/4"	Grosor de pared	1050	3.298	0.065		0.083				0.113	0.113		0.154	0.154				0.218	0,308
	Peso			0.684		0.857				1.131	1.131		1.474	1.474				1.937	2.441
1"	Grosor de pared	1.315	4.131	0,065		0.109				0.133	0,133		0.179	0.179				0.250	0.358
	Peso			0.868		1.404				1.679	1.679		2.172	2.172				2.844	3.659
1 1/4"	Grosor de pared	1.660	5.215	0,065		0.109				0.140	0.140		0.191	0.191				0.250	0,382
	Peso			1,107		1,806				2.273	2.273		2.997	2.997				3.765	5.214
1 1/2"	Grosor de pared	1.900	5.969	0,065		0.109				0.145	0,145		0.200	0.200				0.281	0,400
	Peso			1.274		2.085				2,718	2.718		3.631	3.631				4.859	6.408
2"	Grosor de pared	2.375	7.461	0,065		0.109				0.154	0,154		0,218	0,218				0.344	0,436
	Peso			1.604		2.638				3.653	3.653		5.022	5.022				7.462	9.029
2 1/2"	Grosor de pared	2,875	9.032	0.083		0.120				0.203	0.203		0.276	0.276				0.375	0.552
	Peso			2.475		3.531				5.793	5.793		7.661	7.661				10.01	13.69
3"	Grosor de pared	3500	10.99	0.083		0.120				0.216	0.216		0.300	0.300				0.438	0.600
	Peso			3.029		4.332				7.576	7.576		10.25	10,25				14.32	18.58
3 1/2".	Grosor de pared	4.000	12,56	0.083		0.120				0.226	0.226		0.318	0.318					0.636
	Peso			3.472		4.973				9.109	9.109		12.50	12.50					22.85
4"	Grosor de pared	4.500	14.13	0.083		0.120				0.237	0.237		0.337	0.337		0,438		0.531	0,674
	Peso			3.915		5.613				10.79	10.79		14.98	14.98		19.00		22.51	27.54
4 1/2"	Grosor de pared	5.000	15,70							0.247			0.355						0.710
	Peso									12.54			17,61						32.53
5"	Grosor de pared	5.563	17,47	0.109		0.134				0.258	0.258		0.375	0.375		0.500		0.625	0.750
	Peso			6.349		7.770				14.62	14.62		20,78	20,78		27.04		32.96	38.55
6"	Grosor de pared	6.625	20.81	0.109		0.134				0.280	0.280		0.432	0.432		elas de		0.719	0.864
	Peso			7.585		9.289				18.97	18.97		28.57	28.57		36.39		45.35	53.16
8"	Grosor de pared	8,625	27.09	0.109		0.148		0.250	0.277	0.322	0.322	0.406	0.500	0.500	0.594	0.719	0.812	0.906	0.875
	Peso			9.914		13,40		22.36	24.70	28.55	28.55	35.64	43.39	43.39	50.95	60,71	67.76	74.69	72.42
10"	Grosor de pared	10.75	33.77	0.134		0.165	0.165	0.250	0.307	0.365	0.365	0.500	0.500	0.594	0.719	0.844	1.000	1.125	1.000
	Peso			15.19		18.65	18.65	28.04	34.24	40.48	40.48	54.74	54.74	64.43	77.03	89.29	104.1	115.64	104.1

Tubo por cuadros de datos continua

Fórmula para calcular los pesos DE TUBO = 10.6802 X T X (D - T) Cuando D = O.D. De Pipe & T = espesor de pared de tubo

El TAMAÑO DEL TUBO	Todas DIM'S ESTÁN EN PULGADAS	O.D. DIM	CIRC.	5S	5	10S	10	20	30	STD	40	60	EX. H	80	100	120	140	160	DBL. EX. H
12"	Grosor de pared	12.75	40,05	0,156	0.165	0,180	------	0.250	0.330	0.375	0.406	0.562	0.500	0.688	0.844	1.000	1,125	0.312	------
	Peso			20,98	22.19	24,16	------	33.38	43.77	49.56	53.52	73.15	65.42	88.63	107.3	125,5	139.7	160.3	
14"	Grosor de pared	14.00	43.98	0,156	------	0.188	0.250	0.312	0.375	0.375	0,438	0.594	0.500	0,750	0.938	1.094	1.250	1.406	------
	Peso			23.07	------	27.73	36.71	45.61	54.57	54.57	63.44	85.05	72.09	106.1	130,9	150,8	170,2	189.1	
16"	Grosor de pared	16.00	50.26	0.165	------	0.188	0.250	0.312	0.375	0.375	0.500	0.656	0.500	0,844	1,031	1.219	1.438	1.594	------
	Peso			27.90	------	31.75	42.05	52.27	62.58	62.58	82.77	107.5	82.77	136,6	164,8	192.4	223,6	245.2	
18"	Grosor de pared	18.00	56.54	0.165	------	------	0.250	0.312	0,438	0.375	0.562	0,750	0.500	0.938	1.156	1,375	1.562	ta los 1	------
	Peso			31.43			47.39	58,94	82.15	70.59	104.7	138.2	93,45	170,9	208.0	244.1	274.2	308.5	
20"	Grosor de pared	20.00	62.83	0.188	------	0,218	0.250	0.375	0.500	0.375	0.594	0.812	0.500	1,031	1,281,	1500	1.750	1.969	------
	Peso			39.78		46.06	52,73	78.60	104.1	78.60	123.1	166.4	104.1	208.9	256.1	296,4	341,1	379.2	
24"	Grosor de pared	24.00	75.39	------	------	------	0.250	0.375	0.562	0.375	0.688	0,969	0.500	1.219	1,846	1.812	2.062	2.343	------
	Peso						63,41	94.62	140,7	94.62	171,3	238.3	125,5	296.6	367.4	429.4	483.1	541.9	
26"	Grosor de pared	26.00	81.68	------	------	------	0.312	0.500	------	0.375	------	------	0.500	------	------	------	------	------	------
	Peso						85.60	136,2		102,6			136,2						
28"	Grosor de pared	28.00	87.96	------	------	------	0.312	0.500	0,625	0.375	------	------	0.500	------	------	------	------	------	------
	Peso						92.26	146,9	182.7	110.6			146,9						
30"	Grosor de pared	30.00	94.24	0.250	------	------	0.312	0.500	0,625	0.375	------	------	0.500	------	------	------	------	------	------
	Peso			79.43			98,93	157,5	196,1	118.6			157,5						
36".	Grosor de pared	36.00	113.09	0.250	------	------	0.312	0.500	0,625	0.375	0,750	------	0.500	------	------	------	------	------	------
	Peso			95,45			118,9	189,6	236.1	142,7	282,4		189.6						
42"	Grosor de pared	42.00	131.94	------	------	------	------	------	------	0.375	------	------	0.500	------	------	------	------	------	------
	Peso									166.7			221.6						
48"	Grosor de pared	48.00	150.79	------	------	------	------	------	------	0.375	------	------	0.500	------	------	------	------	------	------
	Peso									190.7			253.7						
60"	Grosor de pared	60.00	188.49	------	------	------	------	------	------	0.375	------	------	0.500	------	------	------	------	------	------
	Peso									238.8			317.7						

7

Los datos de espesor de pared de tubo

Fórmula para calcular los pesos DE TUBO = 10.6802 X T X (D - T) Cuando D = O.D. De

Pipe & T = espesor de pared de tubo

El TAMAÑO DEL TUBO	O.D. DIM	CIRC.	Todas DIM'S ESTÁN EN PULGADAS	0.065	0.083	0.109	0.120	0.134	0.154	0.188	0.190	0.218	0.254	0.281	0.344	0.375	0.436	0.500
2"	2.375	7.461	Grosor de pared	0,065	0.083	0.109	0.120	0.134	0.154	0.188	0.190	0,218	0.254	0.281	0.344	0.375	0,436	0.500
			Peso	1.60	2.03	2.64	2.89	3.21	3.65	4.39	4.43	5.02	5.75	6.28	7.46	80.1	9.03	10.01
2 1/2"	2,875	9.032	Grosor de pared	0.078	0.083	0.109	0.120	0.141	0.154	0.188	0.203	0,216	0.217	0.250	0.276	0,308	0.375	0,552
			Peso	2.33	2.47	3.22	3.53	4.12	4.48	5.40	5,79	6.13	6.16	7.01	7.66	8.44	10.01	13.69
3"	3500	10.99	Grosor de pared	0.078	0.083	0.109	0.120	0.125	0.141	0,156	0.188	0.216	0.250	0.254	0.281	0.300	0.438	0.600
			Peso	2.85	3.03	3.95	4.33	4.51	5.06	5.57	6.65	7.58	8.68	8.81	9.66	10.25	14.32	18.58
3 1/2".	4.000	12,56	Grosor de pared	0.083	0.094	0.109	0.120	0.125	0.141	0,156	0.172	0.188	2.226	0.250	2.262	0,281	0.318	0.636
			Peso	3.47.	3.92	4.53	4.97	5.17	5.81	6.40	7.03	7.65	9.11	10.01	10.46	11.16	12.50	22,85
4"	4.500	14.13	Grosor de pared	0.083	0.109	0.120	0.125	0.141	0.156	0.172	0.188	0.203	0.219	0.224	0.250	0.290	0.312	0.375
			Peso	3.92	5.11	5.61	5.84	6.56	7.24	7.95	8.66	9.32	10.01	10.23	11.35	13.04	13.96	16.52
4 1/2"	5.000	15,70	Grosor de pared	0.120	0.125	0,156	0.188	0.203	0.219	0,237	0.253	0.296	0.362	0.437	0.500	0.562	0,750	1.250
			Peso	6.25	6.51	8,07	9,66	10,40	11.18	12.06	12,83	14.87	17.93	21.30	24.03	26,64	34.04	50.06
5"	5.563	17,47	Grosor de pared	0.083	0.109	0.125	0.134	0.156	0.188	0.219	0.258	0.281	0.312	0.344	0.375	0.500	0.625	0.750
			Peso	4.36	6.35	7.26	7.77	9.01	10.79	12.50	14.62	15.85	17.50	19.17	20.78	27.04	32.96	38.55
6"	6.625	20.81	Grosor de pared	0.109	0.125	0.134	0.141	0.156	0.172	0.188	0.203	0.219	0.250	0.312	0.344	0.375	0.500	0,625
			Peso	7.59	8.68	9.29	9.76	10.78	11,85	12,92	13.92	14.98	17.02	21.04	23.08	25.03	32.71	40,05
8"	8,625	27.09	Grosor de pared	0.109	0.125	0,156	0.172	0.188	0.203	0.219	0.264	0.312	0.344	0.375	0.438	0.562	0,825	0.875
			Peso	9.91	11.35	14.11	15.53	16.94	18.26	19.38	23.57	27.70	30.42	33.04	38.30	48.40	63.73 año	72.42
10"	10.75	33.77	Grosor de pared	0,156	0.172	0.188	0.203	0.219	0.279	0.344	0,350	0.400	0.438	0.562	0.625	0.812	1.000	1.250
			Peso	17,65	19.43	21.21	22.87	24.63	31.20	38.23	38.88	44.22	48.42	61.15	67.58	86.18	104.13	126.83
12"	12.75	40,05	Grosor de pared	0.172	0.188	0.203	0.219	0,281	0.312	0.344	0,438	0,625	0,750	0.812	0.875	1500	1.750	2.000
			Peso	23.11	25.22	27.20	29.31	37,8	41.45	45.58	57.59	80.93	96,12	103.53	110.97	180.23	205.59	229.62
14"	14.00	43.98	Grosor de pared	0.188	0.203	0.219	0.281	0.344	0.406	0.469	0.562	0,625	0.688	0.812	0.875	2.000	2,125	2.500
			Peso	27.73	29.91	32.23	41.17	50.17	58.94	67.78	80.66	89.28	97,81	114.37	122.65	256.32	269.50	307.05
16"	16.00	50.26	Grosor de pared	0.188	0.203	0.219	0.281	0.344	0.406	0.438	0.469	0,625	0.750	0.812	0.938	1,125	1.618	2.000
			Peso	31.75	34.25	36.91	47.17	57.52	67.62	72.80	77.79	102.63	122.15	131.71	150.89	178.72	248.52	299.04
18"	18.00	56.54	Grosor de pared	0.188	0.219	0,281	0.344	0.406	0.469	0,625	0.688	0.812	0.875	1.000	1,125	1.250	1500	1.562
			Peso	35.76	41.59	53.18	64.87	76.29	87.81	115.98	127.21	149.06	160.03	181.56	202.75	223.61	264.33	274.22
20"	20.00	62.83	Grosor de pared	0.219	0,281	0.312	0.344	0.406	0.438	0.469	0.625	0.750	0.875	1.000	1.250	1,375	1500	1.750
			Peso	46.27	59.18	65.60	72.21	84.96	91.51	97.83	129.33	154.19	178.72	202.92	250.31	273.51	296.37	341.09
22"	22.00	69.11	Grosor de pared	0.219	0,281	0.312	0.344	0.406	0,438	0.469	0.625	0.750	1.000	1.219	1.250	1,625	1.875	2,125
			Peso	50.94	65.18	72,27	79.56	93.63	100.86	107.85	142.68	170.21	224.28	270.55	277.01	353.61	403.00	451.06

8

Los datos de espesor de pared de tubo continua

Fórmula para calcular los pesos DE TUBO = 10.6802 X T X (D - T) Cuando D = O.D. De Pipe & T = espesor de pared de tubo

El TAMAÑO DEL TUBO	Todas DIM'S ESTÁN EN PULGADAS	O.D. DIM	CIRC.	0,281	0.312	0.344	0.406	0,438	0.469	0,625	0,750	0.875	1.000	1.250	1.312	1500	1.812	2.343
24"	Grosor de pared	24.00	75.39	0,281	0.312	0.344	0.406	0,438	0.469	0,625	0,750	0.875	1.000	1.250	1.312	1500	1.812	2.343
	Peso			71.18	78.93	86.91	102.31	110.22	117.86	156.03	186.23	216.10	245.64	303.71	317.91	360.45	429.39	541.93
26"	Grosor de pared	26.00	81.68	0.250	0,281	0.344	0.406	0,438	0.469	0.562	0,625	0.656	0.688	0.750	0.875	1.000	1.188	1.250
	Peso			68,75	77.18	94.26	110.98	119.57	127.88	152.68	169.38	177.56	185.99	202.25	234.79	300.00	314.81	330.41
28"	Grosor de pared	28.00	87.96	0.250	0.312	0.375	0.500	0.625	0.750	0.875	1.000	1.250	-----	-----	-----	-----	-----	-----
	Peso			74.09	92.26	110.64	146.85	182.73	218.27	253.48	288.36	357.11						
30"	Grosor de pared	30.00	94.24	0,281	0.344	0.406	0,438	0.469	0.562	0.656	0,750	0.875	1.000	1.250	1,375	1500	1.750	2.500
	Peso			89.19	108,95	128.32	138.29	147.92	176.69	205.59	234.29	272.17	309.72	383.8	420.4	456.57	527.99	734.25
32"	Grosor de pared	32.00	100.53	0.312	0.375	0.500	0.625	0.750	0.875	1.000	-----	-----	-----	-----	-----	-----	-----	-----
	Peso			105.59	126,66	168.21	209.43	250.31	290.86	331.08								
34"	Grosor de pared	34.00	106.81	0.312	0.375	0.500	0,625	0.750	1.000	-----	-----	-----	-----	-----	-----	-----	-----	-----
	Peso			112.25	134.67	178.89	222.78	266.33	352.44									
36".	Grosor de pared	36.00	113.09	0,281	0.312	0.344	0.406	0.438	0.469	0.562	0.656	0.688	0.875	1.000	1.250	1500	1.750	2.000
	Peso			107.20	118.92	131.00	154.34	166.35	177.97	212.70	247.62	259.47	328.24	373,8	463.91	552.69	640.13	726.24
40"	Grosor de pared	40.00	125.66	0.312	0.375	0.500	0.562	0.625	0.750	1.000	-----	-----	-----	-----	-----	-----	-----	-----
	Peso			132.25	158.70	210.93	236.71	262.83	314.39	416.52								
42"	Grosor de pared	42.00	131.94	0.312	0.344	0.406	0,438	0,438	0.562	0,625	0.562	0.688	0,750	0.875	1.000	1,125	1.250	1500
	Peso			138.91	153.04	180.35	194.42	208.03	248.72	276.18	289.66	303.55	330.41	384.31	437.88	491.11	544.01	648.81
48"	Grosor de pared	48.00	150.79	0.406	0,438	0.469	0.562	0,625	0.656	0.688	0.750	0.812	0.875	0.938	1.000	1,125	1.250	1500
	Peso			206.37	222.49	238.08	284.73	316.23	331.70	347.64	378.47	409.22	440.38	471.46	501.96	563.20	624.11	744.93
54"	Grosor de pared	54.00	169.64	0.250	0.312	0.344	0.375	0.406	0,438	0.469	0.500	0.562	0,625	0,750	0.812	0.875	0.938	1.000
	Peso			143.51	178.90	197.13	214.77	232.39	250.55	268.13	285.69	320.74	356.28	426.53	461.25	496.45	531.57	566.04
60"	Grosor de pared	60.00	188.49	0.250	0.312	0.344	0.375	0.406	0,438	0.465	0.500	0.562	0,625	0.688	0,750	0.812	0.875	0.938
	Peso			159.53	198.89	219.17	238.80	258.40	278.62	295.66	317.73	356.76	396.33	435.82	474.59	513.29	552.52	591.67

9

Peso ligero radio largo codos de 90 grados

Tamaño nominal de la tubería	Diámetro exterior OD.	Diámetro interior ID	Espesor de pared	Centro a cara	El NÚMERO DE PROGRAMA DE TUBO	El peso aproximado en libras
3/4"	1050	.884	.083	1 1/8"	10S	.14
1"	1.315	1.097	.109	1 1/2"	10S	.3
1 1/4"	1.660	1,442	.109	1 7/8"	10S	0.5
1 1/2"	1.900	1.682	.109	2 1/4"	10S	0.7
2"	2.375	2.157	.109	3"	10S	1.0
2 1/2"	2,875	2.635	.120	3 3/4"	10S	2.0
3"	3500	3.260	.120	4 1/2"	10S	3.0
3"	3500	3.124	.188	4 1/2"	10S	4.0
3 1/2".	4.000	3.760	.120	5 1/4"	10S	4.0
4"	4.000	3.760	.120	6"	10S	5.0
4"	4.500	4.260	.120	6"	10S	6.0
4"	4.500	4.124	.188	6"	10S	7.0
5"	5.000	4.732	0.134	7 1/2"	10S	7.0
5"	5.563	5.295	0.134	7 1/2"	10S	8.0
6"	6000	5.732	0.134	9"	10S	10.5
6"	6.625	6.357	0.134	9"	10S	12.0
6"	6.625	6.187	.219	9"	10S	18.2
8"	8.000	7.704	.148	12"	10S	21.0
8"	8,625	8.329	.148	12"	10S	25.0
8"	8,625	8.187	.219	12"	10S	31.9
10"	10.000	9.670	.165	15"	10S	38.0
10"	10.750	10.420	.165	15"	10S	43.0
10"	10.750	10.312	.219	15"	10S	50.0
12"	12.000	11.640	.180	18"	10S	56.0
12"	12.750	12.390	.180	18"	10S	64.0
12"	12.750	12.250	.250	18"	10S	81.0
14"	14.000	13,500	.250	21"	10	106,0
16"	16000	15.500	.250	24"	10	164.0
18"	18.000	17.500	.250	27"	10	194.0
20"	20.000	19.500	.250	30"	10	241.0
24"	24.000	23.500	.250	36".	10	372.0

Peso estándar radio largo codos de 90 grados

Tamaño nominal de la tubería	Diámetro exterior OD.	Diámetro interior ID	Espesor de pared	Centro a cara	El NUMERO DE PROGRAMA DE TUBO	El peso aproximado en libras
1/2"	.840	.622	.109	1 1/2"	40	.16
3/4"	1050	.824	.113	1 1/8"	40	.16
1"	1.315	1.049	.113	1 1/2"	40	.35
1 1/4"	1.660	1.380	.140	1 7/8"	40	6.
1 1/2"	1.900	1.610	.145	2 1/4"	40	.8
2"	2.375	2.067	.154	3"	40	1.5
2 1/2"	2.875	2.469	.203	3 3/4"	40	3.0
3"	3.500	3.068	.216	4 1/2"	40	4.5
3 1/2".	4.000	3.548	.226	5 1/4"	40	7.0
4"	4.500	4.026	.237	6"	40	9.0
5"	5.563	5.047	.258	7 1/2"	40	15.0
6"	6.625	6.065	.280	9"	40	24.0
8"	8.625	7.981	.322	12"	40	50.0
10"	10.750	10.020	.365	15"	40	83,0
12"	12.750	12.000	0.375	18"	STD	123.0
14"	14.000	13.250	0.375	21"	30	164.0
16"	16.000	15.250	0.375	24"	30	210,0
18"	18.000	17.250	0.375	27"	STD	273.0
20"	20.000	19.250	0.375	30"	20	343.0
22"	22.000	21.250	0.375	33"	STD	385.0
24"	24.000	23.250	0.375	36".	20	516.0
26"	26.000	25.250	0.375	39"	STD	602.0
30"	30.000	29.250	0.375	45"	STD	775.0
34"	34.000	33.250	0.375	51"	STD	926.0
36".	36.000	35.250	0.375	54"	STD	1040.0
42"	42.000	41.250	0.375	63"	STD	1420.0

XS Radio largo codos de 90 grados

Tamaño nominal de la tubería	Diámetro exterior OD.	Diámetro interior ID	Espesor de pared	Centro a cara	El NUMERO DE PROGRAMA DE TUBO	El peso aproximado en libras
1/2"	.840	.546	.147	1 1/2"	80	.20
3/4"	1.050	.742	.154	1 1/8"	80	.20
1"	1.315	.957	.179	1 1/2"	80	.45
1 1/4"	1.660	1.278	.191	1 7/8"	80	0.7
1 1/2"	1.900	1.500	.200	2 1/4"	80	1.0
2"	2.375	1.939	.218	3"	80	2.0
2 1/2"	2.875	2.323	.276	3 3/4"	80	4.0
3"	3.500	2.900	.300	4 1/2"	80	6.0
3 1/2".	4.000	3.364	.318	5 1/4"	80	8.5
4"	4.500	3.826	.337	6"	80	12.0
5"	5.563	4.813	0.375	7 1/2"	80	20.0
6"	6.625	5.761	.432	9"	80	32.0
8"	8.625	7.625	0.500	12"	80	68.0
10"	10.750	9.750	0.500	15"	60	112.0
12"	12.750	11.750	0.500	18"	XS	150.0
14"	14.000	13.000	0.500	21"	XS	192.0
16"	16.000	15.000	0.500	24"	40	258.0
18"	18.000	17.000	0.500	27"	XS	326.0
20"	20.000	19.000	0.500	30"	30	420.0
22"	22.000	21.000	0.500	33"	XS	508.0
24"	24.000	23.000	0.500	36".	XS	606.0
26"	26.000	25.000	0.500	39"	XS	713.0
30"	30.000	29.000	0.500	45"	20	953.0
34"	34.000	33.000	0.500	51"	XS	1230.0
36".	36.000	35.000	0.500	54"	XS	1380.0
42"	42.000	41.000	0.500	63"	XS	1880.0

STD WT & XS largo tangente un extremo los codos de 90 grados

Tamaño nominal de la tubería	Diámetro exterior OD.	Diámetro interior ID	Espesor de pared	Longitud tangente	Centro a cara		Peso aprox. En libras
					El extremo CORTO	Extremo largo	

Peso estándar

Tamaño nominal de la tubería	Diámetro exterior OD.	Diámetro interior ID	Espesor de pared	Longitud tangente	El extremo CORTO	Extremo largo	Peso aprox. En libras
1 1/2"	1.900	1.610	.145	1"	2 1/4"	3 1/4"	1.5
2"	2.375	2.067	.154	1 1/4"	3"	4 1/4"	1.9
2 1/2"	2.875	2.469	.203	1 1/4"	3 3/4"	5"	3.5
3"	3.500	3.068	.216	1 1/4"	4 1/2"	5 3/4"	5.4
3 1/2".	4.000	3.548	.226	1 1/2"	5 1/4"	6 3/4"	7.6
4"	4.500	4.026	.237	1 1/2"	6"	7 1/2"	10.0
5"	5.563	5.047	.258	1 1/2"	7 1/2"	9"	17.0
6"	6.625	6.065	.280	1 3/4"	9"	10 3/4"	28.0
8"	8.625	7.981	.322	1 3/4"	12"	13 3/4"	55.0
10"	10.750	10.020	.365	2"	15"	17"	91.0
12"	12.750	12.000	.375	2 1/2"	18"	20 1/2"	132.0

Pared extra fuerte.

Tamaño nominal de la tubería	Diámetro exterior OD.	Diámetro interior ID	Espesor de pared	Longitud tangente	El extremo CORTO	Extremo largo	Peso aprox. En libras
1 1/2"	1.900	1.500	.200	1"	2 1/4"	3 1/4"	1.4
2"	2.375	1.939	.218	1 1/4"	3"	4 1/4"	2.5
2 1/2"	2.875	2.323	.276	1 1/4"	3 3/4"	5"	4.6
3"	3.500	2.900	.300	1 1/4"	4 1/2"	5 3/4"	7.2
3 1/2".	4.000	3.364	.318	1 1/2"	5 1/4"	6 3/4"	10.3
4"	4.500	3.826	.337	1 1/2"	6"	7 1/2"	14.0
5"	5.563	4.813	.375	1 1/2"	7 1/2"	9"	24.0
6"	6.625	5.761	.432	1 3/4"	9"	10 3/4"	38.0
8"	8.625	7.625	.500	1 3/4"	12"	13 3/4"	75.0
10"	10.750	9.750	.500	2"	15"	17"	118.0
12"	12.750	11.750	.500	2 1/2"	18"	20 1/2"	171.0

Programación especial de radio largo codos de 90 grados

Tamaño nominal de la tubería	Diámetro exterior OD.	Diámetro interior ID	Espesor de pared	Centro a cara	El NUMERO DE PROGRAMA DE TUBO	El peso aproximado en libras
4"	4.500	3.624	.438	6"	120	15.0
5"	5.563	4.563	.500	7 1/2"	120	27.0
6"	6.625	5.501	.562	9"	120	43.1
8"	8.625	8.125	.250	12"	20	36.0
8"	8.625	8.071	.277	12"	30	40.0
8"	8.625	7.813	.406	12"	60	57.0
8"	8.625	7.439	.593	12"	100	81.0
8"	8.625	7.189	.718	12"	120	96.0
8"	8.625	7.001	.812	12"	140	106.0
10"	10.750	10.250	.250	15"	20	56.0
10"	10.750	10.136	.307	15"	30	69.0
10"	10.750	9.564	.593	15"	80	129.0
10"	10.750	9.314	.718	15"	100	152.0
10"	10.750	9.064	.843	15"	120	176.0
10"	10.750	8.750	1.000	15"	140	204.0
12"	12.750	12.250	.250	18"	20	81.0
12"	12.750	12.090	.330	18"	30	106.0
12"	12.750	11.938	.406	18"	40	130.0
12"	12.750	11.626	.562	18"	60	176.0
12"	12.750	11.376	.687	18"	80	212.0
12"	12.750	11.064	.843	18"	100	253.0
12"	12.750	10.750	1.000	18"	120	296.0
12"	12.750	10.500	1,125	18"	140	347.0
14"	14.000	13.126	.438	21"	40	179.0
14"	14.000	12.814	.593	21"	60	238.0
18"	18.000	17.126	.438	27"	30	298.0
18"	18.000	16.876	.562	27"	40	380.0
20"	20.000	18.814	.593	30"	40	494.0
24"	24.000	22.876	.562	36".	30	669.0

Radio largo de peso estándar reduciendo los codos de 90 grados

Tamaño nominal de la tubería	El diámetro exterior del extremo grande O.D.	Diámetro interior del extremo grande I.D.	Espesor de pared en el extremo grande	El diámetro exterior del extremo pequeño O.D.	Diámetro interior del extremo pequeño I.D.	Espesor de pared en extremo pequeño	Centro a cara	Aprox. Peso en libras
2" X 1 1/2"	2.375	2.067	.154	1.900	1.610	.145	3"	1.5
2" X 1 1/4"	2.375	2.067	.154	1.660	1.380	.140	3"	1.4
2" X 1"	2.375	2.067	.154	1.315	1.049	.133	3"	1.3
2 1/2" X 2"	2.875	2.469	.203	2.375	2.067	.154	3 3/4"	2.8
2 1/2" X 1 1/2"	2.875	2.469	.203	1.900	1.610	.145	3 3/4"	2.5
2 1/2" X 1 1/4"	2.875	2.469	.203	1.660	1.380	.140	3 3/4"	2.3
3" X 2 1/2"	3.500	3.068	.216	2.875	2.469	.203	4 1/2"	4.3
3" X 2"	3.500	3.068	.216	2.375	2.067	.154	4 1/2"	4.0
3" X 1 1/2"	3.500	3.068	.216	1.900	1.610	.145	4 1/2"	3.8
3 1/2" X 3"	4.000	3.548	.226	3.500	3.068	.216	5 1/4"	6.0
3 1/2" X 2 1/2"	4.000	3.548	.226	2.875	2.469	.203	5 1/4"	5.5
3 1/2" X 2"	4.000	3.548	.226	2.375	2.067	.154	5 1/4"	5.0
4" X 3 1/2"	4.500	4.026	.237	4.000	3.548	.226	6"	8.5
4" X 3"	4.500	4.026	.237	3.500	3.068	.216	6"	8.0
4" X 2 1/2"	4.500	4.026	.237	2.875	2.469	.203	6"	7.5
4" X 2"	4.500	4.026	.237	2.375	2.067	.154	6"	7.0
5" X 4"	5.563	5.047	.258	4.500	4.026	.237	7 1/2"	14.0
5" X 3 1/2"	5.563	5.047	.258	4.000	3.548	.226	7 1/2"	13.0
5" X 3"	5.563	5.047	.258	3.500	3.068	.216	7 1/2"	12.0
5" X 2 1/2"	5.563	5.047	.258	2.875	2.469	.203	7 1/2"	11.0
6" X 5"	6.625	6.065	.280	5.563	5.047	.258	9"	21.0
6" X 4"	6.625	6.065	.280	4.500	4.026	.237	9"	20.0
6" X 3 1/2"	6.625	6.065	.280	4.000	3.548	.226	9"	19.0
6" X 3"	6.625	6.065	.280	3.500	3.068	.216	9"	17.5
8" X 6"	8.625	7.981	.322	6.625	6.065	.280	12"	40.0
8" X 5"	8.625	7.981	.322	5.563	5.047	.258	12"	37.5
8" X 4"	8.625	7.981	.322	4.500	4.026	.237	12"	35.0
10" x 8"	10.750	10.020	.365	8.625	7.981	.322	15"	76.0
10" x 6"	10.750	10.020	.365	6.625	6.065	.280	15"	67.0
10" x 5"	10.750	10.020	.365	5.563	5.047	.258	15"	62.0
12" X 10"	12.750	12.000	.375	10.750	10.020	.365	18"	110.0
12" x 8"	12.750	12.000	.375	8.625	7.981	.322	18"	102.0
12" x 6"	12.750	12.000	.375	6.625	6.065	.280	18"	90.0

EXTRA FUERTE DE RADIO largo reduciendo los codos de 90 grados

Tamaño nominal de la tubería	El diámetro exterior del extremo grande O.D.	Diámetro interior del extremo grande I.D.	Espesor de pared en el extremo grande	El diámetro exterior del extremo pequeño O.D.	Diámetro interior del extremo pequeño I.D.	Espesor de pared en extremo pequeño	Centro a cara	Aprox. Peso en libras
2" X 1 1/2"	2.375	1.939	.218	1.900	1.500	.200	3"	2.0
2" X 1 1/4"	2.375	1.939	.218	1.660	1.278	.191	3"	1.8
2" X 1"	2.375	1.939	.218	1.315	.957	.179	3"	1.5
2 1/2" X 2"	2.875	2.323	.276	2.375	1.939	.218	3 3/4"	3.8
2 1/2" X 1 1/2"	2.875	2.323	.276	1.900	1.500	.200	3 3/4"	3.5
2 1/2" X 1 1/4"	2.875	2.323	.276	1.660	1.278	.191	3 3/4"	3.3
3" X 2 1/2"	3.500	2.900	.300	2.875	2.323	.276	4 1/2"	6.0
3" X 2"	3.500	2.900	.300	2.375	1.939	.218	4 1/2"	5.5
3" X 1 1/2"	3.500	2.900	.300	1.900	1.500	.200	4 1/2"	5.0
3 1/2" X 3"	4.000	3.364	.318	3.500	2.900	.300	5 1/4"	8.3
3 1/2" X 2 1/2"	4.000	3.364	.318	2.875	2.323	.276	5 1/4"	7.8
3 1/2" X 2"	4.000	3.364	.318	2.375	1.939	.218	5 1/4"	7.0
4" X 3 1/2"	4.500	3.826	.337	4.000	3.364	.318	6"	11.5
4" X 3"	4.500	3.826	.337	3.500	2.900	.300	6"	10.8
4" X 2 1/2"	4.500	3.826	.337	2.875	2.323	.276	6"	10.0
4" X 2"	4.500	3.826	.337	2.375	1.939	.218	6"	9.3
5" X 4"	5.563	4.813	.375	4.500	3.826	.337	7 1/2"	19.5
5" X 3 1/2"	5.563	4.813	.375	4.000	3.364	.318	7 1/2"	18.0
5" X 3"	5.563	4.813	.375	3.500	2.900	.300	7 1/2"	16.5
5" X 2 1/2"	5.563	4.813	.375	2.875	2.323	.276	7 1/2"	15.5
6" X 5"	6.625	5.761	.432	5.563	4.813	.375	9"	32.0
6" X 4"	6.625	5.761	.432	4.500	3.826	.337	9"	30.0
6" X 3 1/2"	6.625	5.761	.432	4.000	3.364	.318	9"	28.0
6" X 3"	6.625	5.761	.432	3.500	2.900	.300	9"	26.0
8" X 6"	8.625	7.625	.500	6.625	5.761	.432	12"	61.0
8" X 5"	8.625	7.625	.500	5.563	4.813	.375	12"	57.0
8" X 4"	8.625	7.625	.500	4.500	3.826	.337	12"	53.0
10" x 8"	10.750	9.750	.500	8.625	7.625	.500	15"	98.0
10" x 6"	10.750	9.750	.500	6.625	5.761	.432	15"	88.0
10" x 5"	10.750	9.750	.500	5.563	4.813	.375	15"	83.0
12" X 10"	12.750	11.750	.500	10.750	9.750	.500	18"	150.0
12" x 8"	12.750	11.750	.500	8.625	7.625	.500	18"	128.0
12" x 6"	12.750	11.750	.500	6.625	5.761	.432	18"	117.0

3R STD WT. & XS 90 grados y los codos de 45 grados

Tamaño nominal de la tubería	Espesor de pared nominal		Los codos de 90 grados 3R			3R los codos de 45 grados		
	Estándar de pared	Pared extra fuerte	Centro a cara	Peso aproximado en libras		Centro a cara	Peso aproximado en libras	
				Estándar de pared	Pared extra fuerte		Estándar de pared	Pared extra fuerte
2"	.154	.218	6"	3.0	4.0	2 1/2"	1.5	2.0
3"	.216	.300	9"	9.2	12.4	3 3/4"	4.6	6.1.
4"	.237	.337	12"	17.5	24.1	5"	8.7	11.9
6"	.280	.432	18"	-----	-----	7 1/2"	-----	-----
8"	.322	.500	24"	92.0	140.0	10"	46.0	69.0
10"	.365	.500	30"	164.0	221.0	12 1/2"	81.5	109.0
12"	.375	.500	36".	241.0	317.0	15"	119.0	157.0
14"	.375	.500	42"	309.0	407.0	17 1/2"	154.0	202.0
16"	.375	.500	48"	405.0	534.0	20"	201.0	265.0
18"	.375	.500	54"	514.0	679.0	22 1/4"	256.0	338.0
20"	.375	.500	60"	637.0	841.0	24 3/4"	317.0	419.0
22"	.375	.500	66"	771.0	1020.0	27 1/4"	385.0	508.0
24"	.375	.500	72"	920.0	1220.0	29 3/4"	458.0	606.0
26"	.375	.500	78"	1081.0	1430.0	32 1/4"	539.0	713.0
30"	.375	.500	90"	1441.0	1910.0	37 1/4"	720.0	953.0
34"	.375	.500	102"	1854.0	2464.0	42 1/4"	926.0	1230.0
36".	.375	.500	108"	2082.0	2764.0	44 3/4"	1040.0	1380.0

17

Peso estándar de radio corto codos de 90 grados

Tamaño nominal de la tubería	Diámetro exterior O.D.	Diámetro interior I.D.	Espesor de pared	Centro a cara	El NÚMERO DE PROGRAMA DE TUBO	El peso aproximado en libras
1"	1.315	1.049	.133	1"	40	.25
1 1/4"	1.660	1.380	.140	1 1/4"	40	.40
1 1/2"	1.900	1.610	.145	1 1/2"	40	.50
2"	2.375	2.067	.154	2"	40	1.0
2 1/2"	2.875	2.469	.203	2 1/2"	40	2.0
3"	3.500	3.068	.216	3"	40	3.0
3 1/2".	4.000	3.548	.226	3 1/2".	40	4.0
4"	4.500	4.026	.237	4"	40	6.0
5"	5.563	5.047	.258	5"	40	10.0
6"	6.625	6.065	.280	6"	40	15.0
8"	8.625	7.981	.322	8"	40	32.0
10"	10.750	10.020	.365	10"	40	52.0
12"	12.750	12.000	.375	12"	STD	85.0
14"	14.000	13.250	.375	14"	30	106.0
16"	16.000	15.250	.375	16"	30	144.0
18"	18.000	17.250	.375	18"	STD	172.0
20"	20.000	19.250	.375	20"	20	216.0
24"	24.000	23.250	.375	24"	20	296.0
30"	30.000	29.250	.375	30"	STD	470.0
36".	36.000	35.250	.375	36"	STD	692.0
42"	42.000	41.250	.375	48"	STD	1079.0

EXTRA FUERTE DE RADIO corto codos de 90 grados

Tamaño nominal de la tubería	Diámetro exterior O.D.	Diámetro interior I.D.	Espesor de pared	Centro a cara	El NUMERO DE PROGRAMA DE TUBO	El peso aproximado en libras
1 1/2"	1.900	1.500	.200	1 1/2"	80	0.7
2"	2.375	1.939	.218	2"	80	2.0
2 1/2"	2.875	2.323	.276	2 1/2"	80	3.0
3"	3.500	2.900	.300	3"	80	4.5
3 1/2".	4.000	3.364	.318	3 1/2"	80	6.5
4"	4.500	3.826	.337	4"	80	8.5
5"	5.563	4.813	.375	5"	80	13.5
6"	6.625	5.761	.432	6"	80	24.0
8"	8.625	7.625	.500	8"	80	48.0
10"	10.750	9.750	.500	10"	60	76.0
12"	12.750	11.750	.500	12"	XS	107.0
14"	14.000	13.000	.500	14"	XS	133.0
16"	16.000	9.66	.500	16"	40	175.0
18"	18.000	17.000	.500	18"	XS	214.0
20"	20.000	19.000	.500	20"	30	282.0
24"	24.000	23.000	.500	24"	XS	390.0
30"	30.000	29.000	.500	30"	20	644.0
36"	36.000	35.000	.500	36"	XS	913.0
42"	42.000	41.000	.500	48"	XS	1430.0

Horarios especiales de radio corto codos de 90 grados

Tamaño nominal de la tubería	Diámetro exterior O.D.	Diámetro interior I.D.	Espesor de pared	Centro a cara	El NÚMERO DE PROGRAMA DE TUBO	El peso aproximado en libras
4"	4.500	3.624	.438	4"	120	10.4
5"	5.563	4.563	.500	5"	120	18.6
6"	6.625	5.501	.562	6"	120	30.0
8"	8.625	8.125	.250	8"	20	24.4
8"	8.625	8.071	.277	8"	30	27.0
8"	8.625	7.813	.406	8"	60	37.0
8"	8.625	7.439	.593	8"	100	56.0
8"	8.625	7.189	.718	8"	120	66.0
8"	8.625	7.001	.812	8"	140	74.0
10"	10.750	10.250	.250	10"	20	38.2
10"	10.750	10.136	.307	10"	30	46.0
10"	10.750	9.564	.593	10"	80	85.0
10"	10.750	9.314	.718	10"	100	106.0
10"	10.750	9.064	.843	10"	120	123.0
10"	10.750	8.750	1.000	10"	140	143.0
12"	12.750	12.250	.250	12"	20	54.6
12"	12.750	12.090	.330	12"	30	70.0
12"	12.750	11.938	.406	12"	40	89.0
12"	12.750	11.626	.562	12"	60	116.0
12"	12.750	11.376	.687	12"	80	140.0
14"	14.00	13.126	.438	14"	40	118.0
14"	14.00	12.814	.593	14"	60	158.0
18"	18.00	17.126	.438	18"	30	197.0
18"	18.00	16.876	.562	18"	40	252.0
20"	20.00	18.814	.593	20"	40	328.0
24"	24.00	22.876	.562	24"	30	451.0

Peso ligero radio largo codos de 45 grados

Tamaño nominal de la tubería	Diámetro exterior O.D.	Diámetro interior I.D.	Espesor de pared	Centro a cara	El NÚMERO DE PROGRAMA DE TUBO	El peso aproximado en libras
3/4"	1.050	.884	.083	7/16"	10S	.08
1"	1.315	1.097	.109	7/8"	10S	.2
1 1/4"	1.660	1.442	.109	1"	10S	.3
1 1/2"	1.900	1.682	.109	1 1/8"	10S	.4
2"	2.375	2.157	.109	1 3/8"	10S	.6
2 1/2"	2.875	2.635	.120	1 3/4"	10S	1.0
3"	3.500	3.260	.120	2"	10S	1.5
3"	3.500	3.124	.188	2"	10S	2.0
3 1/2"	4.000	3.760	.120	2 1/4"	10S	2.0
4"	4.000	3.760	.120	2 1/2"	10S	2.0
4"	4.500	4.260	.120	2 1/2"	10S	2.5
4"	4.500	4.124	.188	2 1/2"	10S	3.5
5"	5.000	4.732	.134	3 1/8"	10S	3.5
5"	5.563	5.295	.134	3 1/8"	10S	4.0
6"	6.000	5.732	.134	3 3/4"	10S	5.0
6"	6.625	6.357	.134	3 3/4"	10S	6.0
6"	6.625	6.187	.219	3 3/4"	10S	9.1
8"	8.000	7.704	.148	5"	10S	10.5
8"	8.625	8.329	.148	5"	10S	13.0
8"	8.625	8.187	.219	5"	10S	15.9
10"	10.000	9.670	.165	6 1/4"	10S	16.0
10"	10.750	10.420	.165	6 1/4"	10S	22.5
10"	10.750	10.312	.219	6 1/4"	10S	24.9
12"	12.000	11.640	.180	7 1/2"	10S	29.0
12"	12.750	12.390	.180	7 1/2"	10S	36.0
12"	12.750	12.250	.250	7 1/2"	10S	40.5
14"	14.000	13.500	.250	8 3/4"	10	52.0
16"	16.000	15.500	.250	10"	10	82.0
18"	18.000	17.500	.250	11 1/4"	10	96.0
20"	20.000	19.500	.250	12 1/2"	10	120.0
24"	24.000	23.500	.250	15"	10	184.0

Peso estándar radio largo codos de 45 grados

Tamaño nominal de la tubería	Diámetro exterior O.D.	Diámetro interior I.D.	Espesor de pared	Centro a cara	El NÚMERO DE PROGRAMA DE TUBO	El peso aproximado en libras
1/2"	.840	.622	.109	5/8"	40	.10
3/4"	1.050	.824	.113	7/16"	40	.10
1"	1.315	1.049	.133	7/8"	40	.25
1 1/4"	1.660	1.380	.140	1"	40	.4
1 1/2"	1.900	1.610	.145	1 1/8"	40	0.5
2"	2.375	2.067	.154	1 3/8"	40	.8
2 1/2"	2.875	2.469	.203	1 3/4"	40	1.7
3"	3.500	3.068	.216	2"	40	2.5
3 1/2"	4.000	3.548	.226	2 1/4"	40	3.5
4"	4.500	4.026	.237	2 1/2"	40	4.0
5"	5.563	5.047	.258	3 1/8"	40	7.5
6"	6.625	6.065	.280	3 3/4"	40	12.0
8"	8.625	7.981	.322	5"	40	25.0
10"	10.750	10.020	.365	6 1/4"	40	42.0
12"	12.750	12.000	.375	7 1/2"	STD	61.0
14"	14.000	13.250	.375	8 3/4"	30	82.0
16"	16.000	15.250	.375	10"	30	100.0
18"	18.000	17.250	.375	11 1/4"	STD	135.0
20"	20.000	19.250	.375	12 1/2"	20	174.0
22"	22.000	21.250	.375	13 1/2"	STD	192.0
24"	24.000	23.250	.375	15"	20	251.0
26"	26.000	25.250	.375	16"	STD	299.0
30"	30.000	29.250	.375	18 1/2"	STD	379.0
34"	34.000	33.250	.375	21"	STD	463.0
36"	36.000	35.250	.375	22 1/4"	STD	518.0
42"	42.000	41.250	.375	26"	STD	707.0

EXTRA FUERTE DE RADIO largo codos de 45 grados

Tamaño nominal de la tubería	Diámetro exterior O.D.	Diámetro interior I.D.	Espesor de pared	Centro a cara	El NUMERO DE PROGRAMA DE TUBO	El peso aproximado en libras
1/2"	.840	.546	.147	5/8"	80	.12
3/4"	1.050	.742	.154	7/16"	80	.12
1"	1.315	.957	.179	7/8"	80	.30
1 1/4"	1.660	1.278	.191	1"	80	0.5
1 1/2"	1.900	1.500	.200	1 1/8"	80	6.
2"	2.375	1.939	.218	1 3/8"	80	1.0
2 1/2"	2.875	2.323	.276	1 3/4"	80	2.0
3"	3.500	2.900	.300	2"	80	3.5
3 1/2".	4.000	3.364	.318	2 1/4"	80	5.0
4"	4.500	3.826	.337	2 1/2"	80	7.0
5"	5.563	4.813	.375	3 1/8"	80	12.0
6"	6.625	5.761	.432	3 3/4"	80	17.0
8"	8.625	7.625	.500	5"	80	35.0
10"	10.750	9.750	.500	6 1/4"	60	54.0
12"	12.750	11.750	.500	7 1/2"	XS	76.0
14"	14.000	13.000	.500	8 3/4"	XS	100.0
16"	16.000	15.000	.500	10"	40	130.0
18"	18.000	17.000	.500	11 1/4"	XS	162.0
20"	20.000	19.000	.500	12 1/2"	30	200.0
22"	22.000	21.000	.500	13 1/2"	XS	253.0
24"	24.000	23.000	.500	15"	XS	290.0
26"	26.000	25.000	.500	16"	XS	355.0
30"	30.000	29.000	.500	18 1/2".	20	475.0
34"	34.000	33.000	.500	21"	XS	615.0
36".	36.000	35.000	.500	22 1/4"	XS	686.0
42"	42.000	41.000	.500	26"	XS	937.0

Programar 160 & DOUBLE EXTRA FUERTE DE RADIO largo el codo de 45 grados

Calendario 160

Tamaño nominal de la tubería	Diámetro exterior O.D.	Diámetro interior I.D.	Espesor de pared	Centro a cara	El NUMERO DE PROGRAMA DE TUBO	El peso aproximado en libras
1"	1.315	.815	.250	7/8"	160	.4
1 1/4"	1.660	1.160	.250	1"	160	.6
1 1/2"	1.900	1.338	.281	1 1/8"	160	.8
2"	2.375	1.689	.343	1 3/8"	160	1.6
2 1/2"	2.875	2.125	.375	1 3/4"	160	3.0
3"	3.500	2.624	.438	2"	160	4.5
4"	4.500	3.438	.531	2 1/2"	160	8.5
5"	5.563	4.313	.625	3 1/8"	160	14.0
6"	6.625	5.189	.718	3 3/4"	160	25.0
8"	8.625	6.813	.906	5"	160	56.0
10"	10.750	8.500	1.125	6 1/4"	160	109.0
12"	12.750	10.126	1.312	7 1/2"	160	182.0

Doble extra fuerte.

Tamaño nominal de la tubería	Diámetro exterior O.D.	Diámetro interior I.D.	Espesor de pared	Centro a cara	El NUMERO DE PROGRAMA DE TUBO	El peso aproximado en libras
3/4"	1.050	.434	.308	7/16"	Doble XS	.2
1"	1.315	.599	.358	7/8"	Doble XS	0.5
1 1/4"	1.660	.896	.382	1"	Doble XS	0.7
1 1/2"	1.900	1.100	.400	1 1/8"	Doble XS	1.0
2"	2.375	1.503	.436	1 3/8"	Doble XS	2.0
2 1/2"	2.875	1.771	.552	1 3/4"	Doble XS	3.5
3"	3.500	2.300	.600	2"	Doble XS	5.5
3 1/2"	4.000	2.728	.636	2 3/16"	Doble XS	8.0
4"	4.500	3.152	.674	2 1/2"	Doble XS	10.0
5"	5.563	4.063	.750	3 1/8"	Doble XS	18.0
6"	6.625	4.897	.864	3 3/4"	Doble XS	30.0
8"	8.625	6.875	.875	5"	Doble XS	56.0

Horarios especiales radio largo codos de 45 grados

Tamaño nominal de la tubería	Diámetro exterior O.D.	Diámetro interior I.D.	Espesor de pared	Centro a cara	El NUMERO DE PROGRAMA DE TUBO	El peso aproximado en libras
4"	4.500	3.624	.438	2 1/2"	120	7.3
5"	5.563	4.563	.500	3 1/8"	120	13.0
6"	6.625	5.501	.562	3 3/4"	120	21.0
8"	8.625	8.125	.250	5"	20	18.2
8"	8.625	8.071	.277	5"	30	20.0
8"	8.625	7.813	.406	5"	60	28.0
8"	8.625	7.439	.593	5"	100	40.0
8"	8.625	7.189	.718	5"	120	47.0
8"	8.625	7.001	.812	5"	140	53.0
10"	10.750	10.250	.250	6 1/4"	20	28.4
10"	10.750	10.136	.307	6 1/4"	30	34.0
10"	10.750	9.564	.593	6 1/4"	80	63.0
10"	10.750	9.314	.718	6 1/4"	100	75.0
10"	10.750	9.064	.843	6 1/4"	120	86.0
10"	10.750	8.750	1.000	6 1/4"	140	98.0
12"	12.750	12.250	.250	7 1/2"	20	41.0
12"	12.750	12.090	.330	7 1/2"	30	52.7
12"	12.750	11.938	.406	7 1/2"	40	64.3
12"	12.750	11.626	.562	7 1/2"	60	87.0
12"	12.750	11.376	.687	7 1/2"	80	104.0
12"	12.750	11.064	.843	7 1/2"	100	127.0
12"	12.750	10.750	1.000	7 1/2"	120	148.0
12"	12.750	10.500	1.125	7 1/2"	140	174.0
14"	14.000	13.126	.438	8 3/4"	40	89.0
14"	14.000	12.814	.593	8 3/4"	60	117.0
18"	18.000	17.126	.438	11 1/4"	30	149.0
18"	18.000	16.876	.562	11 1/4"	40	188.0
20"	20.000	18.814	.593	12 1/2"	40	245.0
24"	24.000	22.876	.562	15"	30	333.0

Peso ligero de largo radio gira 180 grados

Tamaño nominal de la tubería	Diámetro exterior O.D.	Diámetro interior I.D.	Espesor de pared	De centro a centro	Volver a cara	El NÚMERO DE PROGRAMA DE TUBO	Peso aproximado en libras
3/4"	1.050	.884	.083	2 1/4"	1 11/16"	10S	.27
1"	1.315	1.097	.109	3"	2 3/16"	10S	58
1 1/4"	1.660	1.442	.109	3 3/4"	2 3/4"	10S	.9
1 1/2"	1.900	1.682	.109	4 1/2"	3 1/4"	10S	1.3
2"	2.375	2.157	.109	6"	4 3/16"	10S	2.0
2 1/2"	2.875	2.635	.120	7 1/2"	5 3/16"	10S	4.0
3"	3.500	3.260	.120	9"	6 1/4"	10S	6.0
3"	3.500	3.124	.188	9"	6 1/4"	10S	7.0
3 1/2"	4.000	3.760	.120	10 1/2"	7 1/4"	10S	8.5
4"	4.000	3.760	.120	12"	8"	10S	9.0
4"	4.500	4.260	.120	12"	8 1/4"	10S	10.0
4"	4.500	4.124	.188	12"	8 1/4"	10S	14.1.
5"	5.000	4.732	.134	15"	10"	10S	14.0
5"	5.563	5.295	.134	15"	10 5/16"	10S	16.0
6"	6.000	5.732	.134	18"	12"	10S	22.0
6"	6.625	6.357	.134	18"	12 5/16"	10S	23.0
6"	6.625	6.187	.219	18"	12 5/16"	10S	36.4
8"	8.000	7.704	.148	24"	16"	10S	40.0
8"	8.625	8.329	.148	24"	16 5/16"	10S	49.0
8"	8.625	8.187	.219	24"	16 5/16"	10S	63.8
10"	10.000	9.670	.165	30"	20"	10S	74.0
10"	10.750	10.420	.165	30"	20 3/8"	10S	84.0
10"	10.750	10.312	.219	30"	20 3/8"	10S	100.0
12"	12.000	11.640	.180	36"	24"	10S	118.0
12"	12.750	12.390	.180	36"	24 3/8"	10S	130.0
12"	12.750	12.250	.250	36"	24 3/8"	10S	162.0
14"	14.000	13.500	.250	42"	28"	10	218.0
16"	16.000	15.500	.250	48"	32"	10	332.0
18"	18.000	17.500	.250	54"	36".	10	422.0
20"	20.000	19.500	.250	60"	40"	10	498.0
24"	24.000	23.500	.250	72"	48"	10	718.0

Peso estándar RADIUS larga gira 180 grados

Tamaño nominal de la tubería	Diámetro exterior O.D.	Diámetro interior I.D.	Espesor de pared	De centro a centro	Volver a cara	El NÚMERO DE PROGRAMA DE TUBO	Peso aproximado en libras
1/2"	.840	.622	.109	3"	1 15/16"	40	.35
3/4"	1.050	.824	.113	2 1/4"	1 11/16"	40	.35
1"	1.315	1.049	.113	3"	2 3/16"	40	0.7
1 1/4"	1.660	1.380	.140	3 3/4"	2 3/4"	40	1.0
1 1/2"	1.900	1.610	.145	4 1/2"	3 1/4"	40	1.6
2"	2.375	2.067	.154	6"	4 3/16"	40	2.5
2 1/2"	2.875	2.469	.203	7 1/2"	5 3/16"	40	5.5
3"	3.500	3.068	.216	9"	6 1/4"	40	8.0
3 1/2"	4.000	3.548	.226	10 1/2"	7 1/4"	40	13.0
4"	4.500	4.026	.237	12"	8 1/4"	40	18.0
5"	5.563	5.047	.258	15"	10 5/16"	40	29.0
6"	6.625	6.065	.280	18"	12 5/16"	40	42.0
8"	8.625	7.981	.322	24"	16 5/16"	40	102.0
10"	10.750	10.020	.365	30"	20 3/8"	40	167.0
12"	12.750	12.000	.375	36"	24 3/8"	STD	256.0
14"	14.000	13.250	.375	42"	28"	30	351.0
16"	16.000	15.250	.375	48"	32"	30	422.0
18"	18.000	17.250	.375	54"	36"	STD	517.0
20"	20.000	19.250	.375	60"	40"	20	632.0
22"	22.000	21.250	.375	66"	44"	STD	771.0
24"	24.000	23.250	.375	72"	48"	20	902.0
26"	26.000	25.250	.375	78"	52"	STD	1191.0
30"	30.000	29.250	.375	90"	60"	STD	1541.0

EXTRA FUERTE DE RADIO largo gira 180 grados

Tamaño nominal de la tubería	Diámetro exterior O.D.	Diámetro interior I.D.	Espesor de pared	De centro a centro	Volver a cara	El NÚMERO DE PROGRAMA DE TUBO	Peso aproximado en libras
1/2"	.840	.546	.147	3"	1 15/16"	80	.45
3/4"	1.050	.742	.154	2 1/4"	1 11/16"	80	.45
1"	1.315	.957	.179	3"	2 3/16"	80	1.0
1 1/4"	1.660	1.278	.191	3 3/4"	2 3/4"	80	1.5
1 1/2"	1.900	1.500	.200	4 1/2"	3 1/4"	80	2.0
2"	2.375	1.939	.218	6"	4 3/16"	80	4.0
2 1/2"	2.875	2.323	.276	7 1/2"	5 3/16"	80	8.0
3"	3.500	2.900	.300	9"	6 1/4"	80	12.0
3 1/2"	4.000	3.364	.318	10 1/2"	7 1/4"	80	18.0
4"	4.500	3.826	.337	12"	8 1/4"	80	24.0
5"	5.563	4.813	.375	15"	10 5/16"	80	42.0
6"	6.625	5.761	.432	18"	12 5/16"	80	69.0
8"	8.625	7.625	.500	24"	16 5/16"	80	139.0
10"	10.750	9.750	.500	30"	20 3/8"	60	218.0
12"	12.750	11.750	.500	36"	24 3/8"	XS	308.0
14"	14.000	13.000	.500	42"	28"	XS	393.0
16"	16.000	15.000	.500	48"	32"	40	530.0
18"	18.000	17.000	.500	54"	36"	XS	664.0
20"	20.000	19.000	.500	60"	40"	30	830.0
22"	22.000	21.000	.500	66"	44"	XS	1020.0
24"	24.000	23.000	.500	72"	48"	XS	1220.0
26"	26.000	25.000	.500	78"	52"	XS	1430.0
30"	30.000	29.000	.500	90"	60"	20	1910.0

SCH 160 & DOUBLE XS Radio largo gira 180 grados

Calendario 160

Tamaño nominal de la tubería	Diámetro exterior O.D.	Diámetro interior I.D.	Espesor de pared	De centro a centro	Volver a cara	El NÚMERO DE PROGRAMA DE TUBO	Peso aproximado en libras
1"	1.315	.815	.250	3"	2 3/16"	160	1.2
1 1/4"	1.660	1.160	.250	3 3/4"	2 3/4"	160	2.0
1 1/2"	1.900	1.338	.281	4 1/2"	3 1/4"	160	3.0
2"	2.375	1.689	.343	6"	4 3/16"	160	7.0
2 1/2"	2.875	2.125	.375	7 1/2"	5 3/16"	160	10.5
3"	3.500	2.624	.438	9"	6 1/4"	160	17.5
4"	4.500	3.438	.531	12"	8 1/4"	160	38.0
5"	5.563	4.313	.625	15"	10 5/16"	160	66.0
6"	6.625	5.189	.718	18"	12 5/16"	160	109.0
8"	8.625	6.813	.906	24"	16 5/16"	160	237.0
10"	10.750	8.500	1.125	30"	20 3/8"	160	460.0
12"	12.750	10.126	1.312	36"	24 3/8"	160	762.0

Doble extra fuerte.

2"	2.375	1.503	.436	6"	4 3/16"	DBL - XS	6.0
2 1/2"	2.875	1.771	.552	7 1/2"	5 3/16"	DBL - XS	13.5
3"	3.500	2.300	.600	9"	6 1/4"	DBL - XS	22.0
3 1/2"	4.000	2.728	.636	10 1/2"	7 1/4"	DBL - XS	32.0
4"	4.500	3.152	.674	12"	8 1/4"	DBL - XS	43.0
5"	5.563	4.063	.750	15"	10 5/16"	DBL - XS	77.0
6"	6.625	4.897	.864	18"	12 5/16"	DBL - XS	125.0
8"	8.625	6.875	.875	24"	16 5/16"	DBL - XS	237.0

Programación especial de radio largo gira 180 grados

Tamaño nominal de la tubería	Diámetro exterior O.D.	Diámetro interior I.D.	Espesor de pared	De centro a centro	Volver a cara	El NÚMERO DE PROGRAMA DE TUBO	Peso aproximado en libras
4"	4.500	3.624	.438	12"	8 1/4"	120	30.0
5"	5.563	4.563	.500	15"	10 5/16"	120	54.0
6"	6.625	5.501	.562	18"	12 5/16"	120	87.0
8"	8.625	8.125	.250	24"	16 5/16"	20	73.0
8"	8.625	8.071	.277	24"	16 5/16"	30	80.0
8"	8.625	7.813	0.406	24"	16 5/16"	60	115.0
8"	8.625	7.439	.593	24"	16 5/16"	100	173.0
8"	8.625	7.189	.718	24"	16 5/16"	120	194.0
8"	8.625	7.001	.812	24"	16 5/16"	140	216.0
10"	10.750	10.250	.250	30"	20 3/8"	20	114.0
10"	10.750	10.136	.307	30"	20 3/8"	30	139.0
10"	10.750	9.564	.593	30"	20 3/8"	80	259.0
10"	10.750	9.314	.718	30"	20 3/8"	100	308.0
10"	10.750	9.064	.843	30"	20 3/8"	120	356.0
10"	10.750	8.750	1.000	30"	20 3/8"	140	414.0
12"	12.750	12.250	.250	36"	24 3/8"	20	164.0
12"	12.750	12.090	.330	36"	24 3/8"	30	213.0
12"	12.750	11.938	.406	36"	24 3/8"	40	260.0
12"	12.750	11.626	.562	36"	24 3/8"	60	353.0
12"	12.750	11.376	.687	36"	24 3/8"	80	427.0
12"	12.750	11.064	.843	36"	24 3/8"	100	506.0
12"	12.750	10.750	1.00	36"	24 3/8"	120	592.0
12"	12.750	10.500	1.125	36"	24 3/8"	140	694.0
14"	14.000	13.126	.438	42"	28"	40	358.0
14"	14.000	12.814	.593	42"	28"	60	479.0
18"	18.000	17.124	.438	54"	36"	30	597.0
18"	18.000	16.876	.562	54"	36"	40	761.0
20"	20.000	18.814	.593	60"	40"	40	991.0
24"	24.000	22.876	.562	72"	48"	30	1343.0

Peso STD & XS - Radio extra larga gira 180 grados

Tamaño nominal de la tubería	Diámetro exterior O.D.	Diámetro interior I.D.	Espesor de pared	De centro a centro	Volver a cara	El NÚMERO DE PROGRAMA DE TUBO	Peso aproximado en libras

Peso estándar

Tamaño nominal de la tubería	Diámetro exterior O.D.	Diámetro interior I.D.	Espesor de pared	De centro a centro	Volver a cara	El NÚMERO DE PROGRAMA DE TUBO	Peso aproximado en libras
1"	1.315	1.049	.133	4"	2 5/8"	40	9.
1 1/4"	1.660	1.380	.140	5"	3 5/16"	40	1.5
1 1/2"	1.900	1.610	.145	6"	3 15/16"	40	2.0
2"	2.375	2.067	.154	8"	5 3/16"	40	4.0
2 1/2"	2.875	2.469	.203	10"	6 7/16"	40	8.0

EXTRA FUERTE.

Tamaño nominal de la tubería	Diámetro exterior O.D.	Diámetro interior I.D.	Espesor de pared	De centro a centro	Volver a cara	El NÚMERO DE PROGRAMA DE TUBO	Peso aproximado en libras
1"	1.315	.957	.179	4"	2 5/8"	80	1.3
1 1/4"	1.660	1.278	.191	5"	3 5/16"	80	2.0
1 1/2"	1.900	1.500	.200	6"	3 15/16"	80	3.5
2"	2.375	1.939	.218	8"	5 3/16"	80	5.5
2 1/2"	2.875	2.323	.276	10"	6 7/16"	80	10.5

Peso estándar de radio corto gira 180 grados

Tamaño nominal de la tubería	Diámetro exterior O.D.	Diámetro interior I.D.	Espesor de pared	De centro a centro	Volver a cara	El NÚMERO DE PROGRAMA DE TUBO	Peso aproximado en libras
1"	1.315	1.049	.133	2"	1 5/8"	40	0.5
1 1/4"	1.660	1.380	.140	2 1/2"	2 1/16"	40	.8
1 1/2"	1.900	1.610	.145	3"	2 7/16"	40	1.0
2"	2.375	2.067	.154	4"	3 3/16"	40	2.0
2 1/2"	2.875	2.469	.203	5"	3 15/16"	40	4.0
3"	3.500	3.068	.216	6"	4 3/4"	40	6.0
3 1/2"	4.00	3.548	.226	7"	5 1/2"	40	9.0
4"	4.500	4.026	.237	8"	6 1/4"	40	12.0
5"	5.563	5.047	.258	10"	7 3/4"	40	22.0
6"	6.625	6.065	.280	12"	9 5/16"	40	33.0
8"	8.625	7.981	.322	16"	12 5/16"	40	68.0
10"	10.750	10.020	.365	20"	15 3/8"	40	108.0
12"	12.750	12.00	.375	24"	18 3/8"	STD	176.0
14"	14.000	13.250	.375	28"	21"	30	202.0
16"	16.000	15.250	.375	32"	24"	30	270.0
18"	18.000	17.250	.375	36"	27"	STD	335.0
20"	20.000	19.250	.375	40"	30"	20	423.0
24"	24.000	23.250	.375	48"	36".	20	610.0
30"	30.000	29.250	.375	60"	45"	STD	956.0
36".	36.000	35.250	.375	72"	54"	STD	1387.0

EXTRA FUERTE DE RADIO corto gira 180 grados

Tamaño nominal de la tubería	Diámetro exterior O.D.	Diámetro interior I.D.	Espesor de pared	De centro a centro	Volver a cara	El NÚMERO DE PROGRAMA DE TUBO	Peso aproximado en libras
1 1/2"	1.900	1.500	.200	3"	2 7/16"	80	1.5
2"	2.375	1.939	.218	4"	3 3/16"	80	3.0
2 1/2"	2.875	2.323	.276	5"	3 15/16"	80	5.0
3"	3.500	2.900	.300	6"	4 3/4"	80	8.0
3 1/2"	4.00	3.364	.318	7"	5 1/2"	80	12.0
4"	4.500	3.826	.337	8"	6 1/4"	80	16.0
5"	5.563	4.813	.375	10"	7 3/4"	80	28.0
6"	6.625	5.761	.432	12"	9 5/16"	80	48.0
8"	8.625	7.625	.500	16"	12 5/16"	80	93.0
10"	10.750	9.750	.500	20"	15 3/8"	60	152.0
12"	12.750	11.750	.500	24"	18 3/8"	XS	210.0
14"	14.000	13.000	.500	28"	21"	XS	270.0
16"	16.000	15.000	.500	32"	24"	40	352.0
18"	18.000	17.000	.500	36"	27"	XS	450.0
20"	20.000	19.000	.500	40"	30"	30	560.0
24"	24.000	23.000	.500	48"	36"	XS	802.0
30"	30.000	29.000	.500	60"	45"	20	1270.0
36"	36.000	35.000	.500	72"	54"	XS	1838.0

Programación especial de radio corto gira 180 grados

Tamaño nominal de la tubería	Diámetro exterior O.D.	Diámetro interior I.D.	Espesor de pared	De centro a centro	Volver a cara	El NÚMERO DE PROGRAMA DE TUBO	Peso aproximado en libras
4"	4.500	3.624	.438	8"	6 1/4"	120	20.8
5"	5.563	4.563	.500	10"	7 3/4"	120	37.2
6"	6.625	5.501	.562	12"	9 5/16"	120	60.0
8"	8.625	8.125	.250	16"	12 5/16"	20	48.8
8"	8.625	8.071	.277	16"	12 5/16"	30	53.0
8"	8.625	7.813	.406	16"	12 5/16"	60	76.0
8"	8.625	7.439	.593	16"	12 5/16"	100	112.0
8"	8.625	7.189	.718	16"	12 5/16"	120	133.0
8"	8.625	7.001	.812	16"	12 5/16"	140	149.0
10"	10.750	10.250	.250	20"	15 3/8"	20	76.4
10"	10.750	10.136	.307	20"	15 3/8"	30	92.0
10"	10.750	9.564	.593	20"	15 3/8"	80	172.0
10"	10.750	9.314	.718	20"	15 3/8"	100	212.0
10"	10.750	9.064	.843	20"	15 3/8"	120	246.0
10"	10.750	8.750	1.000	20"	15 3/8"	140	286.0
12"	12.750	12.250	.250	24"	18 3/8"	20	109.0
12"	12.750	12.090	.330	24"	18 3/8"	30	142.0
12"	12.750	11.938	.406	24"	18 3/8"	40	180.0
12"	12.750	11.626	.562	24"	18 3/8"	60	235.0
12"	12.750	11.376	.687	24"	18 3/8"	80	283.0
14"	14.000	13.126	.438	28"	21"	40	239.0
14"	14.000	12.814	.593	28"	21"	60	318.0
18"	18.000	17.124	.438	36"	27"	30	398.0
18"	18.000	16.876	.562	36"	27"	40	506.0
20"	20.000	18.814	.593	40"	30"	40	659.0
24"	24.000	22.876	.562	48"	36".	30	907.0

Peso ligero STRAIGHT & REDUCCIÓN TEES

Tamaño nominal de la tubería	Diámetro exterior O.D.	Diámetro interior I.D.	Espesor de pared	Centro a fin de ejecutar y sucursal	Programación del tubo	Peso aproximado en libras
3/4"	1.050	.884	.083	1 1/8"	10S	.37
1"	1.315	1.097	.109	1 1/2"	10S	.76
1 1/4"	1.660	1.442	.109	1 7/8"	10S	1.34
1 1/2"	1.900	1.682	.109	2 1/4"	10S	2.02
2"	2.375	2.157	.109	2 1/2"	10S	2.96
2 1/2"	2.875	2.635	.120	3"	10S	5.21
3"	3.500	3.260	.120	3 3/8"	10S	7.44
3"	3.500	3.124	.188	3 3/8"	10S	8.50
3 1/2"	4.000	3.760	.120	3 3/4"	10S	9.85
4"	4.500	4.260	.120	4 1/8"	10S	12.6
4"	4.500	4.124	.188	4 1/8"	10S	12.6
5"	5.563	5.295	.134	4 7/8"	10S	19.8
6"	6.625	6.357	.134	5 5/8"	10S	29.3
6"	6.625	6.187	.219	5 5/8"	10S	29.3
8"	8.625	8.329	.148	7"	10S	53.7
8"	8.625	8.187	.219	7"	10S	53.7
10"	10.750	10.420	.165	8 1/2"	10S	91.2
10"	10.750	10.312	.219	8 1/2"	10S	91.2
12"	12.750	12.390	.180	10"	10S	132.0
12"	12.750	12.250	.250	10"	10S	132.0
14"	14.000	13.500	.250	11"	10	172.0
16"	16.000	15.500	.250	12"	10	219.0
18"	18.000	17.500	.250	13 1/2"	10	282.0
20"	20.000	19.500	.250	15"	10	354.0
24"	24.000	23.500	.250	17"	10	493.0

Peso estándar recta y reducción TEES

Ejecutar	Sucursal	Diámetro exterior de ejecutar O.D.	Diámetro interior de ejecutar el D.I.	Espesor de pared de ejecutar	Centro AL FINAL DE LA CARRERA	Programación del tubo	El diámetro exterior de la rama O.D.	Diámetro interior de la rama I.D.	Grosor de la pared de la sucursal	Centro AL FINAL DE SUCURSAL	Peso aproximado en libras
1/2"	1/4"	.840	.622	.109	1"	40	.540	.364	.088	1"	.25
	3/8"	.840	.622	.109	1"	40	.675	.493	.091	1"	.25
	1/2"	.840	.622	.109	1"	40	.840	.622	.109	1"	.25
3/4"	3/8"	1.050	.824	.113	1 1/8"	40	.675	.493	.091	1 1/8"	.38
	1/2"	1.050	.824	.113	1 1/8"	40	.840	.622	.109	1 1/8"	.38
	3/4"	1.050	.824	.113	1 1/8"	40	1.050	.824	.113	1 1/8"	0.40
1"	3/8"	1.315	1.049	.133	1 1/2"	40	.675	.493	.091	1 1/2"	.75
	1/2"	1.315	1.049	.133	1 1/2"	40	.840	.622	.109	1 1/2"	.75
	3/4"	1.315	1.049	.133	1 1/2"	40	1.050	.824	.113	1 1/2"	.75
	1"	1.315	1.049	.133	1 1/2"	40	1.315	1.049	.133	1 1/2"	.80
1 1/4"	1/2"	1.660	1.380	.140	1 7/8"	40	.840	.622	.109	1 7/8"	1.4
	3/4"	1.660	1.380	.140	1 7/8"	40	1.050	.824	.113	1 7/8"	1.4
	1"	1.660	1.380	.140	1 7/8"	40	1.315	1.049	.133	1 7/8"	1.4
	1 1/4"	1.660	1.380	.140	1 7/8"	40	1.660	1.380	.140	1 7/8"	1.4
1 1/2"	1/2"	1.900	1.610	.145	2 1/4"	40	.840	.622	.109	2 1/4"	2.0
	3/4"	1.900	1.610	.145	2 1/4"	40	1.050	.824	.113	2 1/4"	2.0
	1"	1.900	1.610	.145	2 1/4"	40	1.315	1.049	.133	2 1/4"	2.0
	1 1/4"	1.900	1.610	.145	2 1/4"	40	1.660	1.380	.140	2 1/4"	2.0
	1 1/2"	1.900	1.610	.145	2 1/4"	40	1.900	1.610	.145	2 1/4"	2.0
2"	3/4"	2.375	2.067	.154	2 1/2"	40	1.050	.824	.113	1 3/4"	3.0
	1"	2.375	2.067	.154	2 1/2"	40	1.315	1.049	.133	2"	3.0
	1 1/4"	2.375	2.067	.154	2 1/2"	40	1.660	1.380	.140	2 1/4"	3.0
	1 1/2"	2.375	2.067	.154	2 1/2"	40	1.900	1.610	.145	2 3/8"	3.0
	2"	2.375	2.067	.154	2 1/2"	40	2.375	2.067	.154	2 1/2"	3.0
2 1/2"	1"	2.875	2.469	0.203	3"	40	1.315	1.049	.133	2 1/4"	5.0
	1 1/4"	2.875	2.469	0.203	3"	40	1.660	1.380	.140	2 1/2"	5.0
	1 1/2"	2.875	2.469	0.203	3"	40	1.900	1.610	.145	2 5/8"	5.0
	2"	2.875	2.469	0.203	3"	40	2.375	2.067	.154	2 3/4"	5.0
	2 1/2"	2.875	2.469	0.203	3"	40	2.875	2.469	.203	3"	5.0

Peso estándar recta y reducción TEES

Tamaño nominal de la tubería — Ejecutar	Sucursal	Diámetro exterior de ejecutar O.D.	Diámetro interior de ejecutar el D.I.	Espesor de pared de ejecutar	Centro AL FINAL DE LA CARRERA	Programación del tubo	El diámetro exterior de la rama O.D.	Diámetro interior de la rama I.D.	Grosor de la pared de la sucursal	Centro AL FINAL DE SUCURSAL	Peso aproximado en libras
3"	1"	3.500	3.068	.216	3 3/8"	40	1.315	1.049	.133	2 5/8"	7.0
	1 1/4"	3.500	3.068	.216	3 3/8"	40	1.660	1.380	.140	2 3/4"	7.0
	1 1/2"	3.500	3.068	.216	3 3/8"	40	1.900	1.610	.145	2 7/8"	7.0
	2"	3.500	3.068	.216	3 3/8"	40	2.375	2.067	.154	3"	7.0
	2 1/2"	3.500	3.068	.216	3 3/8"	40	2.875	2.469	.203	3 1/4"	7.0
	3"	3.500	3.068	.216	3 3/8"	40	3.500	3.068	.216	3 3/8"	7.5
3 1/2"	1 1/2"	4.000	3.548	.226	3 3/4"	40	1.900	1.610	.145	3 1/8"	9.0
	2"	4.000	3.548	.226	3 3/4"	40	2.375	2.067	.154	3 1/4"	9.0
	2 1/2"	4.000	3.548	.226	3 3/4"	40	2.875	2.469	.203	3 1/2"	9.0
	3"	4.000	3.548	.226	3 3/4"	40	3.500	3.068	.216	3 5/8"	9.0
	3 1/2"	4.000	3.548	.226	3 3/4"	40	4.000	3.548	.226	3 3/4"	10.0
4"	1 1/2"	4.500	4.026	.237	4 1/8"	40	1.900	1.610	.145	3 3/8"	12.0
	2"	4.500	4.026	.237	4 1/8"	40	2.375	2.067	.154	3 1/2"	12.0
	2 1/2"	4.500	4.026	.237	4 1/8"	40	2.875	2.469	.203	3 3/4"	12.0
	3"	4.500	4.026	.237	4 1/8"	40	3.500	3.068	.216	3 7/8"	12.0
	3 1/2"	4.500	4.026	.237	4 1/8"	40	4.000	3.548	.226	4"	12.0
	4"	4.500	4.026	.237	4 1/8"	40	4.500	4.026	.237	4 1/8"	13.0
5"	2"	5.563	5.047	.258	4 7/8"	40	2.375	2.067	.154	4 1/8"	19.0
	2 1/2"	5.563	5.047	.258	4 7/8"	40	2.875	2.469	.203	4 1/4"	19.0
	3"	5.563	5.047	.258	4 7/8"	40	3.500	3.068	.216	4 3/8"	19.0
	3 1/2"	5.563	5.047	.258	4 7/8"	40	4.000	3.548	.226	4 1/2"	19.0
	4"	5.563	5.047	.258	4 7/8"	40	4.500	4.026	.237	4 5/8"	19.0
	5"	5.563	5.047	.258	4 7/8"	40	5.563	5.047	.258	4 7/8"	21.0
6"	2 1/2"	6.625	6.065	.280	5 5/8"	40	2.875	2.469	.203	4 3/4"	28.0
	3"	6.625	6.065	.280	5 5/8"	40	3.500	3.068	.216	4 7/8"	28.0
	3 1/2"	6.625	6.065	.280	5 5/8"	40	4.000	3.548	.226	5"	28.0
	4"	6.625	6.065	.280	5 5/8"	40	4.500	4.026	.237	5 1/8"	28.0
	5"	6.625	6.065	.280	5 5/8"	40	5.563	5.047	.258	5 3/8"	28.0
	6"	6.625	6.065	.280	5 5/8"	40	6.625	6.065	.280	5 5/8"	30.0

Peso estándar recta y reducción TEES

Tamaño nominal de la tubería (Ejecutar)	Tamaño nominal de la tubería (Sucursal)	Diámetro exterior de ejecutar O.D.	Diámetro interior de ejecutar el D.I.	Espesor de pared de ejecutar	Centro AL FINAL DE LA CARRERA	Programación del tubo	El diámetro exterior de la rama O.D.	Diámetro interior de la rama I.D.	Grosor de la pared de la sucursal	Centro AL FINAL DE SUCURSAL	Peso aproximado en libras
8"	3"	8.625	7.981	.322	7"	40	3.500	3.068	.216	6"	52.0
	3 1/2"	8.625	7.981	.322	7"	40	4.000	3.548	.226	6"	52.0
	4"	8.625	7.981	.322	7"	40	4.500	4.026	.237	6 1/8"	52.0
	5"	8.625	7.981	.322	7"	40	5.563	5.047	.258	6 3/8"	52.0
	6"	8.625	7.981	.322	7"	40	6.625	6.065	.280	6 5/8"	52.0
	8"	8.625	7.981	.322	7"	40	8.625	7.981	.322	7"	60.0
10"	4"	10.750	10.020	.365	8 1/2"	40	4.500	4.026	.237	7 1/4"	85.0
	5"	10.750	10.020	.365	8 1/2"	40	5.563	5.047	.258	7 1/2"	85.0
	6"	10.750	10.020	.365	8 1/2"	40	6.625	6.065	.280	7 5/8"	85.0
	8"	10.750	10.020	.365	8 1/2"	40	8.625	7.981	.322	8"	85.0
	10"	10.750	10.020	.365	8 1/2"	40	10.750	10.020	.365	8 1/2"	105.0
12"	5"	12.750	12.000	.375	10"	STD	5.563	5.047	.258	8 1/2"	138.0
	6"	12.750	12.000	.375	10"	STD	6.625	6.065	.280	8 5/8"	138.0
	8"	12.750	12.000	.375	10"	STD	8.625	7.981	.322	9"	139.0
	10"	12.750	12.000	.375	10"	STD	10.750	10.020	.365	9 1/2"	142.0
	12"	12.750	12.000	.375	10"	STD	12.750	12.000	.375	10"	143.0
14"	6"	14.000	13.250	.375	11"	30	6.625	6.065	.280	9 3/8"	178.0
	8"	14.000	13.250	.375	11"	30	8.625	7.981	.322	9 3/4"	179.0
	10"	14.000	13.250	.375	11"	30	10.750	10.020	.365	10 1/8"	180.0
	12"	14.000	13.250	.375	11"	30	12.750	12.000	.375	10 5/8"	182.0
	14"	14.000	13.250	.375	11"	30	14.00	13.250	.375	11"	206.0
16"	6"	16.000	15.250	.375	12"	30	6.625	6.065	.280	10 3/8"	234.0
	8"	16.000	15.250	.375	12"	30	8.625	7.981	.322	10 3/4"	234.0
	10"	16.000	15.250	.375	12"	30	10.750	10.020	.365	11 1/8"	237.0
	12"	16.000	15.250	.375	12"	30	12.750	12.000	.375	11 5/8"	240.0
	14"	16.000	15.250	.375	12"	30	14.000	13.250	.375	12"	242.0
	16"	16.000	15.250	.375	12"	30	16.000	15.250	.375	12"	265.0

Peso estándar recta y reducción TEES

Tamaño nominal de la tubería (Ejecutar)	Sucursal	Diámetro exterior de ejecutar O.D.	Diámetro interior de ejecutar el D.I.	Espesor de pared de ejecutar	Centro AL FINAL DE LA CARRERA	Programación del tubo	El diámetro exterior de la rama O.D.	Diámetro interior de la rama I.D.	Grosor de la pared de la sucursal	Centro AL FINAL DE SUCURSAL	Peso aproximado en libras
18"	8"	18.000	17.250	.375	13 1/2"	STD	8.625	7.981	.322	11 3/4"	307.0
	10"	18.000	17.250	.375	13 1/2"	STD	10.750	10.020	.365	12 1/8"	309.0
	12"	18.000	17.250	.375	13 1/2"	STD	12.750	12.000	.375	12 5/8"	311.0
	14"	18.000	17.250	.375	13 1/2"	STD	14.000	13.250	.375	13"	311.0
	16"	18.000	17.250	.375	13 1/2"	STD	16.000	15.250	.375	13"	312.0
	18"	18.000	17.250	.375	13 1/2"	STD	18.000	17.250	.375	13 1/2"	318.0
20"	8"	20.000	19.250	.375	15"	20	8.625	7.981	.322	12 3/4"	349.0
	10"	20.000	19.250	.375	15"	20	10.750	10.020	.365	13 1/8"	350.0
	12"	20.000	19.250	.375	15"	20	12.750	12.000	.375	13 5/8"	352.0
	14"	20.000	19.250	.375	15"	20	14.000	13.250	.375	14"	353.0
	16"	20.000	19.250	.375	15"	20	16.000	15.250	.375	14"	355.0
	18"	20.000	19.250	.375	15"	20	18.000	17.250	.375	14 1/2"	357.0
	20"	20.000	19.250	.375	15"	20	20.000	19.250	.375	15"	369.0
22"	10"	22.000	21.250	.375	16 1/2"	STD	10.750	10.020	.365	14 1/8"	375.0
	12"	22.000	21.250	.375	16 1/2"	STD	12.750	12.000	.375	14 5/8"	377.0
	14"	22.000	21.250	.375	16 1/2"	STD	14.000	13.250	.375	15"	380.0
	16"	22.000	21.250	.375	16 1/2"	STD	16.000	15.250	.375	15"	394.0
	18"	22.000	21.250	.375	16 1/2"	STD	18.000	17.250	.375	15 1/2"	408.0
	20"	22.000	21.250	.375	16 1/2"	STD	20.000	19.250	.375	16"	423.0
	22"	22.000	21.250	.375	16 1/2"	STD	22.000	21.250	.375	16 1/2"	464.0
24"	10"	24.000	23.250	.375	17"	20	10.750	10.020	.365	15 1/8"	492.0
	12"	24.000	23.250	.375	17"	20	12.750	12.000	.365	15 5/8"	493.0
	14"	24.000	23.250	.375	17"	20	14.000	13.250	.365	16"	494.0
	16"	24.000	23.250	.375	17"	20	16.000	15.250	.365	16"	496.0
	18"	24.000	23.250	.375	17"	20	18.000	17.250	.365	16 1/2"	499.0
	20"	24.000	23.250	.375	17"	20	20.000	19.250	.365	17"	499.0
	24"	24.000	23.250	.375	17"	20	24.000	23.250	.365	17"	521.0

Peso estándar recta y reducción TEES

Tamaño nominal de la tubería (Ejecutar)	Sucursal	Diámetro exterior de ejecutar O.D.	Diámetro interior de ejecutar el D.I.	Espesor de pared de ejecutar	Centro AL FINAL DE LA CARRERA	Programación del tubo	El diámetro exterior de la rama O.D.	Diámetro interior de la rama I.D.	Grosor de la pared de la sucursal	Centro AL FINAL DE SUCURSAL	Peso aproximado en libras
26"	12"	26.000	25.250	.375	19 1/2"	STD	12.750	12.000	.375	16 5/8"	516.0
	14"	26.000	25.250	.375	19 1/2"	STD	14.000	13.250	.375	17"	527.0
	16"	26.000	25.250	.375	19 1/2"	STD	16.000	15.250	.375	17"	544.0
	18"	26.000	25.250	.375	19 1/2"	STD	18.000	17.250	.375	17 1/2"	562.0
	20"	26.000	25.250	.375	19 1/2"	STD	20.000	19.250	.375	18"	581.0
	22"	26.000	25.250	.375	19 1/2"	STD	22.000	21.250	.375	18 1/2"	598.0
	24"	26.000	25.250	.375	19 1/2"	STD	24.000	23.250	.375	19"	616.0
	26"	26.000	25.250	.375	19 1/2"	STD	26.000	25.250	.375	19 1/2"	710.0
30"	14"	30.000	29.250	.375	22"	STD	14.000	13.250	.375	19"	681.0
	16"	30.000	29.250	.375	22"	STD	16.000	15.250	.375	19"	704.0
	18"	30.000	29.250	.375	22"	STD	18.000	17.250	.375	19 1/2"	727.0
	20"	30.000	29.250	.375	22"	STD	20.000	19.250	.375	20"	749.0
	22"	30.000	29.250	.375	22"	STD	22.000	21.250	.375	20 1/2"	772.0
	24"	30.000	29.250	.375	22"	STD	24.000	23.250	.375	21"	795.0
	26"	30.000	29.250	.375	22"	STD	26.000	25.250	.375	21 1/2"	817.0
	28"	30.000	29.250	.375	22"	STD	28.000	27.250	.375	21 1/2"	834.0
	30"	30.000	29.250	.375	22"	STD	30.000	29.250	.375	22"	926.0
34"	16"	34.000	33.250	.375	25"	STD	16.000	15.250	.375	21"	907.0
	18"	34.000	33.250	.375	25"	STD	18.000	17.250	.375	21 1/2"	933.0
	20"	34.000	33.250	.375	25"	STD	20.000	19.250	.375	22"	960.0
	22"	34.000	33.250	.375	25"	STD	22.000	21.250	.375	22 1/2"	986.0
	24"	34.000	33.250	.375	25"	STD	24.000	23.250	.375	23"	1013.0
	26"	34.000	33.250	.375	25"	STD	26.000	25.250	.375	23 1/2"	1039.0
	28"	34.000	33.250	.375	25"	STD	28.000	27.250	.375	23 1/2"	1059.0
	30"	34.000	33.250	.375	25"	STD	30.000	29.250	.375	24"	1085.0
	32"	34.000	33.250	.375	25"	STD	32.000	31.250	.375	24 1/2"	1111.0
	34"	34.000	33.250	.375	25"	STD	34.000	33.250	.375	25"	1136.0
36"	16"	36.000	35.250	.375	26 1/2"	STD	16.000	15.250	.375	22"	1015.0
	18"	36.000	35.250	.375	26 1/2"	STD	18.000	17.250	.375	22 1/2"	1044.0
	20"	36.000	35.250	.375	26 1/2"	STD	20.000	19.250	.375	23"	1072.0
	22"	36.000	35.250	.375	26 1/2"	STD	22.000	21.250	.375	23 1/2"	1100.0
	24"	36.000	35.250	.375	26 1/2"	STD	24.000	23.250	.375	24"	1129.0
	26"	36.000	35.250	.375	26 1/2"	STD	26.000	25.250	.375	24 1/2"	1158.0
	28"	36.000	35.250	.375	26 1/2"	STD	28.000	27.250	.375	24 1/2"	1181.0
	30"	36.000	35.250	.375	26 1/2"	STD	30.000	29.250	.375	25"	1207.0
	32"	36.000	35.250	.375	26 1/2"	STD	32.000	31.250	.375	25 1/2"	1237.0
	34"	36.000	35.250	.375	26 1/2"	STD	34.000	33.250	.375	26"	1264.0
	36"	36.000	35.250	.375	26 1/2"	STD	36.000	35.250	.375	26 1/2"	1294.0

Recta y extra fuerte reducción TEES

Tamaño nominal de la tubería — Ejecutar	Sucursal	Diámetro exterior de ejecutar O.D.	Diámetro interior de ejecutar el D.I.	Espesor de pared de ejecutar	Centro AL FINAL DE LA CARRERA	Programación del tubo	El diámetro exterior de la rama O.D.	Diámetro interior de la rama I.D.	Grosor de la pared de la sucursal	Centro AL FINAL DE SUCURSAL	Peso aproximado en libras
1/2"	1/4"	.840	.546	.147	1"	80	.540	.302	.119	1"	.30
	3/8"	.840	.546	.147	1"	80	.675	.423	.126	1"	.30
	1/2"	.840	.546	.147	1"	80	.840	.546	.147	1"	.40
3/4"	3/8"	1.050	.742	.154	1 1/8"	80	.675	.423	.126	1 1/8"	.50
	1/2"	1.050	.742	.154	1 1/8"	80	.840	.546	.147	1 1/8"	.50
	3/4"	1.050	.742	.154	1 1/8"	80	1.050	.742	.154	1 1/8"	.50
1"	3/8"	1.315	.957	.179	1 1/2"	80	.675	.423	.126	1 1/2"	.90
	1/2"	1.315	.957	.179	1 1/2"	80	.840	.546	.147	1 1/2"	.90
	3/4"	1.315	.957	.179	1 1/2"	80	1.050	.742	.154	1 1/2"	.90
	1"	1.315	.957	.179	1 1/2"	80	1.315	.957	.179	1 1/2"	1.0
1 1/4"	1/2"	1.660	1.278	.191	1 7/8"	80	.840	.546	.147	1 7/8"	1.6
	3/4"	1.660	1.278	.191	1 7/8"	80	1.050	.742	.154	1 7/8"	1.6
	1"	1.660	1.278	.191	1 7/8"	80	1.315	.957	.179	1 7/8"	1.6
	1 1/4"	1.660	1.278	.191	1 7/8"	80	1.660	1.278	.191	1 7/8"	1.6
1 1/2"	1/2"	1.900	1.500	.200	2 1/4"	80	.840	.546	.147	2 1/4"	2.5
	3/4"	1.900	1.500	.200	2 1/4"	80	1.050	.742	.154	2 1/4"	2.5
	1"	1.900	1.500	.200	2 1/4"	80	1.315	.957	.179	2 1/4"	2.5
	1 1/4"	1.900	1.500	.200	2 1/4"	80	1.660	1.278	.191	2 1/4"	2.5
	1 1/2"	1.900	1.500	.200	2 1/4"	80	1.900	1.500	.200	2 1/4"	2.5
2"	3/4"	2.375	1.939	.218	2 1/2"	80	1.050	.742	.154	1 3/4"	3.5
	1"	2.375	1.939	.218	2 1/2"	80	1.315	.957	.179	2"	3.5
	1 1/4"	2.375	1.939	.218	2 1/2"	80	1.660	1.278	.191	2 1/4"	3.5
	1 1/2"	2.375	1.939	.218	2 1/2"	80	1.900	1.500	.200	2 3/8"	3.5
	2"	2.375	1.939	.218	2 1/2"	80	2.375	1.939	.218	2 1/2"	4.0
2 1/2"	1"	2.875	2.323	.276	3"	80	1.315	.957	.179	2 1/4"	6.0
	1 1/4"	2.875	2.323	.276	3"	80	1.660	1.278	.191	2 1/2"	6.0
	1 1/2"	2.875	2.323	.276	3"	80	1.900	1.500	.200	2 5/8"	6.0
	2"	2.875	2.323	.276	3"	80	2.375	1.939	.218	2 3/4"	6.0
	2 1/2"	2.875	2.323	.276	3"	80	2.875	2.323	.276	3"	6.0

Recta y extra fuerte reducción TEES

Ejecutar	Sucursal	Diámetro exterior de ejecutar O.D.	Diámetro interior de ejecutar el D.I.	Espesor de pared de ejecutar	Centro AL FINAL DE LA CARRERA	Programación del tubo	El diámetro exterior de la rama O.D.	Diámetro interior de la rama I.D.	Grosor de la pared de la sucursal	Centro AL FINAL DE SUCURSAL	Peso aproximado en libras
3"	1"	3.500	2.900	.300	3 3/8"	80	1.315	.957	.179	2 5/8"	9.0
	1 1/4"	3.500	2.900	.300	3 3/8"	80	1.660	1.278	.191	2 3/4"	9.0
	1 1/2"	3.500	2.900	.300	3 3/8"	80	1.900	1.500	.200	2 7/8"	9.0
	2"	3.500	2.900	.300	3 3/8"	80	2.375	1.939	.218	3"	9.0
	2 1/2"	3.500	2.900	.300	3 3/8"	80	2.875	2.323	.276	3 1/4"	9.0
	3"	3.500	2.900	.300	3 3/8"	80	3.500	2.900	.300	3 3/8"	10.0
3 1/2"	1 1/2"	4.000	3.364	.318	3 3/4"	80	1.900	1.500	.200	3 1/8"	12.0
	2"	4.000	3.364	.318	3 3/4"	80	2.375	1.939	.218	3 1/4"	12.0
	2 1/2"	4.000	3.364	.318	3 3/4"	80	2.875	2.323	.276	3 1/2"	12.0
	3"	4.000	3.364	.318	3 3/4"	80	3.500	2.900	.300	3 5/8"	12.0
	3 1/2"	4.000	3.364	.318	3 3/4"	80	4.000	3.364	.318	3 3/4"	13.0
4"	1 1/2"	4.500	3.826	.337	4 1/8"	80	1.900	1.500	.200	3 3/8"	15.0
	2"	4.500	3.826	.337	4 1/8"	80	2.375	1.939	.218	3 1/2"	15.0
	2 1/2"	4.500	3.826	.337	4 1/8"	80	2.875	2.323	.276	3 3/4"	15.0
	3"	4.500	3.826	.337	4 1/8"	80	3.500	2.900	.300	3 7/8"	15.0
	3 1/2"	4.500	3.826	.337	4 1/8"	80	4.000	3.364	.318	4"	15.0
	4"	4.500	3.826	.337	4 1/8"	80	4.500	3.826	.337	4 1/8"	16.0
5"	2"	5.563	4.813	.375	4 7/8"	80	2.375	1.939	.218	4 1/8"	25.0
	2 1/2"	5.563	4.813	.375	4 7/8"	80	2.875	2.323	.276	4 1/4"	25.0
	3"	5.563	4.813	.375	4 7/8"	80	3.500	2.900	.300	4 3/8"	25.0
	3 1/2"	5.563	4.813	.375	4 7/8"	80	4.000	3.364	.318	4 1/2"	25.0
	4"	5.563	4.813	.375	4 7/8"	80	4.500	3.826	.337	4 5/8"	25.0
	5"	5.563	4.813	.375	4 7/8"	80	5.563	4.813	.375	4 7/8"	27.0
6"	2 1/2"	6.625	5.761	.432	5 5/8"	80	2.875	2.323	.276	4 3/4"	38.0
	3"	6.625	5.761	.432	5 5/8"	80	3.500	2.900	.300	4 7/8"	38.0
	3 1/2"	6.625	5.761	.432	5 5/8"	80	4.000	3.364	.318	5"	38.0
	4"	6.625	5.761	.432	5 5/8"	80	4.500	3.826	.337	5 1/8"	38.0
	5"	6.625	5.761	.432	5 5/8"	80	5.563	4.813	.375	5 3/8"	38.0
	6"	6.625	5.761	.432	5 5/8"	80	6.625	5.761	.432	5 5/8"	40.0

Recta y extra fuerte reducción TEES

Tamaño nominal de la tubería (Ejecutar)	Sucursal	Diámetro exterior de ejecutar O.D.	Diámetro interior de ejecutar el D.I.	Espesor de pared de ejecutar	Centro AL FINAL DE LA CARRERA	Programación del tubo	El diámetro exterior de la rama O.D.	Diámetro interior de la rama I.D.	Grosor de la pared de la sucursal	Centro AL FINAL DE SUCURSAL	Peso aproximado en libras
8"	3"	8.625	7.625	.500	7"	80	3.500	2.900	.300	6"	72.0
	3 1/2"	8.625	7.625	.500	7"	80	4.000	3.364	.318	6"	72.0
	4"	8.625	7.625	.500	7"	80	4.500	3.826	.337	6 1/8"	72.0
	5"	8.625	7.625	.500	7"	80	5.563	4.813	.375	6 3/8"	72.0
	6"	8.625	7.625	.500	7"	80	6.625	5.761	.432	6 5/8"	72.0
	8"	8.625	7.625	.500	7"	80	8.625	7.625	.500	7"	76.0
10"	4"	10.750	9.750	.500	8 1/2"	60	4.500	3.826	.337	7 1/4"	110.0
	5"	10.750	9.750	.500	8 1/2"	60	5.563	4.813	.375	7 1/2"	110.0
	6"	10.750	9.750	.500	8 1/2"	60	6.625	5.761	.432	7 5/8"	110.0
	8"	10.750	9.750	.500	8 1/2"	60	8.625	7.625	.500	8"	110.0
	10"	10.750	9.750	.500	8 1/2"	60	10.750	9.750	.500	8 1/2"	127.0
12"	5"	12.750	11.750	.500	10"	XS	5.563	4.813	.375	8 1/2"	154.0
	6"	12.750	11.750	.500	10"	XS	6.625	5.761	.432	8 5/8"	154.0
	8"	12.750	11.750	.500	10"	XS	8.625	7.625	.500	9"	156.0
	10"	12.750	11.750	.500	10"	XS	10.750	9.750	.500	9 1/2"	158.0
	12"	12.750	11.750	.500	10"	XS	12.750	11.750	.500	10"	179.0
14"	6"	14.000	13.000	.500	11"	XS	6.625	5.761	.432	9 3/8"	186.0
	8"	14.000	13.000	.500	11"	XS	8.625	7.625	.500	9 3/4"	188.0
	10"	14.000	13.000	.500	11"	XS	10.750	9.750	.500	10 1/8"	194.0
	12"	14.000	13.000	.500	11"	XS	12.750	11.750	.500	10 5/8"	197.0
	14"	14.000	13.000	.500	11"	XS	14.00	13.000	.500	11"	233.0
16"	6"	16.000	15.000	.500	12"	40	6.625	5.761	.432	10 3/8"	251.0
	8"	16.000	15.000	.500	12"	40	8.625	7.625	.500	10 3/4"	251.0
	10"	16.000	15.000	.500	12"	40	10.750	9.750	.500	11 1/8"	254.0
	12"	16.000	15.000	.500	12"	40	12.750	11.750	.500	11 5/8"	256.0
	14"	16.000	15.000	.500	12"	40	14.000	13.000	.500	12"	261.0
	16"	16.000	15.000	.500	12"	40	16.000	15.000	.500	12"	287.0

Recta y extra fuerte reducción TEES

Ejecutar	Sucursal	Diámetro exterior de ejecutar O.D.	Diámetro interior de ejecutar el D.I.	Espesor de pared de ejecutar	Centro AL FINAL DE LA CARRERA	Programación del tubo	El diámetro exterior de la rama O.D.	Diámetro interior de la rama I.D.	Grosor de la pared de la sucursal	Centro AL FINAL DE SUCURSAL	Peso aproximado en libras
18"	8"	18.000	17.000	.500	13 1/2"	XS	8625	7.625	.500	11 3/4"	354.0
	10"	18.000	17.000	.500	13 1/2"	XS	10.750	9.750	.500	12 1/8"	355.0
	12"	18.000	17.000	.500	13 1/2"	XS	12.750	11.750	.500	12 5/8"	358.0
	14"	18.000	17.000	.500	13 1/2"	XS	14.000	13.000	.500	13"	361.0
	16"	18.000	17.000	.500	13 1/2"	XS	16.000	15.000	.500	13"	362.0
	18"	18.000	17.000	.500	13 1/2"	XS	18.000	17.000	.500	13 1/2"	421.0
20"	8"	20.000	19.000	.500	15"	30	8.625	7.625	.500	12 3/4"	467.0
	10"	20.000	19.000	.500	15"	30	10.750	9.750	.500	13 1/8"	468.0
	12"	20.000	19.000	.500	15"	30	12.750	11.750	.500	13 5/8"	469.0
	14"	20.000	19.000	.500	15"	30	14.000	13.000	.500	14"	470.0
	16"	20.000	19.000	.500	15"	30	16.000	15.000	.500	14"	475.0
	18"	20.000	19.000	.500	15"	30	18.000	17.000	.500	14 1/2"	475.0
	20"	20.000	19.000	.500	15"	30	20.000	19.000	.500	15"	481.0
22"	10"	22.000	21.000	.500	16 1/2"	XS	10.750	9.750	.500	14 1/8"	451.0
	12"	22.000	21.000	.500	16 1/2"	XS	12.750	11.750	.500	14 5/8"	468.0
	14"	22.000	21.000	.500	16 1/2"	XS	14.000	13.000	.500	15"	479.0
	16"	22.000	21.000	.500	16 1/2"	XS	16.000	15.000	.500	15"	497.0
	18"	22.000	21.000	.500	16 1/2"	XS	18.000	17.000	.500	15 1/2"	514.0
	20"	22.000	21.000	.500	16 1/2"	XS	20.000	19.000	.500	16"	532.0
	22"	22.000	21.000	.500	16 1/2"	XS	22.000	21.000	.500	16 1/2"	586.0
24"	10"	24.000	23.000	.500	17"	XS	10.750	9.750	.500	15 1/8"	569.0
	12"	24.000	23.000	.500	17"	XS	12.750	11.750	.500	15 5/8"	660.0
	14"	24.000	23.000	.500	17"	XS	14.000	13.000	.500	16"	660.0
	16"	24.000	23.000	.500	17"	XS	16.000	15.000	.500	16"	664.0
	18"	24.000	23.000	.500	17"	XS	18.000	17.000	.500	16 1/2"	666.0
	20"	24.000	23.000	.500	17"	XS	20.000	19.000	.500	17"	669.0
	24"	24.000	23.000	.500	17"	XS	24.000	23.000	.500	17"	687.0

Recta y extra fuerte reducción TEES

Tamaño nominal de la tubería - Ejecutar	Sucursal	Diámetro exterior de ejecutar O.D.	Diámetro interior de ejecutar el D.I.	Espesor de pared de ejecutar	Centro AL FINAL DE LA CARRERA	Programación del tubo	El diámetro exterior de la rama O.D.	Diámetro interior de la rama I.D.	Grosor de la pared de la sucursal	Centro AL FINAL DE SUCURSAL	Peso aproximado en libras
26"	12"	26.000	25.000	.500	19 1/2"	XS	12.750	11.750	.500	16 5/8"	649.0
	14"	26.000	25.000	.500	19 1/2"	XS	14.000	13.000	.500	17"	662.0
	16"	26.000	25.000	.500	19 1/2"	XS	16.000	15.000	.500	17"	684.0
	18"	26.000	25.000	.500	19 1/2"	XS	18.000	17.000	.500	17 1/2"	706.0
	20"	26.000	25.000	.500	19 1/2"	XS	20.000	19.000	.500	18"	728.0
	22"	26.000	25.000	.500	19 1/2"	XS	22.000	21.000	.500	18 1/2"	749.0
	24"	26.000	25.000	.500	19 1/2"	XS	24.000	23.000	.500	19"	771.0
	26"	26.000	25.000	.500	19 1/2"	XS	26.000	25.000	.500	19 1/2"	794.0
30"	14"	30.000	29.000	.500	22"	XS	14.000	13.000	.500	19"	865.0
	16"	30.000	29.000	.500	22"	XS	16.000	15.000	.500	19"	890.0
	18"	30.000	29.000	.500	22"	XS	18.000	17.000	.500	19 1/2"	920.0
	20"	30.000	29.000	.500	22"	XS	20.000	19.000	.500	20"	945.0
	22"	30.000	29.000	.500	22"	XS	22.000	21.000	.500	20 1/2"	970.0
	24"	30.000	29.000	.500	22"	XS	24.000	23.000	.500	21"	995.0
	26"	30.000	29.000	.500	22"	XS	26.000	25.000	.500	21 1/2"	1020.0
	28"	30.000	29.000	.500	22"	XS	28.000	27.000	.500	21 1/2"	1040.0
	30"	30.000	29.000	.500	22"	XS	30.000	29.000	.500	22"	1160.0
34"	16"	34.000	33.000	.500	25"	XS	16.000	15.000	.500	21"	1145.0
	18"	34.000	33.000	.500	25"	XS	18.000	17.000	.500	21 1/2"	1175.0
	20"	34.000	33.000	.500	25"	XS	20.000	19.000	.500	22"	1205.0
	22"	34.000	33.000	.500	25"	XS	22.000	21.000	.500	22 1/2"	1240.0
	24"	34.000	33.000	.500	25"	XS	24.000	23.000	.500	23"	1270.0
	26"	34.000	33.000	.500	25"	XS	26.000	25.000	.500	23 1/2"	1300.0
	28"	34.000	33.000	.500	25"	XS	28.000	27.000	.500	23 1/2"	1325.0
	30"	34.000	33.000	.500	25"	XS	30.000	29.000	.500	24"	1355.0
	32"	34.000	33.000	.500	25"	XS	32.000	31.000	.500	24 1/2"	1390.0
	34"	34.000	33.000	.500	25"	XS	34.000	33.000	.500	25"	1420.0
36"	16"	36.000	35.000	.500	26 1/2"	XS	16.000	15.000	.500	22"	1280.0
	18"	36.000	35.000	.500	26 1/2"	XS	18.000	17.000	.500	22 1/2"	1315.0
	20"	36.000	35.000	.500	26 1/2"	XS	20.000	19.000	.500	23"	1345.0
	22"	36.000	35.000	.500	26 1/2"	XS	22.000	21.000	.500	23 1/2"	1380.0
	24"	36.000	35.000	.500	26 1/2"	XS	24.000	23.000	.500	24"	1415.0
	26"	36.000	35.000	.500	26 1/2"	XS	26.000	25.000	.500	24 1/2"	1440.0
	28"	36.000	35.000	.500	26 1/2"	XS	28.000	27.000	.500	24 1/2"	1475.0
	30"	36.000	35.000	.500	26 1/2"	XS	30.000	29.000	.500	25"	1510.0
	32"	36.000	35.000	.500	26 1/2"	XS	32.000.	31.000	.500	25 1/2"	1540.0
	34"	36.000	35.000	.500	26 1/2"	XS	34.000	33.000	.500	26"	1575.0
	36"	36.000	35.000	.500	26 1/2"	XS	36.000	35.000	.500	26 1/2"	1610.0

Programar 160 STRAIGHT & REDUCCIÓN TEES

Tamaño nominal de la tubería		Diámetro exterior de ejecutar O.D.	Diámetro interior de ejecutar el D.I.	Espesor de pared de ejecutar	Centro AL FINAL DE LA CARRERA	Programación del tubo	El diámetro exterior de la rama O.D.	Diámetro interior de la rama I.D.	El espesor de la pared de la sucursal	Centro AL FINAL DE LA RAMA	Peso aproximado en libras
Ejecutar	Sucursal										
1/2"	1/2"	.840	.466	.187	1"	160	.840	.466	.187	1"	.34
3/4"	3/8"	1.050	.614	.218	1 1/8"	160	.675	.301	.187	1 1/8"	.52
	1/2"	1.050	.614	.218	1 1/8"	160	.840	.466	.187	1 1/8"	.52
	3/4"	1.050	.614	.218	1 1/8"	160	1.050	.614	.218	1 1/8"	.55
1"	3/8"	1.315	.815	.250	1 1/2"	160	.675	.301	.187	1 1/2"	.99
	1/2"	1.315	.815	.250	1 1/2"	160	.840	.466	.187	1 1/2"	1.0
	3/4"	1.315	.815	.250	1 1/2"	160	1.050	.614	.218	1 1/2"	1.01
	1"	1.315	.815	.250	1 1/2"	160	1.315	.815	.250	1 1/2"	1.2
1 1/4"	1/2"	1.660	1.160	.250	1 7/8"	160	.840	.466	.187	1 7/8"	1.7
	3/4"	1.660	1.160	.250	1 7/8"	160	1.050	.614	.218	1 7/8"	1.7
	1"	1.660	1.160	.250	1 7/8"	160	1.315	.815	.250	1 7/8"	1.8
	1 1/4"	1.660	1.160	.250	1 7/8"	160	1.660	1.160	.250	1 7/8"	2.0
1 1/2"	1/2"	1.900	1.338	.281	2 1/4"	160	.840	.466	.187	2 1/4"	2.6
	3/4"	1.900	1.338	.281	2 1/4"	160	1.050	.614	.218	2 1/4"	2.6
	1"	1.900	1.338	.281	2 1/4"	160	1.315	.815	.250	2 1/4"	2.6
	1 1/4"	1.900	1.338	.281	2 1/4"	160	1.660	1.160	.250	2 1/4"	2.8
	1 1/2"	1.900	1.338	.281	2 1/4"	160	1.900	1.338	.281.	2 1/4"	3.0
2"	3/4"	2.375	1.689	.343	2 1/2"	160	1.050	.614	.218	1 3/4"	4.3
	1"	2.375	1.689	.343	2 1/2"	160	1.315	.815	.250	2"	4.4
	1 1/4"	2.375	1.689	.343	2 1/2"	160	1.660	1.160	.250	2 1/4"	4.4
	1 1/2"	2.375	1.689	.343	2 1/2"	160	1.900	1.338	.281.	2 3/8"	4.6
	2"	2.375	1.689	.343	2 1/2"	160	2.375	1.689	.343	2 1/2"	5.0
2 1/2"	1"	2,875	2.125	.375	3"	160	1.315	.815	.250	2 1/4"	6.8
	1 1/4"	2,875	2.125	.375	3"	160	1.660	1.160	.250	2 1/2"	6.9
	1 1/2"	2,875	2.125	.375	3"	160	1.900	1.338	.281.	2 5/8"	7.1
	2"	2,875	2.125	.375	3"	160	2.375	1.689	.343	2 3/4"	7.3
	2 1/2"	2,875	2.125	.375	3"	160	2,875	2,125	.375	3"	8.0

Programar 160 STRAIGHT & REDUCCIÓN TEES

Tamaño nominal de la tubería Ejecutar	Sucursal	Diámetro exterior de ejecutar O.D.	Diámetro interior de ejecutar el D.I.	Espesor de pared de ejecutar	Centro AL FINAL DE LA CARRERA	Programación del tubo	El diámetro exterior de la rama O.D.	Diámetro interior de la rama I.D.	El espesor de la pared de la sucursal	Centro AL FINAL DE LA RAMA	Peso aproximado en libras
3"	1 1/4"	3.500	2.624	.438	3 3/8"	160	1.660	1.160	.250	2 3/4"	10.9
	1 1/2"	3.500	2.624	.438	3 3/8"	160	1.900	1.338	.281	2 7/8"	11.1
	2"	3.500	2.624	.438	3 3/8"	160	2.375	1.689	.343	3"	11.2
	2 1/2"	3.500	2.624	.438	3 3/8"	160	2,875	2.125	.375	3 1/4"	11.5
	3"	3.500	2.624	.438	3 3/8"	160	3.500	2.624	.438	3 3/8"	12.0
4"	1 1/2"	4.500	3.438	.531	4 1/8"	160	1.900	1.338	.281	3 3/8"	20.6
	2"	4.500	3.438	.531	4 1/8"	160	2.375	1.689	.343	3 1/2"	20.7
	2 1/2"	4.500	3.438	.531	4 1/8"	160	2,875	2.125	.375	3 3/4"	20.9
	3"	4.500	3.438	.531	4 1/8"	160	3.500	2.624	.438	3 7/8"	21.1
	4"	4.500	3.438	.531	4 1/8"	160	4.500	3.438	.531	4 1/8"	23.0
5"	2"	5.563	4.313	.625	4 7/8"	160	2.375	1.689	.343	4 1/8"	35.0
	2 1/2"	5.563	4.313	.625	4 7/8"	160	2.875	2.125	.375	4 1/4"	35.0
	3"	5.563	4.313	.625	4 7/8"	160	3.500	2.624	.438	4 3/8"	36.0
	4"	5.563	4.313	.625	4 7/8"	160	4.500	3.438	.531	4 5/8"	36.0
	5"	5.563	4.313	.625	4 7/8"	160	5.563	4.313	.625	4 7/8"	40.0
6"	2 1/2"	6.625	5.189	.718	5 5/8"	160	2.875	2.125	.375	4 3/4"	56.0
	3"	6.625	5.189	.718	5 5/8"	160	3.500	2.624	.438	4 7/8"	56.0
	4"	6.625	5.189	.718	5 5/8"	160	4.500	3.438	.531	5 1/8"	56.0
	5"	6.625	5.189	.718	5 5/8"	160	5.563	4.313	.625	5 3/8"	57.0
	6"	6.625	5.189	.718	5 5/8"	160	6.625	5.189	.718	5 5/8"	60.0

47

Programar 160 STRAIGHT & REDUCCIÓN TEES

Tamaño nominal de la tubería		Diámetro exterior de ejecutar O.D.	Diámetro interior de ejecutar el D.I.	Espesor de pared de ejecutar	Centro AL FINAL DE LA CARRERA	Programación del tubo	El diámetro exterior de la rama O.D.	Diámetro interior de la rama I.D.	El espesor de la pared de la sucursal	Centro AL FINAL DE LA RAMA	Peso aproximado en libras
Ejecutar	Sucursal										
8"	4"	8,625	6.813	.906	7"	160	4.500	3.438	.531	6 1/8"	113,0
	5"	8,625	6.813	.906	7"	160	5.563	4.313	0.625	6 3/8"	114.0
	6"	8,625	6.813	.906	7"	160	6.625	5.189	.718	6 5/8"	114.0
	8"	8,625	6.813	.906	7"	160	8,625	6.813	.906	7"	120.0
10"	4"	10.750	8.500	1,125	8 1/2"	160	4.500	3.438	.531	7 1/4"	210,0
	5"	10.750	8.500	1,125	8 1/2"	160	5.563	4.313	0.625	7 1/2"	209.0
	6"	10.750	8.500	1,125	8 1/2"	160	6.625	5.189	.718	7 5/8"	210,0
	8"	10.750	8.500	1,125	8 1/2"	160	8,625	6.813	.906	8"	212.0
	10"	10.750	8.500	1,125	8 1/2"	160	10.750	8.500	1,125	8 1/2"	222.0
12"	5"	12.750	10.126	1.312	10"	160	5.563	4.313	0.625	8 1/2"	341.0
	6"	12.750	10.126	1.312	10"	160	6.625	5.189	.718	8 5/8"	340.0
	8"	12.750	10.126	1.312	10"	160	8,625	6.813	.906	9"	340.0
	10"	12.750	10.126	1.312	10"	160	10.750	8.500	1,125	9 1/2"	344.0
	12"	12.750	10.126	1.312	10"	160	12.750	10.126	1.312	10"	360.0

Doble recta y EXTRA FUERTE REDUCCIÓN TEES

Tamaño nominal de la tubería Ejecutar	Sucursal	Diámetro exterior de ejecutar O.D.	Diámetro interior de ejecutar el D.I.	Espesor de pared de ejecutar	Centro AL FINAL DE LA CARRERA	Programación del tubo	El diámetro exterior de la rama O.D.	Diámetro interior de la rama I.D.	El espesor de la pared de la sucursal	Centro AL FINAL DE LA RAMA	Peso aproximado en libras
1/2"	1/2"	.840	.252	.294	1"	DBL XS	.840	.252	.294	1"	.38
3/4"	1/2"	1.050	.434	.308	1 1/8"	DBL XS	.840	.252	.294	1 1/8"	.58
	3/4"	1.050	.434	.308	1 1/8"	DBL XS	1.050	.434	.308	1 1/8"	.60
1"	1/2"	1.315	.599	.358	1 1/2"	DBL XS	.840	.252	.294	1 1/2"	1.19
	3/4"	1.315	.599	.358	1 1/2"	DBL XS	1.050	.434	.308	1 1/2"	1.21
	1"	1.315	.599	.358	1 1/2"	DBL XS	1.315	.599	.358	1 1/2"	1.4
1 1/4"	1/2"	1.660	.896	.382	1 7/8"	DBL XS	.840	.252	.294	1 7/8"	2.2
	3/4"	1.660	.896	.382	1 7/8"	DBL XS	1.050	.434	.308	1 7/8"	2.2
	1"	1.660	.896	.382	1 7/8"	DBL XS	1.315	.599	.358	1 7/8"	2.3
	1 1/4"	1.660	.896	.382	1 7/8"	DBL XS	1.660	.896	.382	1 7/8"	2.5
1 1/2"	1/2"	1.900	1.100	.400	2 1/4"	DBL XS	.840	.252	.294	2 1/4"	3.2
	3/4"	1.900	1.100	.400	2 1/4"	DBL XS	1.050	.434	.308	2 1/4"	3.2
	1"	1.900	1.100	.400	2 1/4"	DBL XS	1.315	.599	.358	2 1/4"	3.3
	1 1/4"	1.900	1.100	.400	2 1/4"	DBL XS	1.660	.896	.382	2 1/4"	3.4
	1 1/2"	1.900	1.100	.400	2 1/4"	DBL XS	1.900	1.100	.400	2 1/4"	4.0
2"	3/4"	2.375	1.503	.436	2 1/2"	DBL XS	1.050	.434	.308	1 3/4"	5.1
	1"	2.375	1.503	.436	2 1/2"	DBL XS	1.315	.599	.358	2"	5.1
	1 1/4"	2.375	1.503	.436	2 1/2"	DBL XS	1.660	.896	.382	2 1/4"	5.3
	1 1/2"	2.375	1.503	.436	2 1/2"	DBL XS	1.900	1.100	.400	2 3/8"	5.5
	2"	2.375	1.503	.436	2 1/2"	DBL XS	2.375	1.503	.436	2 1/2"	6.0
2 1/2"	1"	2.875	1.771	.552	3"	DBL XS	1.315	.599	.358	2 1/4"	8.9
	1 1/4"	2.875	1.771	.552	3"	DBL XS	1.660	.896	.382	2 1/2"	9.0
	1 1/2"	2.875	1.771	.552	3"	DBL XS	1.900	1.100	.400	2 5/8"	9.2
	2"	2.875	1.771	.552	3"	DBL XS	2.375	1.503	.436	2 3/4"	9.3
	2 1/2"	2.875	1.771	.552	3"	DBL XS	2.875	1.771	.552	3"	10.0

Doble recta y EXTRA FUERTE REDUCCIÓN TEES

Tamaño nominal de la tubería – Ejecutar	Sucursal	Diámetro exterior de ejecutar O.D.	Diámetro interior de ejecutar el D.I.	Espesor de pared de ejecutar	Centro AL FINAL DE LA CARRERA	Programación del tubo	El diámetro exterior de la rama O.D.	Diámetro interior de la rama I.D.	El espesor de la pared de la sucursal	Centro AL FINAL DE LA RAMA	Peso aproximado en libras
3"	1 1/4"	3.500	2.300	.600	3 3/8"	DBL XS	1.660	.896	.382	2 3/4"	13.7
	1 1/2"	3.500	2.300	.600	3 3/8"	DBL XS	1.900	1.100	.400	2 7/8"	13.8
	2"	3.500	2.300	.600	3 3/8"	DBL XS	2.375	1.503	.436	3"	13.9
	2 1/2"	3.500	2.300	.600	3 3/8"	DBL XS	2.875	1.771	.552	3 1/4"	14.3
	3"	3.500	2.300	.600	3 3/8"	DBL XS	3500	2.300	.600	3 3/8"	15.0
3 1/2"	1 1/2"	4.000	2.728	.636	3 3/4"	DBL XS	1.900	1.100	.400	3 1/8"	18.6
	2"	4.000	2.728	.636	3 3/4"	DBL XS	2.375	1.503	.436	3 1/4"	18.6
	2 1/2"	4.000	2.728	.636	3 3/4"	DBL XS	2.875	1.771	.552	3 1/2".	19.2
	3"	4.000	2.728	.636	3 3/4"	DBL XS	3500	2.300	.600	3 5/8"	19.6
	3 1/2"	4.000	2.728	.636	3 3/4"	DBL XS	4.000	2.728	.636	3 3/4"	22.0
4"	1 1/2"	4.500	3.152	.674	4 1/8"	DBL XS	1.900	1.100	.400	3 3/8"	24.6
	2"	4.500	3.152	.674	4 1/8"	DBL XS	2.375	1.503	.436	3 1/2"	24.6
	2 1/2"	4.500	3.152	.674	4 1/8"	DBL XS	2.875	1.771	.552	3 3/4"	25.0
	3"	4.500	3.152	.674	4 1/8"	DBL XS	3.500	2.300	.600	3 7/8"	25.0
	3 1/2"	4.500	3.152	.674	4 1/8"	DBL XS	4.000	2.728	.636	4"	26.0
	4"	4.500	3.152	.674	4 1/8"	DBL XS	4.500	3.152	.674	4 1/8"	27.0

Doble recta y EXTRA FUERTE REDUCCIÓN TEES

Tamaño nominal de la tubería		Diámetro exterior de ejecutar O.D.	Diámetro interior de ejecutar el D.I.	Espesor de pared de ejecutar	Centro AL FINAL DE LA CARRERA	Programación del tubo	El diámetro exterior de la rama O.D.	Diámetro interior de la rama I.D.	El espesor de la pared de la sucursal	Centro AL FINAL DE LA RAMA	Peso aproximado en libras
Ejecutar	Sucursal										
5"	2"	5.563	4.063	.750	4 7/8"	DBL XS	2.375	1.503	.436	4 1/8"	41.0
	2 1/2"	5.563	4.063	.750	4 7/8"	DBL XS	2.875	1.771	.552	4 1/4"	41.0
	3"	5.563	4.063	.750	4 7/8"	DBL XS	3.500	2.300	.600	4 3/8"	41.0
	3 1/2"	5.563	4.063	.750	4 7/8"	DBL XS	4.000	2.728	.636	4 1/2"	41.0
	4"	5.563	4.063	.750	4 7/8"	DBL XS	4.500	3.152	.674	4 5/8"	42.0
	5"	5.563	4.063	.750	4 7/8"	DBL XS	5.563	4.063	.750	4 7/8"	44.0
6"	2 1/2"	6.625	4.897	.864	5 5/8"	DBL XS	2.875	1.771	.552	4 3/4"	64.0
	3"	6.625	4.897	.864	5 5/8"	DBL XS	3.500	2.300	.600	4 7/8"	64.0
	3 1/2"	6.625	4.897	.864	5 5/8"	DBL XS	4.000	2.728	.636	5"	64.0
	4"	6.625	4.897	.864	5 5/8"	DBL XS	4.500	3.152	.674	5 1/8"	65.0
	5"	6.625	4.897	.864	5 5/8"	DBL XS	5.563	4.063	.750	5 3/8"	65.0
	6"	6.625	4.897	.864	5 5/8"	DBL XS	6.625	4.897	.864	5 5/8"	68.0
8"	3 1/2"	8.625	6.875	.875	7"	DBL XS	4.000	2.728	.636	6"	111.0
	4"	8.625	6.875	.875	7"	DBL XS	4.500	3.152	.674	6 1/8"	111.0
	5"	8.625	6.875	.875	7"	DBL XS	5.563	4.063	.750	6 3/8"	111.0
	6"	8.625	6.875	.875	7"	DBL XS	6.625	4.897	.864	6 5/8"	113.0
	8"	8.625	6.875	.875	7"	DBL XS	8.625	6.875	.875	7"	120.0

51

Horario especial recta y reducción TEES

Tamaño nominal de la tubería	Diámetro exterior O.D.	Diámetro interior I.D.	Espesor de pared	Centro para ejecutar CENTRO Y EXTREMO A EXTREMO SUCURSAL	El NÚMERO DE PROGRAMA DE TUBO	Peso aproximado en libras
4"	4.500	3.624	.438	4 1/8"	120	23.5
5"	5.563	4.563	.500	4 7/8"	120	44.5
6"	6.625	5.501	.562	5 5/8"	120	64.0
8"	8.625	8.125	.250	7"	20	54.0
8"	8.625	8.071	.277	7"	30	57.0
8"	8.625	7.813	.406	7"	60	76.0
8"	8.625	7.439	.593	7"	100	97.0
8"	8.625	7.189	.718	7"	120	115.0
8"	8.625	7.001	.812	7"	140	133.0
10"	10.750	10.250	.250	8 1/2"	20	73.0
10"	10.750	10.136	.307	8 1/2"	30	81.0
10"	10.750	9.564	.593	8 1/2"	80	161.0
10"	10.750	9.314	.718	8 1/2"	100	180.0
10"	10.750	9.064	.843	8 1/2"	120	215.0
10"	10.750	8.750	1.000	8 1/2"	140	241.0
12"	12.750	12.250	.250	10"	20	120.0
12"	12.750	12.090	.330	10"	30	136.0
12"	12.750	11.938	.406	10"	40	147.0
12"	12.750	11.626	.562	10"	60	226.0
12"	12.750	11.376	.687	10"	80	245.0
12"	12.750	11.064	.843	10"	100	304.0
12"	12.750	10.750	1.000	10"	120	353.0
12"	12.750	10.500	1.125	10"	140	404.0

Peso STD & XS STRAIGHT & REDUCCIÓN DE SOLDADURA cruza

Tamaño nominal de la tubería		Centro AL FINAL DE LA CARRERA	Centro AL FINAL DE LA RAMA	Peso estándar	EXTRA FUERTE.
Ejecutar	Sucursal			Aprox. Peso en libras	Aprox. Peso en libras
1 1/4"	3/4"	1 7/8"	1 7/8"	1.1	1.4
	1"	1 7/8"	1 7/8"	1.3	1.5
	1 1/4"	1 7/8"	1 7/8"	1.5	1.9
1 1/2"	3/4"	2 1/4"	2 1/4"	1.6	2.0
	1"	2 1/4"	2 1/4"	1.8	2.2
	1 1/4"	2 1/4"	2 1/4"	1.9	2.4
	1 1/2"	2 1/4"	2 1/4"	2.3	2.8
2"	1"	2 1/2"	2"	2.5	3.2
	1 1/4"	2 1/2"	2 1/4"	2.7	3.4
	1 1/2"	2 1/2"	2 3/8"	2.9	3.7
	2"	2 1/2"	2 1/2"	3.4	4.2
2 1/2"	1"	3"	2 1/4"	4.4	5.4
	1 1/4"	3"	2 1/2"	4.5	5.6
	1 1/2"	3"	2 5/8"	4.7	5.8
	2"	3"	2 3/4"	4.9	6.0
	2 1/2"	3"	3"	5.9	7.2
3"	1"	3 3/8"	2 5/8"	6.3	8.0
	1 1/4"	3 3/8"	2 3/4"	6.4	8.1.
	1 1/2"	3 3/8"	2 7/8"	6.6	8.4
	2"	3 3/8"	3"	6.7	8.5
	2 1/2"	3 3/8"	3 1/4"	7.3	8.9
	3"	3 3/8"	3 3/8"	8.3	10.3
3 1/2"	1 1/2"	3 3/4"	3 1/8"	8.58	11.1
	2"	3 3/4"	3 1/4"	8.59	11.2
	2 1/2"	3 3/4"	3 1/2"	9.21	11.8
	3"	3 3/4"	3 5/8"	9.59	12.2
	3 1/2"	3 3/4"	3 3/4"	10.8	13.8
4"	1 1/2"	4 1/8"	3 3/8"	11.0	14.4
	2"	4 1/8"	3 1/2"	11.1	14.4
	2 1/2"	4 1/8"	3 3/4"	11.5	15.0
	3"	4 1/8"	3 7/8"	11.9	15.4
	3 1/2"	4 1/8"	4"	12.4	15.9
	4"	4 1/8"	4 1/8"	13.9	17.8

Tamaño nominal de la tubería		Centro AL FINAL DE LA CARRERA	Centro AL FINAL DE LA RAMA	Peso estándar	EXTRA FUERTE.
Ejecutar	Sucursal			Aprox. Peso en libras	Aprox. Peso en libras
5"	2"	4 7/8"	4 1/8"	17.2	23.1
	2 1/2"	4 7/8"	4 1/4"	17.7	23.6
	3"	4 7/8"	4 3/8"	17.9	23.8
	3 1/2"	4 7/8"	4 1/2"	18.2	24.2
	4"	4 7/8"	4 5/8"	18.8	24.8
	5"	4 7/8"	4 7/8"	21.6	28.2
6"	2 1/2"	5 5/8"	4 3/4"	25.8	36.0
	3"	5 5/8"	4 7/8"	26.0	37.0
	3 1/2"	5 5/8"	5"	26.3	37.0
	4"	5 5/8"	5 1/8"	26.6	37.0
	5"	5 5/8"	5 3/8"	27.7	38.0
	6"	5 5/8"	5 5/8"	31.5	43.4
8"	3"	7"	6"	47.0	68.0
	3 1/2"	7"	6"	48.0	68.0
	4"	7"	6 1/8"	48.0	68.0
	5"	7"	6 3/8"	48.0	69.0
	6"	7"	6 5/8"	49.0	70.0
	8"	7"	7"	57.1	79.8
10"	4"	8 1/2"	7 1/4"	81.0	105.0
	5"	8 1/2"	7 1/2"	81.0	105.0
	6"	8 1/2"	7 5/8"	82.0	106.0
	8"	8 1/2"	8"	84.0	110.0
	10"	8 1/2"	8 1/2"	96.0	123.0
12"	5"	10"	8 1/2"	116.0	149.0
	6"	10"	8 5/8"	117.0	150.0
	8"	10"	9"	118	153.0
	10"	10"	9 1/2"	123.0	155.0
	12"	10"	10"	139.0	174.0
14"	6"	11"	9 3/8"	134.0	174.0
	8"	11"	9 3/4"	136.0	176.0
	10"	11"	10 1/8"	138.0	178.0
	12"	11"	10 5/8"	144.0	186.0
	14"	11"	11"	168.0	214.0

Peso STD & XS STRAIGHT & REDUCCIÓN DE SOLDADURA cruza

Tamaño nominal de la tubería		Centro AL FINAL DE LA CARRERA	Centro AL FINAL DE LA RAMA	Peso estándar	EXTRA FUERTE.
Ejecutar	Sucursal			Aprox. Peso en libras	Aprox. Peso en libras
16"	6"	12"	10 3/8"	172.0	226.0
	8"	12"	10 3/4"	172.0	226.0
	10"	12"	11 1/8"	176.0	230.0
	12"	12"	11 5/8"	182.0	234.0
	14"	12"	12"	188.0	240.0
	16"	12"	12"	216.0	274.0
18"	8"	13 1/2"	11 3/4"	224.0	290.0
	10"	13 1/2"	12 1/8"	226.0	292.0
	12"	13 1/2"	12 5/8"	228.0	296.0
	14"	13 1/2"	13"	234.0	300.0
	16"	13 1/2"	13"	236.0	300.0
	18"	13 1/2"	13 1/2"	278.0	352.0
20"	8"	15"	12 3/4"	276.0	358.0
	10"	15"	13 1/8"	278.0	360.0
	12"	15"	13 5/8"	282.0	362.0
	14"	15"	14"	284.0	364.0
	16"	15"	14"	290.0	370.0
	18"	15"	14 1/2"	298.0	380.0
	20"	15"	15"	348.0	438.0
24"	10"	17"	15 1/8"	422.0	544.0
	12"	17"	15 5/8"	424.0	546.0
	14"	17"	16"	426.0	546.0
	16"	17"	16"	432.0	554.0
	18"	17"	16 1/2"	436.0	558.0
	20"	17"	17"	442.0	562.0
	24"	17"	17"	488.0	610.0

Peso ligero reductores excéntricos y concéntricos

Tamaño nominal de la tubería		Espesor de pared nominal				Longitud	Peso aproximado en libras
		Gran final		Extremo pequeño			
Gran final	Extremo pequeño	SCH 10S	API 5L	SCH 10S	API 5L		
3/4"	3/8"	.083		.083		1 1/2"	.21
	1/2"	.083		.083			.21
1"	3/8"	.109		.083		2"	.30
	1/2"	.109		.083			.31
	3/4"	.109		.083			.31
1 1/4"	1/2"	.109		.083		2"	.43
	3/4"	.109		.083			.44
	1"	.109		.109			.45
1 1/2"	1/2"	.109		.083		2 1/2"	.45
	3/4"	.109		.083			.48
	1"	.109		.109			.53
	1 1/4"	.109		.109			.58
2"	3/4"	.109		.083		3"	.73
	1"	.109		.109			.82
	1 1/4"	.109		.109			.87
	1 1/2"	.109		.109			.90
2 1/2"	1"	.120		.109		3 1/2"	1.3
	1 1/4"	.120		.109			1.47
	1 1/2"	.120		.109			1.51
	2"	.120		.109			1.6
3"	1 1/4"	.120	.188	.109	.140	3 1/2"	1.7
	1 1/2"	.120	.188	.109	.145		1.89
	2"	.120	.188	.109	.154		2.0
	2 1/2"	.120	.188	.120	.203		2.16
3 1/2"	1 1/4"	.120		.109		4"	2.35
	1 1/2"	.120		.109			2.52
	2"	.120		.109			2.71
	2 1/2"	.120		.120			2.96
	3"	.120		.120			3.05
4"	1 1/2"	.120	.188	.109	.145	4"	3.4
	2"	.120	.188	.109	.154		3.4
	2 1/2"	.120	.188	.120	.203		3.4
	3"	.120	.188	.120	.216		3.4
	3 1/2"	.120	.188	.120			3.4

Peso ligero reductores excéntricos y concéntricos

| Tamaño nominal de la tubería | | Espesor de pared nominal | | | | Longitud | Peso aproximado en libras |
| Gran final | Extremo pequeño | Gran final | | Extremo pequeño | | | |
		SCH 10S	API 5L	SCH 10S	API 5L		
6"	2 1/2"	.134	.219	.120	.203	5 1/2"	7.8
	3"	.134	.219	.120	.216		
	3 1/2"	.134		.120			
	4"	.134	.219	.120	.188		
8"	3 1/2"	.148		.120		6"	12.5
	4"	.148	.219	.120	.188		
	6"	.148	.219	.134	.219		
10"	4"	.165	.219	.120	.188	7"	21.1
	6"	.165	.219	.134	.219		
	8"	.165	.219	.148	.219		
12"	6"	.180	.250	.134	.219	8"	31.0
	8"	.180	.250	.148	.219		
	10"	.180	.250	.165	.219		
14"	6"	.250	.250	.134	.219	13"	60.0
	8"	.250	.250	.148	.219		
	10"	.250	.250	.165	.219		
	12"	.250	.250	.180	.250		
16"	8"	.250	.250	.148	.219	14"	71.0
	10"	.250	.250	.165	.219		
	12"	.250	.250	.180	.250		
	14"	.250	.250	.250	.250		
18"	10"	.250	.250	.165	.219	15"	
	12"	.250	.250	.180	.250		
	14"	.250	.250	.250	.250		
	16"	.250	.250	.250	.250		
20"	12"	.250	.250	.180	.250	20"	134.0
	14"	.250	.250	.250	.250		
	16"	.250	.250	.250	.250		
	18"	.250	.250	.250	.250		
24"	16"	.250	.250	.250	.250	20"	158.0
	18"	.250	.250	.250	.250		
	20"	.250	.250	.250	.250		

Peso estándar reductores excéntricos y concéntricos

Tamaño nominal de la tubería		Longitud	Aprox. Peso en libras
Gran final	**Extremo pequeño**		
3/4"	3/8"	1 1/2"	.21
	1/2"		
1"	3/8"	2"	.30
	1/2"		
	3/4"		
1 1/4"	1/2"	2"	.44
	3/4"		
	1"		
1 1/2"	1/2"	2 1/2"	.56
	3/4"		
	1"		
	1 1/4"		
2"	3/4"	3"	1.0
	1"		
	1 1/4"		
	1 1/2"		
2 1/2"	1"	3 1/2"	1.5
	1 1/4"		
	1 1/2"		
	2"		
3"	1 1/4"	3 1/2"	2.5
	1 1/2"		
	2"		
	2 1/2"		
3 1/2"	1 1/4"	4"	3.0
	1 1/2"		
	2"		
	2 1/2"		
	3"		
4"	1 1/2"	4"	3.5
	2"		
	2 1/2"		
	3"		
	3 1/2"		
5"	2"	5"	5.5
	2 1/2"		
	3"		
	3 1/2"		
	4"		
6"	2 1/2"	5 1/2"	8.0
	3"		
	3 1/2"		
	4"		
	5"		
8"	3 1/2"	6"	13.0
	4"		
	5"		
	6"		

Peso estándar reductores excéntricos y concéntricos

Tamaño nominal de la tubería		Longitud	Aprox. Peso en libras	
Gran final	**Extremo pequeño**			
10"	4" 5" 6" 8"	7"	22.0	
12"	5" 6" 8" 10"	8"	32.0	
14"	6" 8" 10" 12"	13"	61.0	
16"	8" 10" 12" 14"	14"	73.0	
18"	10" 12" 14" 16"	15"	91.0	
20"	12" 14" 16" 18"	20"	136,0	
22"	14" 16" 18" 20"	20"	148.0 151.0 154.0 157.0	
24"	16" 18" 20"	20"	162.0	
26"	18" 20" 22" 24"	24"	200.0	
30"	20" 24" 26" 28"	24"	220.0	
			Concéntrica	**Excéntrica**
34"	24" 26" 30" 32"	24"	270.0 270.0 270.0 270.0	229.0 237.0 253.0 261.0
36".	24" 26" 30" 32" 34"	24"	340.0 340.0 340.0 340.0 340.0	237.0 245.0 261.0 269.0 277.0
42"	24" 26" 30" 32" 34" 36"	24"	260.0 270.0 285.0 295.0 300.0 310.0	

Tamaño nominal de la tubería		Longitud	Aprox. Peso en libras
Gran final	**Extremo pequeño**		
3/4"	3/8"	1 1/2"	.24
	1/2"		.26
1"	3/8"	2"	.37
	1/2"		
	3/4"		
1 1/4"	1/2"	2"	.5
	3/4"		
	1"		
1 1/2"	1/2"	2 1/2"	.7
	3/4"		
	1"		
	1 1/4"		
2"	3/4"	3"	1.2
	1"		
	1 1/4"		
	1 1/2"		
2 1/2"	1"	3 1/2"	2.0
	1 1/4"		
	1 1/2"		
	2"		
3"	1 1/4"	3 1/2"	3.0
	1 1/2"		
	2"		
	2 1/2"		
3 1/2".	1 1/4"	4"	4.0
	1 1/2"		
	2"		
	2 1/2"		
	3"		
4"	1 1/2"	4"	5.0
	2"		
	2 1/2"		
	3"		
	3 1/2"		
5"	2"	5"	7.0
	2 1/2"		
	3"		
	3 1/2"		
	4"		
6"	2 1/2"	5 1/2"	11.0
	3"		
	3 1/2"		
	4"		
	5"		
8"	3 1/2"	6"	18.0
	4"		
	5"		
	6"		

Tamaño nominal de la tubería		Longitud	Aprox. Peso en libras	
Gran final	Extremo pequeño			
10"	4" 5" 6" 8"	7"	29.0	
12"	5" 6" 8" 10"	8"	43.0	
14"	6" 8" 10" 12"	13"	90.0	
16"	8" 10" 12" 14"	14"	100.0	
18"	10" 12" 14" 16"	15"	115.0	
20"	12" 14" 16" 18"	20"	180.0	
22"	14" 16" 18" 20"	20"	195.0 198.0 202.0 207.0	
24"	16" 18" 20"	20"	210.0	
26"	18" 20" 22" 24"	24"	272.0	
30"	20" 24" 26" 28"	24"	315.0	
			Concéntrica	Excéntrica
34"	24" 26" 30" 32"	24"	355.0 355.0 355.0 355.0	304.0 315.0 336.0 347.0
36"	24" 26" 30" 32" 34"	24"	360.0 360.0 360.0 360.0 360.0	315.0 325.0 347.0 357.0 368.0
42"	24" 26" 30" 32" 34" 36"	24"	350.0 360.0 380.0 390.0 400,0 410.0	

Tamaño nominal de la tubería		Longitud	Aprox. Peso en libras
Gran final	**Extremo pequeño**		
3/4"	3/8"	1 1/2"	.29
	1/2"		
1"	3/8"	2"	.42
	1/2"		
	3/4"		
1 1/4"	1/2"	2"	.63
	3/4"		
	1"		
1 1/2"	1/2"	2 1/2"	.90
	3/4"		
	1"		
	1 1/4"		
2"	3/4"	3"	1.6
	1"		
	1 1/4"		
	1 1/2"		
2 1/2"	1"	3 1/2"	2.7
	1 1/4"		
	1 1/2"		
	2"		
3"	1 1/4"	3 1/2"	3.8
	1 1/2"		
	2"		
	2 1/2"		
4"	1 1/2"	4"	5.7
	2"		5.6
	2 1/2"		5.5
	3"		6.6
5"	2"	5"	12.0
	2 1/2"		
	3"		
	4"		
6"	2 1/2"	5 1/2"	18.0
	3"		
	4"		
	5"		
8"	4"	6"	30.0
	5"		
	6"		
10"	4"	7"	50.0
	5"		50.0
	6"		50.0
	8"		58.0
12"	5"	8"	78.0
	6"		75.0
	8"		86.0
	10"		94.0

Doble EXTRA FUERTE reductores excéntricos y concéntricos

Tamaño nominal de la tubería		Longitud	Aprox. Peso en libras
Gran final	**Extremo pequeño**		
3/4"	1/2"	1 1/2"	.34
1"	3/8"	2"	.50
	1/2"		
	3/4"		
1 1/4"	1/2"	2"	.75
	3/4"		
	1"		
1 1/2"	1/2"	2 1/2"	1.0
	3/4"		
	1"		
	1 1/4"		
2"	3/4"	3"	2.0
	1"		
	1 1/4"		
	1 1/2"		
2 1/2"	1"	3 1/2"	3.2
	1 1/4"		
	1 1/2"		
	2"		
3"	1 1/4"	3 1/2"	4.5
	1 1/2"		
	2"		
	2 1/2"		
3 1/2"	1 1/4"	4"	6.5
	1 1/2"		
	2"		
	2 1/2"		
	3"		
4"	1 1/2"	4"	7.0
	2"		
	2 1/2"		
	3"		
	3 1/2".		
5"	2"	5"	13.0
	2 1/2"		
	3"		
	3 1/2"		
	4"		
6"	2 1/2"	5 1/2"	20.0
	3"		
	3 1/2"		
	4"		
	5"		
8"	3 1/2"	6"	30.0
	4"		
	5"		
	6"		

Programación especial reductores excéntricos y concéntricos

Tamaño nominal de la tubería		Programación del tubo	Longitud	Aprox. Peso en libras
Gran final	**Extremo pequeño**			
10"	4"	80	7"	25.3
	5"	80		28.7
	6"	80		29.8
	8"	80		31.4
12"	4"	40	8"	29.8
	5"	40		30.5
	6"	40		31.1
	8"	40		32.1
	10"	40		33.4
12"	4"	80	8"	38.5
	5"	80		39.1
	6"	80		40.6
	8"	80		42.1
	10"	80		43.6

Peso ligero TAPAS DE SOLDADURA

Tamaño nominal de la tubería	Diámetro exterior O.D.	Diámetro interior I.D.	Espesor de pared	Longitud	Tangente	Programación del tubo	Aprox. Peso en libras
3/4"	1.050	.884	.083	1 1/4"	.93	10S	.13
1"	1.315	1.097	.109	1 1/2"	1.10	10S	.23
1 1/4"	1.660	1.442	.109	1 1/2"	1.02	10S	.31
1 1/2"	1.900	1.682	.109	1 1/2"	.95	10S	.37
2"	2.375	2.157	.109	1 1/2"	.83	10S	.51
2 1/2"	2.875	2.635	.120	1 1/2"	.68	10S	.81
3"	3.500	3.260	.120	2"	1.02	10S	1.41
3"	3.500	3.124	.188	2"	1.02	10S	2.0
3 1/2"	4.000	3.760	.120	2 1/2"	1.39	10S	2.12
4"	4.500	4.260	.120	2 1/2"	1.26	10S	2.55
4"	4.500	4.124	.188	2 1/2"	1.26	10S	2.40
5"	5.563	5.295	.134	3"	1.48	10S	4.20
6"	6.625	6.357	.134	3 1/2"	1.70	10S	6.41
6"	6.625	6.187	.219	3 1/2"	1.70	10S	6.4
8"	8.625	8.329	.148	4"	1.68	10S	11.3
8"	8.625	8.187	.219	4"	1.68	10S	11.3
10"	10.750	10.420	.165	5"	2.13	10S	20.0
10"	10.750	10.312	.219	5"	2.13	10S	19.5
12"	12.750	12.390	.180	6"	2.62	10S	29.5
12"	12.750	12.250	.250	6"	2.62	10S	28.5
14"	14.000	13.500	.250	6 1/2"	2.81	10	35.3
16"	16.000	15.500	.250	7"	2.81	10	44.3
18"	18.000	17.500	.250	8"	3.31	10	57.1
20"	20.000	19.500	.250	9"	3.81	10	71.7
24"	24.000	23.500	.250	10 1/2"	4.31	10	102.0

Tapas de soldadura de peso estándar

Tamaño nominal de la tubería	Diámetro exterior O.D.	Diámetro interior I.D.	Espesor de pared	Longitud	Tangente	Programación del tubo	Aprox. Peso en libras
1/2"	.840	.622	.109	1"	.74	40	.07
3/4"	1.050	.824	.113	1 1/4"	.93	40	.13
1"	1.315	1.049	.133	1 1/2"	1.10	40	.25
1 1/4"	1.660	1.380	.140	1 1/2"	1.02	40	.3
1 1/2"	1.900	1.610	.145	1 1/2"	.95	40	.35
2"	2.375	2.067	.154	1 1/2"	.83	40	0.5
2 1/2"	2.875	2.469	.203	1 1/2"	.68	40	.8
3"	3.500	3.068	.216	2"	1.02	40	1.5
3 1/2"	4.000	3.548	.226	2 1/2"	1.39	40	2.0
4"	4.500	4.026	.237	2 1/2"	1.26	40	2.5
5"	5.563	5.047	.258	3"	1.48	40	4.5
6"	6.625	6.065	.280	3 1/2".	1.70	40	7.0
8"	8.625	7.981	.322	4"	1.68	40	12.0
10"	10.750	10.020	.365	5"	2.13	40	20.0
12"	12.750	12.000	.375	6"	2.62	STD	29.0
14"	14.000	13.250	.375	6 1/2"	2.81	30	35.0
16"	16.000	15.250	.375	7"	2.81	30	43.0
18"	18.000	17.250	.375	8"	3.31	STD	58.0
20"	20.000	19.250	.375	9"	3.81	20	72.0
22"	22.000	21.250	.375	10"	4.31	STD	86.0
24"	24.000	23.250	.375	10 1/2"	4.31	20	105.0
26"	26.000	26.250	.375	10 1/2"	3.81	STD	110.0
30"	30.000	29.250	.375	10 1/2"	2.81	STD	125.0
34"	34.000	33.250	.375	10 1/2"	1.81	STD	160.0
36".	36.000	35.250	.375	10 1/2"	1.31	STD	175.0
42"	42.000	41.250	.375	12"	1.31	STD	230.0

Tapas de soldadura extra fuerte.

Tamaño nominal de la tubería	Diámetro exterior O.D.	Diámetro interior I.D.	Espesor de pared	Longitud	Tangente	Programación del tubo	Aprox. Peso en libras
1/2"	.840	.546	.147	1"	.72	80	.09
3/4"	1.105	.742	.154	1 1/4"	.91	80	.16
1"	1.315	.957	.179	1 1/2"	1.08	80	.3
1 1/4"	1.660	1.278	.191	1 1/2"	.99	80	.4
1 1/2"	1.900	1.500	.200	1 1/2"	.92	80	.5
2"	2.375	1.939	.218	1 1/2"	.80	80	.7
2 1/2"	2.875	2.323	.276	1 1/2"	.64	80	1.0
3"	3.500	2.900	.300	2"	.98	80	2.0
3 1/2"	4.000	3.364	.318	2 1/2"	1.34	80	3.0
4"	4.500	3.826	.337	2 1/2"	1.21	80	4.0
5"	5.563	4.813	.375	3"	1.42	80	6.0
6"	6.625	5.761	.432	3 1/2"	1.63	80	10.0
8"	8.625	7.625	.500	4"	1.59	80	18.0
10"	10.750	9.750	.500	5"	2.06	60	28.0
12"	12.750	11.750	.500	6"	2.56	XS	36.0
14"	14.000	13.000	.500	6 1/2"	2.75	XS	48.0
16"	16.000	15.000	.500	7"	2.75	40	60.0
18"	18.000	17.000	.500	8"	3.25	XS	78.0
20"	20.000	19.000	.500	9"	3.75	30	100.0
22"	22.000	21.000	.500	10"	4.25	XS	115.0
24"	24.000	23.000	.500	10 1/2"	4.25	XS	145.0
26"	26.000	25.000	.500	10 1/2"	3.75	XS	155.0
30"	30.000	29.000	.500	10 1/2"	2.75	XS	175.0
34"	34.000	33.000	.500	10 1/2"	1.75	XS	210.0
36"	36.000	35.000	.500	10 1/2"	1.25	XS	235.0
42"	42.000	41.000	.500	12"	1.25	XS	300.0

Programar 160 DOBLES & Tapas SOLDADURA EXTRA FUERTE.

Tamaño nominal de la tubería	Diámetro exterior O.D.	Diámetro interior I.D.	Espesor de pared	Longitud	Tangente	Programación del tubo	Aprox. Peso en libras

Calendario 160

Tamaño nominal de la tubería	Diámetro exterior O.D.	Diámetro interior I.D.	Espesor de pared	Longitud	Tangente	Programación del tubo	Aprox. Peso en libras
1"	1.315	.815	.250	1 1/2"	1.05	160	.4
1 1/4"	1.660	1.160	.250	1 1/2"	96.	160	.5
1 1/2"	1.900	1.338	.281	1 1/2"	.88	160	.7
2"	2.375	1.689	.343	1 3/4"	.98	160	1.3
2 1/2"	2.875	2.125	.375	2"	1.09	160	2.0
3"	3.500	2.624	.438	2 1/2"	1.41	160	3.5
4"	4.500	3.438	.531	3"	1.61	160	6.7
5"	5.563	4.313	.625	3 1/2"	1.80	160	10.5
6"	6.625	5.189	.718	4"	1.98	160	16.0
8"	8.625	6.813	.906	5"	2.39	160	29.0
10"	10.750	8.500	1.125	6"	2.75	160	58.9
12"	12.750	10.126	1.312	7"	3.16	160	95.4

Doble extra fuerte.

Tamaño nominal de la tubería	Diámetro exterior O.D.	Diámetro interior I.D.	Espesor de pared	Longitud	Tangente	Programación del tubo	Aprox. Peso en libras
1"	1.315	.599	.358	1 1/2"	.99	DBL XS	.5
1 1/4"	1.660	.896	.382	1 1/2"	.89	DBL XS	6.
1 1/2"	1.900	1.100	.400	1 1/2"	.82	DBL XS	.75
2"	2.375	1.503	.436	1 3/4"	.94	DBL XS	1.5
2 1/2"	2.875	1.771	.552	2"	1.00	DBL XS	2.1
3"	3.500	2.300	.600	2 1/2"	1.32	DBL XS	3.7
3 1/2"	4.000	2.728	.636	3"	1.68	DBL XS	5.0
4"	4.500	3.152	.674	3"	1.54	DBL XS	6.7
5"	5.563	4.063	.750	3 1/2"	1.73	DBL XS	10.5
6"	6.625	4.897	.864	4"	1.91	DBL XS	16.0
8"	8.625	6.875	.875	5"	2.41	DBL XS	29.0

Programación especial TAPAS DE SOLDADURA

Tamaño nominal de la tubería	Diámetro exterior O.D.	Diámetro interior I.D.	Espesor de pared	Longitud	El NUMERO DE PROGRAMA DE TUBO	Peso aproximado en libras
4"	4.500	3.624	.438	3"	120	5.1
5"	5.563	4.563	.500	3 1/2"	120	8.6
6"	6.625	5.501	.562	4"	120	13.3
8"	8.625	8.125	.250	4"	20	8.7
8"	8.625	8.071	.277	4"	30	9.6
8"	8.625	7.813	.406	4"	60	26.5
8"	8.625	7.439	.593	5"	100	37.8
8"	8.625	7.189	.718	5"	120	27.9
8"	8.625	7.001	.812	5"	140	51.0
10"	10.750	10.250	.250	5"	20	13.7
10"	10.750	10.136	.307	5"	30	16.8
10"	10.750	9.564	.593	6"	80	59.0
10"	10.750	9.314	.718	6"	100	71.4
10"	10.750	9.064	.843	6"	120	49.4
10"	10.750	8.750	1.000	6"	140	96.0
12"	12.750	12.250	.250	6"	20	19.7
12"	12.750	12.090	.330	6"	30	26.0
12"	12.750	11.938	.406	6"	40	51.0
12"	12.750	11.626	.562	7"	60	66.7
12"	12.750	11.376	.687	7"	80	82.0
12"	12.750	11.064	.843	7"	100	118.0
12"	12.750	10.750	1.000	7"	120	81.1
12"	12.750	10.500	1.125	7"	140	155.0
14"	14.000	13.124	.438	6 1/2"	40	71.0
14"	14.000	12.814	.593	7 1/2"	60	95.0
18"	18.000	17.124	.438	8"	30	66.8
18"	18.000	16.876	.562	9"	40	120.0
20"	20.000	18.814	.593	10"	40	143.0
24"	24.000	22.876	.562	12"	30	147.0

ASA B16,9 peso estándar solapada de extremos de mangueta

Tamaño nominal de la tubería	Diámetro exterior O.D.	Diámetro interior I.D.	Espesor de pared y vuelta	Longitud	El DIÁMETRO DE LA CARA	Programación del tubo	Peso aproximado en libras
1/2"	.840	.622	.109	3"	1 3/8"	40	.3
3/4"	1.050	.824	.113	3"	1 11/16"	40	.4
1"	1.315	1.049	.133	4"	2"	40	.7
1 1/4"	1.660	1.380	.140	4"	2 1/2"	40	1.0
1 1/2"	1.900	1.610	.145	4"	2 7/8"	40	1.2
2"	2.375	2.067	.154	6"	3 5/8"	40	2.5
2 1/2"	2.875	2.469	.203	6"	4 1/8"	40	3.5
3"	3.500	3.068	.216	6"	5"	40	5.0
3 1/2"	4.000	3.548	.226	6"	5 1/2"	40	6.0
4"	4.500	4.026	.237	6"	6 3/16"	40	6.5
5"	5.563	5.047	.258	8"	7 5/16"	40	12.0
6"	6.625	6.065	.280	8"	8 1/2"	40	16.0
8"	8.625	7.981	.322	8"	10 5/8"	40	24.0
10"	10.750	10.020	.365	10"	12 3/4"	40	40.0
12"	12.750	12.000	.375	10"	15"	STD	50.0
14"	14.000	13.250	.375	12"	16 1/4"	30	64.0
16"	16.000	15.250	.375	12"	18 1/2"	30	74.0
18"	18.000	17.250	.375	12"	21"	STD	85.0
20"	20.000	19.250	.375	12"	23"	20	95.0
24"	24.000	23.250	.375	12"	27 1/4"	20	116.0

ASA B16,9 EXTRA FUERTE SOLAPADA de extremos de mangueta

Tamaño nominal de la tubería	Diámetro exterior O.D.	Diámetro interior I.D.	Espesor de pared y vuelta	Longitud	El DIÁMETRO DE LA CARA	Programación del tubo	Peso aproximado en libras
1/2"	.840	.546	.147	3"	1 3/8"	80	.4
3/4"	1.050	.742	.154	3"	1 11/16"	80	.5
1"	1.315	.957	.179	4"	2"	80	1.0
1 1/4"	1.660	1.278	.191	4"	2 1/2"	80	1.2
1 1/2"	1.900	1.500	.200	4"	2 7/8"	80	1.5
2"	2.375	1.939	.218	6"	3 5/8"	80	3.0
2 1/2"	2.875	2.323	.276	6"	4 1/8"	80	4.5
3"	3.500	2.900	.300	6"	5"	80	6.5
3 1/2"	4.000	3.364	.318	6"	5 1/2"	80	8.0
4"	4.500	3.826	.337	6"	6 3/16"	80	9.0
5"	5.563	4.813	.375	8"	7 5/16"	80	16.0
6"	6.625	5.761	.432	8"	8 1/2"	80	21.0
8"	8.625	7.625	.500	8"	10 5/8"	80	33.0
10"	10.750	9.750	.500	10"	12 3/4"	60	48.0
12"	12.750	11.750	.500	10"	15"	XS	58.0
14"	14.000	13.000	.500	12"	16 1/4"	XS	75.0
16"	16.000	15.000	.500	12"	18 1/2"	40	87.0
18"	18.000	17.000	.500	12"	21"	XS	101.0
20"	20.000	19.000	.500	12"	23"	30	114.0
24"	24.000	23.000	.500	12"	27 1/4"	XS	138.0

MSS-SP-43 termina STUB SOLAPADA DE ACERO INOXIDABLE

Tamaño nominal de la tubería	Diámetro exterior O.D.	Espesor de pared			Longitud	Diámetro de vuelta o cara
		Programa 5S	Programar 10S	Horario 40S		
1/2"	.840	.065	.083	.109	2"	1 3/8"
3/4"	1.050	.065	.083	.113	2"	1 11/16"
1"	1.315	.065	.109	.133	2"	2"
1 1/4"	1.660	.065	.109	.140	2"	2 1/2"
1 1/2"	1.900	.065	.109	.145	2"	2 7/8"
2"	2.375	.065	.109	.154	2 1/2"	3 5/8"
2 1/2"	2.875	.083	.120	.203	2 1/2"	4 1/8"
3"	3.500	.083	.120	.216	2 1/2"	5"
3 1/2"	4.000	.083	.120	.226	3"	5 1/2"
4"	4.500	.083	.120	.237	3"	6 3/16"
5"	5.563	.109	.134	.258	3"	7 5/16"
6"	6.625	.109	.134	.280	3 1/2"	8 1/2"
8"	8.625	.109	.148	.322	4"	10 5/8"
10"	10.750	.134	.165	.365	5"	12 3/4"
12"	12.750	.156	.180	.375	6"	15"
14"	14.000	.156	.188	.375	6"	16 1/4"
16"	16.000	.165	.188	.375	6"	18 1/2"
18"	18.000	.165	.188	.375	6"	21"
20"	20.000	.188	.218	.375	6"	23"
24"	24.000	.218	.250	.375	6"	27 1/4"

Recta y reducción de peso estándar de soldadura de salida laterales.

Tamaño nominal de la tubería	Hecha de tubo de pared estándar			Hecha de tubo de Pared extra fuerte.		
	DIMINSIONS			DIMINSIONS		
	Centro del lateral al extremo largo de ejecutar & Centro de lateral a fin de sucursal	Centro de LATERAL A CORTO FIN DE CARRERA	Aprox. Peso en PUNDS	Centro del lateral al extremo largo de ejecutar & Centro de lateral a fin de sucursal	Centro de LATERAL A CORTO FIN DE CARRERA	Aprox. Peso en PUNDS
1"	5 3/4"	1 3/4"	1.71	6 1/2"	2"	2.52
1 1/4"	6 1/4"	1 3/4"	2.44	7 1/4"	2 1/4"	3.86
1 1/2"	7"	2"	3.27	8 1/2"	2 1/2"	5.44
2"	8"	2 1/2"	5.0	9"	2 1/2"	7.8
2 1/2"	9 1/2"	2 1/2"	9.2	10 1/2"	2 1/2"	13.5
3"	10"	3"	12.6	11"	3"	18.8
3 1/2"	11 1/2"	3"	17.2	12 1/2"	3"	25.6
4"	12"	3"	20.8	13 1/2"	3"	32.8
5"	13 1/2"	3 1/2"	31.4	15"	3 1/2"	50.0
6"	14 1/2"	3 1/2"	42.0	17 1/2"	4"	79.0
8"	17 1/2"	4 1/2"	76.0	20 1/2"	5"	140.0
10"	20 1/2"	5"	124.0	24"	5 1/2"	202.0
12"	24 1/2"	5 1/2"	180.0	27 1/2"	6"	273.0
14"	27"	6"	218.0	31"	6 1/2"	340.0
16"	30"	6 1/2"	275.0	34 1/2"	7 1/2"	433.0
18"	32"	7"	326.0	37 1/2"	8"	526.0
20"	35"	8"	396.0	40 1/2"	8 1/2"	628.0
24"	40 1/2"	9"	544.0	47 1/2"	10"	882.0

125 lb. Peso ligero TAPER cara bridas con cuello de soldadura

Tamaño nominal de la tubería	El espesor de pared de la tubería			Fuera de diam. De la brida	Diámetro de orificio			Longitud THRU HUB	Plantilla de perforación			Aprox. Peso en libras
	SCH 10S	API 5L	STD WT		SCH 10S	API 5L	STD WT		DIAM. De círculo de pernos	NO. De los orificios del perno	DIAM. De los orificios del perno	
1"	.109		.133	4 1/4"	1.10		1.05	7/8"	3 1/8"	4	5/8"	1.3
1 1/4"	.109		.140	4 5/8"	1.44		1.38	7/8"	3 1/2"	4	5/8"	1.6
1 1/2"	.109		.145	5"	1.68		1.61	7/8"	3 7/8"	4	5/8"	1.8
2"	.109		.154	6"	2.16		2.07	1"	4 3/4"	4	3/4"	3.0
2 1/2"	.120		.203	7"	2.64		2.47	1"	5 1/2"	4	3/4"	4.1.
3"	.120		.216	7 1/2"	3.26		3.07	1 1/8"	6"	4	3/4"	5.3
3 1/2"	.120		.226	8 1/2"	3.76		3.55	1 1/8"	7"	8	3/4"	6.4
4"	.120	.188	.237	9"	4.26	4.13	4.03	1 1/8"	7 1/2"	8	3/4"	6.9
6"	.134	.219	.280	11"	6.36	6.19	6.07	1 1/4"	9 1/2"	8	7/8"	10.3
8"	.148	.219	.322	13 1/2"	8.33	8.19	7.98	1 1/4"	11 3/4"	8	7/8"	14.4
10"	.165	.219	.365	16"	10.42	10.31	10.02	1 1/2"	14 1/4"	12	1"	22.6
12"	.180	.250	.375	19"	12.39	12.25	12.00	1 7/8"	17"	12	1"	43.0
14"		.250	.375	21"		13.50	13.25	2 1/8"	18 3/4"	12	1 1/8"	60.5
16"		.250	.375	23 1/2"		15.50	15.25	2 3/8"	21 1/4"	16	1 1/8"	77.4
18"		.250	.375	25"		17.50	17.25	2 5/8"	22 3/4"	16	1 1/4"	89.4
20"		.250	.375	27 1/2"		19.50	19.25	2 7/8"	25"	20	1 1/4"	116.0
22"		.250	.375	29 1/2"		21.50	21.25	3 1/8"	27 1/4"	20	1 3/8"	136.0
24"		.250	.375	32"		23.50	23.25	3 3/8"	29 1/2"	20	1 3/8"	173.0

125 LB PESO LIGERO DE CARA PLANA BRIDAS SLIP-ON

Tamaño nominal de la tubería	El diámetro exterior de la brida	Diámetro de orificio	Longitud THRU HUB	Diámetro del círculo de pernos	El número de agujeros de pernos	Diámetro de los orificios del perno	Aprox. Peso en libras
3"	7 1/2"	3.57	7/8"	6"	4	3/4"	6
4"	9"	4.57	7/8"	7 1/2"	8	3/4"	8
5"	10"	5.66	7/8"	8 1/2"	8	7/8"	9.5
6"	11"	6.72	1 1/4"	9 1/2"	8	7/8"	13
8"	13 1/2"	8.72	1 1/4"	11 3/4"	8	7/8"	18
10"	16"	10.88	1 1/4"	14 1/4"	12	1"	26
12"	19"	12.88	1 1/4"	17"	12	1"	42
14"	21"	14.14	1 1/4"	18 3/4"	12	1 1/8"	44
16"	23 1/2"	16.16	1 1/4"	21 1/4"	16	1 1/8"	58
18"	25"	18.18	1 1/4"	22 3/4"	16	1 1/4"	59
20"	27 1/2"	20.2	1 1/4"	25"	20	1 1/4"	69
24"	32"	24.25	1 3/4"	29 1/2"	20	1 3/8"	113

Bridas de 150 Lb

NOM EL TAMAÑO DEL TUBO	Fuera de diam. De la brida	DIAM. De cara elevada	Longitud THRU HUB - Cuello de soldadura	Longitud THRU HUB - SLIP-ON, rosca hembra	Longitud THRU HUB - Junta de solape	La perforación - DIAM. De circulo de pernos	Número de pernos	DIAM. De pernos	DIAM. De los orificios del perno	Espárragos - 1/16" de cara elevada	Espárragos - Conjunto de anillo	Los tornillos de la máquina - 1/16" R.F.	El peso - Cuello de soldadura	El peso - SLIP-ON y rosca	El peso - Junta de solape	El peso - Ciego	El peso - Tipo de socket
1/2"	3 1/2"	1 3/8"	1 7/8"	5/8"	5/8"	2 3/8"	4	1/2"	5/8"	2 1/2"		1 3/4"	2.0	2.0	2.0	2.0	2.0
3/4"	3 7/8"	1 11/16"	2 1/16"	5/8"	5/8"	2 3/4"	4	1/2"	5/8"	2 1/2"		2"	2.0	2.0	2.0	2.0	2.0
1"	4 1/4"	2"	2 3/16"	11/16"	11/16"	3 1/8"	4	1/2"	5/8"	2 3/4"	3 1/4"	2"	2.0	2.0	2.0	2.0	2.0
1 1/4"	4 5/8"	2 1/2"	2 1/4"	13/16"	13/16"	3 1/2"	4	1/2"	5/8"	2 3/4"	3 1/4"	2 1/4"	4.0	3.0	3.0	3.0	3.0
1 1/2"	5"	2 7/8"	2 7/16"	7/8"	7/8"	3 7/8"	4	1/2"	5/8"	3"	3 1/2"	2 1/4"	5.0	3.0	3.0	4.0	3.0
2"	6"	3 5/8"	2 1/2"	1"	1"	4 3/4"	4	5/8"	3/4"	3 1/4"	3 3/4"	2 3/4"	9.0	5.0	5.0	4.0	5.0
2 1/2"	7"	4 1/8"	2 3/4"	1 1/8"	1 1/8"	5 1/2"	4	5/8"	3/4"	3 1/2"	4"	3"	11.0	7.0	7.0	11.0	7.0
3"	7 1/2"	5"	2 3/4"	1 3/16"	1 3/16"	6"	4	5/8"	3/4"	3 3/4"	4 1/4"	3"	14.0	8.0	8.0	14.0	8.0
3 1/2"	8 1/2"	5 1/2"	2 13/16"	1 1/4"	1 1/4"	7"	8	5/8"	3/4"	3 3/4"	4 1/4"	3"	15.0	11.0	11.0	13.0	11.0
4"	9"	6 3/16"	3"	1 5/16"	1 5/16"	7 1/2"	8	5/8"	3/4"	3 3/4"	4 1/4"	3"	16.0	13.0	13.0	19.0	13.0
5"	10"	7 5/16"	3 1/2"	1 7/16"	1 7/16"	8 1/2"	8	3/4"	7/8"	4"	4 1/2"	3 1/4"	21.0	15.0	15.0	21.0	15.0
6"	11"	8 1/2"	3 1/2"	1 9/16"	1 9/16"	9 1/2"	8	3/4"	7/8"	4"	4 1/2"	3 1/4"	25.0	19.0	19.0	28.0	19.0
8"	13 1/2"	10 5/8"	4"	1 3/4"	1 3/4"	11 3/4"	8	3/4"	7/8"	4 1/4"	4 3/4"	3 1/2"	40.0	30.0	30.0	48.0	30.0
10"	16"	12 3/4"	4"	1 15/16"	1 15/16"	14 1/4"	12	7/8"	1"	4 3/4"	5 1/4"	3 3/4"	56.0	42.0	42.0	70.0	42.0
12"	19"	15"	4 1/2"	2 3/16"	2 3/16"	17"	12	7/8"	1"	4 3/4"	5 1/4"	4"	86.0	64.0	64.0	105.0	64.0
14"	21"	16 1/4"	5"	2 1/4"	3 1/8"	18 3/4"	12	1"	1 1/8"	5 1/4"	5 3/4"	4 1/4"	111.0	85.0	99.0	135.0	85.0
16"	23 1/2"	18 1/2"	5"	2 1/2"	3 7/16"	21 1/4"	16	1"	1 1/8"	5 1/2"	6"	4 1/2"	141.0	94.0	128.0	176.0	94.0
18"	25"	21"	5 1/2"	2 11/16"	3 13/16"	22 3/4"	16	1 1/8"	1 1/4"	6"	6 1/2"	4 3/4"	153.0	120.0	146.0	214.0	120.0
20"	27 1/2"	23"	5 11/16"	2 7/8"	4 1/16"	25"	20	1 1/8"	1 1/4"	6 1/4"	6 3/4"	5 1/4"	188.0	155.0	185.0	284.0	155.0
22"	29 1/2"	25 1/4"	5 7/8"	3 1/8"	4 1/4"	27 1/4"	20	1 1/4"	1 3/8"	6 3/4"	7 1/4"	5 3/4"	224.0	159.0		333.0	
24"	32"	27 1/4"	6"	3 1/4"	4 3/8"	29 1/2"	20	1 1/4"	1 3/8"	7"	7 1/2"	5 3/4"	270.0	210.0	260.0	398.0	210.0
26"	34 1/4"	29 1/4"	5"	3 3/8"		31 3/4"	24	1 1/4"	1 3/8"	7 1/4"		6"	270.0	248.0		498.0	
30"	38 3/4"	33 3/4"	5 1/8"	3 1/2"		36"	28	1 1/4"	1 3/8"	7 1/2"		6 1/4"	375.0	319.0		681.0	
34"	43 3/4"	37 3/4"	5 5/16"	3 11/16"		40 1/2"	32	1 1/2"	1 5/8"	8 1/4"		7"	470.0	359.0		936.0	
36"	46"	40 1/4"	5 3/8"	3 3/4"		42 3/4"	32	1 1/2"	1 5/8"	8 1/2"		7"	530.0	401.0		1068.0	

300 lb bridas

NOM EL TAMAÑO DEL TUBO	Fuera de diam. De la brida	DIAM. De cara elevada	Longitud THRU HUB			La perforación				Longitud de los tornillos			El peso aproximado en libras				
			Cuello de soldadura	SLIP-ON, rosca hembra	Junta de solape	DIAM. De circulo de pernos	Número de pernos	DIAM. De pernos	DIAM. De los orificios del perno	Espárragos 1/16" de cara elevada	Conjunto de anillo	Los tornillos de la máquina 1/16" R.F.	Cuello de soldadura	SLIP-ON y rosca	Junta de solape	Ciego	Tipo de socket
1/2"	3 3/4"	1 3/8"	2 1/16"	7/8"	7/8"	2 5/8"	4	1/2"	5/8"	2 3/4"	3 1/4"	2"	4.0	3.0	3.0	2.0	3.0
3/4"	4 5/8"	1 11/16"	2 1/4"	1"	1"	3 1/4"	4	5/8"	3/4"	3"	3 1/2"	2 1/2"	4.0	3.0	3.0	3.0	3.0
1"	4 7/8"	2"	2 7/16"	1 1/16"	1 1/16"	3 1/2"	4	5/8"	3/4"	3 1/4"	3 3/4"	2 1/2"	5.0	3.0	3.0	4.0	3.0
1 1/4"	5 1/4"	2 1/2"	2 9/16"	1 1/16"	1 1/16"	3 7/8"	4	5/8"	3/4"	3 1/4"	3 3/4"	2 3/4"	6.0	4.0	4.0	4.0	4.0
1 1/2"	6 1/8"	2 7/8"	2 11/16"	1 3/16"	1 3/16"	4 1/2"	4	3/4"	7/8"	3 3/4"	4 1/4"	3"	9.0	6.0	6.0	6.0	6.0
2"	6 1/2"	3 5/8"	2 3/4"	1 5/16"	1 5/16"	5"	8	5/8"	3/4"	3 1/2"	4 1/4"	3"	10.0	7.0	7.0	8.0	7.0
2 1/2"	7 1/2"	4 1/8"	3"	1 1/2"	1 1/2"	5 7/8"	8	3/4"	7/8"	4"	4 3/4"	3 1/4"	13.0	10.0	10.0	15.0	10.0
3"	8 1/4"	5"	3 1/8"	1 11/16"	1 11/16"	6 5/8"	8	3/4"	7/8"	4 1/4"	5"	3 1/2"	16.0	13.0	13.0	16.0	13.0
3 1/2"	9"	5 1/2"	3 3/16"	1 3/4"	1 3/4"	7 1/4"	8	3/4"	7/8"	4 1/2"	5 1/4"	3 3/4"	19.0	17.0	17.0	20.0	17.0
4"	10"	6 3/16"	3 3/8"	1 7/8"	1 7/8"	7 7/8"	8	3/4"	7/8"	4 1/2"	5 1/4"	3 3/4"	26.0	22.0	22.0	27.0	22.0
5"	11"	7 5/16"	3 7/8"	2"	2"	9 1/4"	8	3/4"	7/8"	4 3/4"	5 1/2"	4"	35.0	28.0	28.0	41.0	
6"	12 1/2"	8 1/2"	3 7/8"	2 1/16"	2 1/16"	10 5/8"	12	3/4"	7/8"	5"	5 3/4"	4 1/4"	45.0	39.0	39.0	50.0	
8"	15"	10 5/8"	4 3/8"	2 7/16"	2 7/16"	13"	12	7/8"	1"	5 1/2"	6 1/4"	4 3/4"	70.0	58.0	58.0	80.0	
10"	17 1/2"	12 3/4"	4 5/8"	2 5/8"	3 3/4"	15 1/4"	16	1"	1 1/8"	6 1/4"	7"	5 1/4"	94.0	82.0	91.0	120.0	
12"	20 1/2"	15"	5 1/8"	2 7/8"	4"	17 3/4"	16	1 1/8"	1 1/4"	6 3/4"	7 1/2"	5 3/4"	140.0	115.0	139.0	184.0	
14"	23"	16 1/4"	5 5/8"	3"	4 3/8"	20 1/4"	20	1 1/8"	1 1/4"	7"	7 3/4"	6"	190.0	173.0	189.0	249.0	
16"	25 1/2"	18 1/2"	5 3/4"	3 1/4"	4 3/4"	22 1/2"	20	1 1/4"	1 3/8"	7 1/2"	8 1/4"	6 1/2"	250.0	220.0	240.0	324.0	
18"	28"	19 1/2"	6 1/4"	3 1/2"	5 1/8"	24 3/4"	24	1 1/4"	1 3/8"	7 3/4"	8 1/2"	6 3/4"	305.0	280.0	305.0	416.0	
20"	30 1/2"	20 1/2"	6 3/8"	3 3/4"	5 1/2"	27"	24	1 1/4"	1 3/8"	8 1/4"	9"	7"	380.0	325.0	375.0	516.0	
22"	33"	21 1/2"	6 1/2"	4"		29 1/4"	24	1 1/2"	1 5/8"	9"	10"	7 1/2"	429.0	433.0		594.0	
24"	36"	22 1/2"	6 5/8"	4 3/16"	6"	32"	24	1 1/2"	1 5/8"	9 1/4"	10 1/4"	7 3/4"	540.0	492.0	530.0	763.0	
26"	38 1/4"	23 1/2"	7 1/4"	7 1/4"		34 1/2"	28	1 5/8"	1 3/4"	10 1/4"	11 1/4"	8 3/4"	615.0	552.0		950.0	
30"	43"	24 1/2"	8 1/4"	8 1/4"		39 1/4"	28	1 3/4"	1 7/8"	11 1/2"	12 1/2"	10"	858.0	779.0		1403.0	
34"	47 1/2"	25 1/2"	9 1/8"	9 1/8"		43 1/2"	28	1 7/8"	2"	12 1/2"	13 3/4"	10 3/4"	1110.0	1014.0		1899.0	
36"	50"	26 1/2"	9 1/2"	9 1/2"		46"	32	2"	2 1/8"	13"	14 1/4"	11 1/4"	1233.0	1130.0		2151.0	
42"	57"	27 1/2"	10 7/8"	10 7/8"		52 3/4"	36	2"	2 1/8"	14"	15 1/4"	12"	1739.0	1610.0		3164.0	

Bridas de 400 lb.

NOM EL TAMAÑO DEL TUBO	Fuera de diam. De la brida	DIAM. De cara elevada	Longitud THRU HUB			DIAM. De circulo de pernos	La perforación		DIAM. De los orificios del perno	Longitud de los espárragos			El peso aproximado en libras			
			Cuello de soldadura	SLIP-ON, rosca	Junta de solape		Número de pernos	DIAM. De pernos		1/4" de cara elevada	Conjunto de anillo	Macho y hembra, de lengüeta y ranura	Cuello de soldadura	SLIP-ON y rosca	Junta de solape	Ciego
4"	10"	6 3/16"	3 1/2"	2"	2"	7 7/8"	8	7/8"	1"	5 1/2"	5 3/4"	5 1/4"	31.0	26.0	26.0	31.0
5"	11"	7 5/16"	4"	2 1/8"	2 1/8"	9 1/4"	8	7/8"	1"	5 3/4"	6"	5 1/2"	39.0	31.0	31.0	41.0
6"	12 1/2"	8 1/2"	4 1/16"	2 1/4"	2 1/4"	10 5/8"	12	7/8"	1"	6"	6 1/4"	5 3/4"	52.0	43.0	43.0	56.0
8"	15"	10 5/8"	4 5/8"	2 11/16"	2 11/16"	13"	12	1"	1 1/8"	6 3/4"	7"	6 1/2"	82.0	68.0	68.0	95.0
10"	17 1/2"	12 3/4"	4 7/8"	2 7/8"	4"	15 1/4"	16	1 1/8"	1 1/4"	7 1/2"	7 3/4"	7 1/4"	116.0	91.0	112.0	147.0
12"	20 1/2"	15"	5 3/8"	3 1/8"	4 1/4"	17 3/4"	16	1 1/4"	1 3/8"	8"	8 1/4"	7 3/4"	162.0	130.0	152.0	216.0
14"	23"	16 1/4"	5 7/8"	3 5/16"	4 5/8"	20 1/4"	20	1 1/4"	1 3/8"	8 1/4"	8 1/2"	8"	212.0	192.0	210.0	297.0
16"	25 1/2"	18 1/2"	6"	3 11/16"	5"	22 1/2"	20	1 3/8"	1 1/2"	8 3/4"	9"	8 1/2"	268.0	253.0	280.0	386.0
18"	28"	21"	6 1/2"	3 7/8"	5 3/8"	24 3/4"	24	1 3/8"	1 1/2"	9"	9 1/4"	8 3/4"	344.0	310.0	345.0	497.0
20"	30 1/2"	23"	6 5/8"	4"	5 3/4"	27"	24	1 1/2"	1 5/8"	9 3/4"	10"	9 1/2"	427.0	378.0	420.0	591.0
22"	33"	25 1/4"	6 3/4"	4 1/4"	6 1/4"	29 1/4"	24	1 5/8"	1 3/4"	10 1/4"	10 3/4"	10"	465.0	464.0		685.0
24"	36"	27 1/4"	6 7/8"	4 1/2"	6 1/4"	32"	24	1 3/4"	1 7/8"	10 3/4"	11 1/4"	10 1/2"	616.0	539.0	615.0	926.0
26"	38 1/4"	29 1/2"	7 5/8"	7 5/8"		34 1/2"	28	1 3/4"	1 7/8"	11 3/4"	12 1/4"	11 1/2"	680.0	616.0		1111.0
30"	43"	33 3/4"	8 5/8"	8 5/8"		39 1/4"	28	2"	2 1/8"	13 1/4"	13 3/4"	13"	940.0	859.0		1596.0
34"	47 1/2"	38"	9 1/2"	9 1/2"		43 1/2"	28	2"	2 1/8"	14"	14 3/4"	13 3/4"	1220.0	1122.0		2139.0
36"	50"	40 1/4"	9 7/8"	9 7/8"		46"	32	2"	2 1/8"	14 1/4"	15"	14"	1370.0	1269.0		2431.0
42"	57"	47"	11 3/8"	11 3/8"		52 3/4"	32	2 1/2"	2 5/8"	16 1/2"	17 1/4"	16 1/4"	1880.0	1759.0		3576.0

Bridas de 600 lb.

NOM EL TAMAÑO DEL TUBO	Fuera de diam. De la brida	DIAM. De cara elevada	Longitud THRU HUB — Cuello de soldadura	Longitud THRU HUB — SLIP-ON, rosca hembra	Longitud THRU HUB — Junta de solape	DIAM. De círculo de pernos	Número de pernos	DIAM. De pernos	DIAM. De los orificios del perno	1/4" de cara elevada	Conjunto de anillo	Macho y hembra, de lengüeta y ranura	Peso — Cuello de soldadura	Peso — SLIP-ON y rosca	Peso — Junta de solape	Peso — Ciego	Tipo de socket
1/2"	3 3/4"	1 3/8"	2 1/16"	7/8"	7/8"	2 5/8"	4	1/2"	5/8"	3 1/4"	3 1/4"	3"	4.0	3.0	3.0	2.0	3.0
3/4"	4 5/8"	1 11/16"	2 1/4"	1"	1"	3 1/4"	4	5/8"	3/4"	3 1/2"	3 1/2"	3 1/4"	6.0	3.0	3.0	3.0	3.0
1"	4 7/8"	2"	2 7/16"	1 1/16"	1 1/16"	3 1/2"	4	5/8"	3/4"	3 3/4"	3 3/4"	3 1/2"	6.0	4.0	4.0	4.0	4.0
1 1/4"	5 1/4"	2 1/2"	2 5/8"	1 1/8"	1 1/8"	3 7/8"	4	5/8"	3/4"	4"	4"	3 3/4"	8.0	6.0	6.0	6.0	6.0
1 1/2"	6 1/8"	2 7/8"	2 3/4"	1 1/4"	1 1/4"	4 1/2"	4	3/4"	7/8"	4 1/4"	4 1/4"	4"	10.0	7.0	7.0	8.0	7.0
2"	6 1/2"	3 5/8"	2 7/8"	1 7/16"	1 7/16"	5"	8	5/8"	3/4"	4 1/4"	4 1/2"	4"	12.0	9.0	9.0	10.0	9.0
2 1/2"	7 1/2"	4 1/8"	3 1/8"	1 5/8"	1 5/8"	5 7/8"	8	3/4"	7/8"	4 3/4"	5"	4 1/2"	18.0	13.0	13.0	15.0	13.0
3"	8 1/4"	5"	3 1/4"	1 13/16"	1 13/16"	6 5/8"	8	3/4"	7/8"	5"	5 1/4"	4 3/4"	20.0	16.0	16.0	20.0	16.0
3 1/2"	9"	5 1/2"	3 3/8"	1 15/16"	1 15/16"	7 1/4"	8	7/8"	1"	5 1/2"	5 3/4"	5 1/4"	25.0	21.0	21.0	29.0	21.0
4"	10"	6 3/16"	4"	2 1/8"	2 1/8"	8 1/2"	8	7/8"	1"	5 3/4"	6"	5 1/2"	41.0	36.0	36.0	41.0	
5"	11"	7 5/16"	4 1/2"	2 3/8"	2 3/8"	10 1/2"	8	1"	1 1/8"	6 1/2"	6 3/4"	6 1/4"	66.0	63.0	63.0	68.0	
6"	12 1/2"	8 1/2"	4 5/8"	2 5/8"	2 5/8"	11 1/2"	12	1"	1 1/8"	6 3/4"	7"	6 1/2"	77.0	83.0	83.0	86.0	
8"	15"	10 5/8"	5 1/4"	3"	3"	13 3/4"	12	1 1/8"	1 1/4"	7 3/4"	8"	7 1/2"	111.0	114.0	114.0	140.0	
10"	17 1/2"	12 3/4"	6"	3 3/8"	3 3/8"	17"	16	1 1/4"	1 3/8"	8 1/2"	8 3/4"	8 1/4"	180.0	170.0	195.0	230.0	
12"	20 1/2"	15"	6 1/8"	3 5/8"	3 5/8"	19 1/4"	20	1 1/4"	1 3/8"	8 3/4"	9"	8 1/2"	226.0	210.0	240.0	295.0	
14"	23"	16 1/4"	6 1/2"	3 11/16"	5"	20 3/4"	20	1 3/8"	1 1/2"	9 1/4"	9 1/2"	9"	334.0	264.0	290.0	378.0	
16"	25 1/2"	18 1/2"	7"	4 3/16"	5 1/2"	23 3/4"	20	1 1/2"	1 5/8"	10"	10 1/4"	9 3/4"	462.0	366.0	400.0	527.0	
18"	28"	21"	7 1/4"	4 5/8"	6"	25 3/4"	20	1 5/8"	1 3/4"	10 3/4"	11"	10 1/2"	531.0	476.0	469.0	665.0	
20"	30 1/2"	23"	7 1/2"	5"	6 1/2"	28 1/2"	24	1 5/8"	1 3/4"	11 1/2"	11 3/4"	11 1/4"	678.0	612.0	604.0	855.0	
22"	33"	25 1/4"	7 3/4"	5 1/4"	7 1/4"	30 5/8"	24	1 3/4"	1 7/8"	12 1/4"	12 3/4"	12"	710.0	643.0		962.0	
24"	36"	27 1/4"	8"	5 1/2"		33"	24	1 7/8"	2"	13"	13 1/2"	12 3/4"	959.0	876.0	866.0	1175.0	
26"	38 1/4"	29 1/2"	8 3/4"	8 3/4"		36"	28	1 7/8"	2"	13 1/2"	14"	13 1/4"	960.0	898.0		1490.0	
30"	43"	33 3/4"	9 3/4"	9 3/4"		40 1/4"	28	2"	2 1/8"	14 1/4"	14 3/4"	14"	1230.0	1158.0		1972.0	
34"	47 1/2"	38"	10 5/8"	10 5/8"		44 1/2"	28	2 1/4"	2 3/8"	15 1/4"	16"	15"	1520.0	1436.0		2610.0	
36"	50"	40 1/4"	11 1/8"	11 1/8"		47"	28	2 1/2"	2 5/8"	16"	16 3/4"	15 3/4"	1720.0	1638.0		3014.0	
42"	57"	47"	12 3/4"	12 3/4"		53 3/4"	28	2 3/4"	2 7/8"	17 3/4"	18 1/4"	17 1/2"	2410.0	2330.0		4419.0	

900 lb bridas

NOM EL TAMAÑO DEL TUBO	Fuera de diam. De la brida	DIAM. De cara elevada	Longitud THRU HUB			La perforación				Longitud de los espárragos			El peso aproximado en libras				
			Cuello de soldadura	SLIP-ON, rosca hembra,	Junta de solape	DIAM. De circulo de pernos	Número de pernos	DIAM. De pernos	DIAM. De los orificios del perno	1/4" de cara elevada	Conjunto de anillo	Macho y hembra, de lengüeta y ranura	Cuello de soldadura	SLIP-ON y rosca	Junta de solape	Ciego	Tipo de socket
1/2"	4 3/4"	1 3/8"	2 3/8"	1 1/4"	1 1/4"	3 1/4"	4	3/4"	7/8"	4 1/4"	4 1/4"	4"	7.0	9.0	9.0	4.0	9.0
3/4"	5 1/8"	1 11/16"	2 3/4"	1 3/8"	1 3/8"	3 1/2"	4	3/4"	7/8"	4 1/2"	4 1/2"	4 1/4"	7.0	9.0	9.0	6.0	9.0
1"	5 7/8"	2"	2 7/8"	1 5/8"	1 5/8"	4"	4	7/8"	1"	5"	5"	4 3/4"	9.0	9.0	9.0	9.0	9.0
1 1/4"	6 1/4"	2 1/2"	2 7/8"	1 5/8"	1 5/8"	4 3/8"	4	7/8"	1"	5"	5"	4 3/4"	10.0	10.0	10.0	10.0	10.0
1 1/2"	7"	2 7/8"	3 1/4"	1 3/4"	1 3/4"	4 7/8"	4	1"	1 1/8"	5 1/2"	5 1/2"	5 1/4"	14.0	14.0	14.0	14.0	14.0
2"	8 1/2"	3 5/8"	4"	2 1/4"	2 1/4"	6 1/2"	8	7/8"	1"	5 3/4"	6"	5 1/2"	25.0	25.0	25.0	25.0	25.0
2 1/2"	9 5/8"	4 1/8"	4 1/8"	2 1/2"	2 1/2"	7 1/2"	8	1"	1 1/8"	6 1/4"	6 1/2"	6"	36.0	36.0	36.0	35.0	36.0
3"	9 1/2"	5"	4"	2 1/8"	2 1/8"	7 1/2"	8	7/8"	1"	5 3/4"	6"	5 1/2"	32.0	31.0	31.0	32.0	
4"	11 1/2"	6 3/16"	4 1/2"	2 3/4"	2 3/4"	9 1/4"	8	1 1/8"	1 1/4"	6 3/4"	7"	6 1/2"	51.0	53.0	53.0	54.0	
5"	13 3/4"	7 5/16"	5"	3 1/8"	3 1/8"	11"	8	1 1/4"	1 3/8"	7 1/2"	7 3/4"	7 1/4"	86.0	83.0	83.0	87.0	
6"	15"	8 1/2"	5 1/2"	3 3/8"	3 3/8"	12 1/2"	12	1 1/8"	1 1/4"	7 3/4"	7 3/4"	7 1/2"	110.0	108.0	108.0	113.0	
8"	18 1/2"	10 5/8"	6 3/8"	4"	4 1/2"	15 1/2"	12	1 3/8"	1 1/2"	8 3/4"	9"	8 1/2"	187.0	172.0	188.0	197.0	
10"	21 1/2"	12 3/4"	7 1/4"	4 1/4"	5"	18 1/2"	16	1 3/8"	1 1/2"	9 1/4"	9 1/2"	9"	268.0	245.0	277.0	290.0	
12"	24"	15"	7 7/8"	4 5/8"	5 5/8"	21"	20	1 3/8"	1 1/2"	10"	10 1/4"	9 3/4"	372.0	326.0	371.0	413.0	
14"	25 1/4"	16 1/4"	8 3/8"	5 1/8"	6 1/8"	22"	20	1 1/2"	1 5/8"	10 3/4"	11 1/4"	10 1/2"	562.0	380.0	397.0	494.0	
16"	27 3/4"	18 1/2"	8 1/2"	5 1/4"	6 1/2"	24 1/4"	20	1 5/8"	1 3/4"	11 1/4"	11 3/4"	11"	685.0	459.0	488.0	619.0	
18"	31"	21"	9"	6"	7 1/2"	27"	20	1 7/8"	2"	13"	13 1/2"	12 3/4"	924.0	647.0	670.0	880.0	
20"	33 3/4"	23"	9 3/4"	6 1/4"	8 1/4"	29 1/2"	20	2"	2 1/8"	13 3/4"	14 1/4"	13 1/2"	1164.0	792.0	868.0	1107.0	
24"	41"	27 1/4"	11 1/2"	8"	10 1/2"	35 1/2"	20	2 1/2"	2 5/8"	17 1/4"	18"	17"	2107.0	1480.0	1659.0	2099.0	
26"	42 3/4"	29 1/2"	11 1/4"	11 1/4"		37 1/2"	20	2 3/4"	2 7/8"	17 3/4"	19"	17 1/2"	1650.0	1450.0		2200.0	
30"	48 1/2"	33 3/4"	12 1/4"	12 1/4"		42 3/4"	20	3"	3 1/8"	19"	20 1/4"	18 3/4"	2290.0	1990.0		3025.0	
34"	55"	38"	13 3/4"	13 3/4"		48 1/4"	20	3 1/2"	3 5/8"	21 1/4"	22 3/4"	21"	3230.0	2820.0		4275.0	
36"	57 1/2"	40 1/4"	14 1/4"	14 1/4"		50 3/4"	20	3 1/2"	3 5/8"	21 3/4"	23 1/4"	21 1/2"	3650.0	3200.0		4900.0	

1500 lb bridas

NOM EL TAMAÑO DEL TUBO	Fuera de diam. De la brida	DIAM. De cara elevada	Longitud THRU HUB			La perforación				Longitud de los espárragos			El peso aproximado en libras				
			Cuello de soldadura	SLIP-ON, rosca hembra,	Junta de solape	DIAM. De círculo de pernos	Número de pernos	DIAM. pernos	DIAM. De los orificios del perno	1/4" de cara elevada	Conjunto de anillo	Macho y hembra, de lengüeta y ranura	Cuello de soldadura	SLIP-ON y rosca	Junta de solape	Ciego	Tipo de socket
1/2"	4 3/4"	1 3/8"	2 3/8"	1 1/4"	1 1/4"	3 1/4"	4	3/4"	7/8"	4 1/4"	4 1/4"	4"	7.0	9.0	9.0	4.0	9.0
3/4"	5 1/8"	1 11/16"	2 3/4"	1 3/8"	1 3/8"	3 1/2"	4	3/4"	7/8"	4 1/2"	4 1/2"	4 1/4"	7.0	9.0	9.0	6.0	9.0
1"	5 7/8"	2"	2 7/8"	1 5/8"	1 5/8"	4"	4	7/8"	1"	5"	5"	4 3/4"	9.0	9.0	9.0	9.0	9.0
1 1/4"	6 1/4"	2 1/2"	2 7/8"	1 5/8"	1 5/8"	4 3/8"	4	7/8"	1"	5"	5"	4 3/4"	10.0	10.0	10.0	10.0	10.0
1 1/2"	7"	2 7/8"	3 1/4"	1 3/4"	1 3/4"	4 7/8"	4	1"	1 1/8"	5 1/2"	5 1/2"	5 1/4"	14.0	14.0	14.0	14.0	14.0
2"	8 1/2"	3 5/8"	4"	2 1/4"	2 1/4"	6 1/2"	8	7/8"	1"	5 3/4"	6"	5 1/2"	25.0	25.0	25.0	25.0	25.0
2 1/2"	9 5/8"	4 1/8"	4 1/8"	2 1/2"	2 1/2"	7 1/2"	8	1"	1 1/8"	6 1/4"	6 1/2"	6"	36.0	36.0	36.0	35.0	36.0
3"	10 1/2"	5"	4 5/8"	2 7/8"	2 7/8"	8"	8	1 1/8"	1 1/4"	7"	7 1/4"	6 3/4"	48.0	48.0	48.0	48.0	
4"	12 1/4"	6 3/16"	4 7/8"	3 9/16"	3 9/16"	9 1/2"	8	1 1/4"	1 3/8"	7 3/4"	8"	7 1/2"	73.0	73.0	73.0	73.0	
5"	14 3/4"	7 5/16"	6 1/8"	4 1/8"	4 1/8"	11 1/2"	8	1 1/2"	1 5/8"	9 3/4"	10"	9 1/2"	132.0	132.0	132.0	142.0	
6"	15 1/2"	8 1/2"	6 3/4"	4 11/16"	4 11/16"	12 1/2"	12	1 3/8"	1 1/2"	10 1/4"	10 1/2"	10"	164.0	164.0	164.0	159.0	
8"	19"	10 5/8"	8 3/8"	5 5/8"	5 5/8"	15 1/2"	12	1 5/8"	1 3/4"	11 1/2"	12"	11 1/4"	273.0	258.0	258.0	302.0	
10"	23"	12 3/4"	10"	6 1/4"	6 1/4"	19"	12	1 7/8"	2"	13 1/2"	13 3/4"	13 1/4"	454.0	436.0	485.0	507.0	
12"	26 1/2"	15"	11 1/8"	7 1/8"	7 1/8"	22 1/2"	16	2"	2 1/8"	15"	15 1/2"	14 3/4"	690.0	667.0	749.0	775.0	
14"	29 1/2"	16 1/4"	11 3/4"		9 1/2"	25"	16	2 1/4"	2 3/8"	16 1/4"	17"	16"	Contrapesos en la aplicación	Contrapesos en la aplicación	Contrapesos en la aplicación	Contrapesos en la aplicación	
16"	32 1/2"	18 1/2"	12 1/4"		10 1/4"	27 3/4"	16	2 1/2"	2 5/8"	17 3/4"	18 3/4"	17 1/2"					
18"	36"	21"	12 7/8"		10 7/8"	30 1/2"	16	2 3/4"	2 7/8"	19 1/2"	20 1/2"	19 1/4"					
20"	38 3/4"	23"	14"		11 1/2"	32 3/4"	16	3"	3 1/8"	21 1/4"	22 1/2"	21"					
24"	46"	27 1/4"	16"		13"	39"	16	3 1/2"	3 5/8"	24 1/4"	25 3/4"	24"					

2500 lb bridas

NOM EL TAMAÑO DEL TUBO	Fuera de diam. De la brida	DIAM. De cara elevada	Longitud THRU HUB			La perforación				Longitud de los espárragos			El peso aproximado en libras			
			Cuello de soldadura	SLIP-ON y rosca	Junta de solape	DIAM. De círculo de pernos	Número de pernos	DIAM. De pernos	DIAM. De los orificios del perno	1/4" de cara elevada	Conjunto de anillo	Macho y hembra, de lengüeta y ranura	Cuello de soldadura	SLIP-ON y rosca	Junta de solape	Ciego
1/2"	5 1/4"	1 3/8"	2 7/8"	1 9/16"	1 9/16"	3 1/2"	4	3/4"	7/8"	5"	5"	4 3/4"	8.0	7.0	7.0	7.0
3/4"	5 1/2"	1 11/16"	3 1/8"	1 11/16"	1 11/16"	3 3/4"	4	3/4"	7/8"	5"	5"	4 3/4"	9.0	9.0	9.0	10.0
1"	6 1/4"	2"	3 1/2"	1 7/8"	1 7/8"	4 1/4"	4	7/8"	1"	5 1/2"	5 1/2"	5 1/4"	13.0	12.0	12.0	12.0
1 1/4"	7 1/4"	2 1/2"	3 3/4"	2 1/16"	2 1/16"	5 1/8"	4	1"	1 1/8"	6"	6 1/4"	5 3/4"	20.0	18.0	18.0	18.0
1 1/2"	8"	2 7/8"	4 3/8"	2 3/8"	2 3/8"	5 3/4"	4	1 1/8"	1 1/4"	6 3/4"	7"	6 1/2"	28.0	25.0	25.0	25.0
2"	9 1/4"	3 5/8"	5"	2 3/4"	2 3/4"	6 3/4"	8	1"	1 1/8"	7"	7 1/4"	6 3/4"	42.0	38.0	38.0	39.0
2 1/2"	10 1/2"	4 1/8"	5 5/8"	3 1/8"	3 1/8"	7 3/4"	8	1 1/8"	1 1/4"	7 3/4"	8"	7 1/2"	52.0	55.0	55.0	56.0
3"	12"	5"	6 5/8"	3 5/8"	3 5/8"	9"	8	1 1/4"	1 3/8"	8 3/4"	9"	8 1/2"	94.0	83.0	83.0	86.0
4"	14"	6 3/16"	7 1/2"	4 1/4"	4 1/4"	10 3/4"	8	1 1/2"	1 5/8"	10"	10 1/2"	9 3/4"	146.0	127.0	127.0	133.0
5"	16 1/2"	7 5/16"	9"	5 1/8"	5 1/8"	12 3/4"	8	1 3/4"	1 7/8"	11 3/4"	12 1/2"	11 1/2"	244.0	210.0	210.0	223.0
6"	19"	8 1/2"	10 3/4"	6"	6"	14 1/2"	8	2"	2 1/8"	13 3/4"	14 1/4"	13 1/2"	378.0	323.0	323.0	345.0
8"	21 3/4"	10 5/8"	12 1/2"	7"	7"	17 1/4"	12	2"	2 1/8"	15 1/4"	15 3/4"	15"	576.0	485.0	485.0	533.0
10"	26 1/2"	12 3/4"	16 1/2"	9"	9"	21 1/4"	12	2 1/2"	2 5/8"	19 1/4"	20 1/4"	19"	1068.0	925.0	925.0	1025.0
12"	30"	15"	18 1/4"	10"	10"	24 3/8"	12	2 3/4"	2 7/8"	21 1/4"	22 1/4"	21"	1608.0	1300.0	1300.0	1464.0

300 libras bridas de orificio

NOM EL TAMAÑO DEL TUBO	Fuera de diam. De la brida	DIAM. De cara elevada	Longitud THRU HUB				La perforación				Longitud de los espárragos		El peso aproximado en libras			
			Cuello de soldadura		SLIP-ON y rosca		DIAM. De circulo de pernos	Número de pernos	DIAM. De espárragos	DIAM. De los orificios del perno	De cara elevada	Conjunto de anillo	Cuello de soldadura		SLIP-ON y rosca	
			De cara elevada	Conjunto de anillo	De cara elevada	Conjunto de anillo							De cara elevada	Conjunto de anillo	De cara elevada	Conjunto de anillo
1"	4 7/8"	2"	3 1/4"	3"	1 7/8"	1 5/8"	3 1/2"	4	5/8"	11/16"	4 1/4"	5"	18.0	15.0	15.0	17.0
1 1/4"	5 1/4"	2 1/2"	3 5/16"	3 1/16"	1 13/16"	1 9/16"	3 7/8"	4	5/8"	11/16"	4 1/4"	5"	20.0	17.0	17.0	20.0
1 1/2"	6 1/8"	2 7/8"	3 3/8"	3 1/8"	1 7/8"	1 5/8"	4 1/2"	4	3/4"	13/16"	4 1/2"	5 1/4"	25.0	25.0	19.0	28.0
2"	6 1/2"	3 5/8"	3 3/8"	3 1/8"	1 15/16"	1 11/16"	5"	8	5/8"	11/16"	4 1/4"	5"	27.0	30.0	23.0	31.0
2 1/2"	7 1/2"	4 1/8"	3 1/2"	3 1/4"	2"	1 3/4"	5 7/8"	8	3/4"	13/16"	4 1/2"	5 1/4"	35.0	46.0	31.0	42.0
3"	8 1/4"	5"	3 1/2"	3 1/4"	2 1/16"	1 13/16"	6 5/8"	8	3/4"	13/16"	4 1/2"	5 1/4"	43.0	56.0	39.0	48.0
4"	10"	6 3/16"	3 5/8"	3 3/8"	2 1/8"	1 7/8"	7 7/8"	8	3/4"	13/16"	4 1/2"	5 1/4"	66.0	65.0	60.0	66.0
5"	11"	7 5/16"	4"	3 7/8"	2 1/8"	2"	9 1/4"	8	3/4"	7/8"	4 1/2"	5 3/4"	78.0	101.0	70.0	80.0
6"	12 1/2"	8 1/2"	3 15/16"	3 7/8"	2 1/8"	2 1/16"	10 5/8"	12	3/4"	7/8"	4 1/2"	5 3/4"	106.0	107.0	100.0	110.0
8"	15"	10 5/8"	4 3/8"	4 3/8"	2 7/16"	2 7/16"	13"	12	7/8"	1"	4 3/4"	6 1/4"	152.0	169.0	134.0	160.0
10"	17 1/2"	12 3/4"	4 5/8"	4 5/8"	2 5/8"	2 5/8"	15 1/4"	16	1"	1 1/8"	5 3/4"	6 3/4"	216.0	250.0	196.0	230.0
12"	20 1/2"	15"	5 1/8"	5 1/8"	2 7/8"	2 7/8"	17 3/4"	16	1 1/8"	1 1/4"	5 3/4"	7 1/4"	327.0	365.0	281.0	325.0
14"	23"	16 1/4"	5 5/8"	5 5/8"	3"	3"	20 1/4"	20	1 1/8"	1 1/4"	6 1/4"	7 1/4"	448.0	490.0	380.0	450.0
16"	25 1/2"	18 1/2"	5 3/4"	5 3/4"	3 1/4"	3 1/4"	22 1/2"	20	1 1/4"	1 3/8"	6 3/4"	8 1/4"	596.0	640.0	530.0	535.0
18"	28"	21"	6 1/4"	6 1/4"	3 1/2"	3 1/2"	24 3/4"	24	1 1/4"	1 3/8"	6 3/4"	8 1/4"	741.0	785.0	691.0	690.0
20"	30 1/2"	23"	6 3/8"	6 3/8"	3 3/4"	3 3/4"	27"	24	1 1/4"	1 3/8"	7 1/4"	8 1/4"	887.0	960.0	781.0	840.0
22"	33"	25 1/4"	6 1/2"	6 1/2"	4"	4"	29 1/4"	24	1 1/2"	1 5/8"	7 3/4"	9 1/4"	1040.0	1155.0	1045.0	1050.0
24"	36"	27 1/4"	6 5/8"	6 5/8"	4 3/16"	4 3/16"	32"	24	1 1/2"	1 5/8"	7 3/4"	9 1/4"	1311.0	1410.0	1201.0	1300.0
26"	38 1/4"	29 1/2"	7 1/4"	7 1/4"	7 1/4"	7 1/4"	34 1/2"	28	1 5/8"	1 3/4"	10 3/4"	11 3/4"	1505.0	1670.0	1380.0	1625.0
30"	43"	33 3/4"	8 1/4"	8 1/4"	8 1/4"	8 1/4"	39 1/4"	28	1 3/4"	1 7/8"	12"	13"	2065.0	2270.0	1910.0	2200.0
34"	47 1/2"	38"	9 1/8"	9 1/8"	9 1/8"	9 1/8"	43 1/2"	28	1 7/8"	2"	13"	14 1/4"	2655.0	2915.0	2450.0	2900.0
36"	50"	40 1/4"	9 1/2"	9 1/2"	9 1/2"	9 1/2"	46"	32	2"	2 1/8"	13 1/2"	14 3/4"	3055.0	3340.0	2850.0	3325.0
42"	57"	47"	10 7/8"	10 7/8"	10 7/8"	10 7/8"	52 3/4"	36	2"	2 1/8"	14 1/2"	15 3/4"	4170.0	4550.0	3910.0	4725.0

Bridas de orificio de 400 lb.

NOM EL TAMAÑO DEL TUBO	Fuera de diam. De la brida	DIAM. De cara elevada	Longitud THRU HUB				La perforación				Longitud de los espárragos		El peso aproximado en libras			
			Cuello de soldadura		SLIP-ON y rosca		DIAM. De círculo de pernos	Número de pernos	DIAM. De espárragos	DIAM. De los orificios del perno	De cara elevada	Conjunto de anillo	Cuello de soldadura		SLIP-ON y rosca	
			De cara elevada	Conjunto de anillo	De cara elevada	Conjunto de anillo							De cara elevada	Conjunto de anillo	De cara elevada	Conjunto de anillo
4"	10"	6 3/16"	3 1/2"	3 1/2"	2"	2"	7 7/8"	8	7/8"	1"	5 3/4"	6 1/4"	82.0	90.0	64.0	74.0
5"	11"	7 5/16"	4"	4"	2 1/8"	2 1/8"	9 1/4"	8	7/8"	1"	6"	6 1/2"	101.0	105.0	77.0	85.0
6"	12 1/2"	8 1/2"	4 1/16"	4 1/16"	2 1/4"	2 1/4"	10 5/8"	12	7/8"	1"	6 1/2"	6 3/4"	136.0	145.0	110.0	120.0
8"	15"	10 5/8"	4 5/8"	4 5/8"	2 11/16"	2 11/16"	13"	12	1"	1 1/8"	7"	7 1/2"	213.0	220.0	169.0	180.0
10"	17 1/2"	12 3/4"	4 7/8"	4 7/8"	2 7/8"	2 7/8"	15 1/4"	16	1 1/8"	1 1/4"	8"	8 1/4"	309.0	325.0	239.0	255.0
12"	20 1/2"	15"	5 3/8"	5 3/8"	3 1/8"	3 1/8"	17 3/4"	16	1 1/4"	1 3/8"	8 1/4"	8 3/4"	429.0	450.0	333.0	355.0
14"	23"	16 1/4"	5 7/8"	5 7/8"			20 1/4"	20	1 1/4"	1 3/8"	8 1/2"	9 1/4"	554.0	590.0		
16"	25 1/2"	18 1/2"	6"	6"			22 1/2"	20	1 3/8"	1 1/2"	9"	9 1/2"	705.0	745.0		
18"	28"	21"	6 1/2"	6 1/2"			24 3/4"	24	1 3/8"	1 1/2"	9 1/2"	9 3/4"	863.0	910.0		
20"	30 1/2"	23"	6 5/8"	6 5/8"			27"	24	1 1/2"	1 5/8"	10"	10 1/2"	1066.0	1160.0		
22"	33"	25 1/4"	6 3/4"	6 3/4"			29 1/4"	24	1 5/8"	1 3/4"	10 3/4"	11"	1160.0	1250.0		
24"	36"	27 1/4"	6 7/8"	6 7/8"			32"	24	1 3/4"	1 7/8"	11 1/4"	11 1/2"	1555.0	1665.0		
26"	38 1/4"	29 1/2"	7 5/8"	7 5/8"			34 1/2"	28	1 3/4"	1 7/8"	12 1/4"	12 3/4"	1705.0	1845.0		
30"	43"	33 3/4"	8 5/8"	8 5/8"			39 1/4"	28	2"	2 1/8"	13 3/4"	14 1/4"	2385.0	2550.0		
34"	47 1/2"	38"	9 1/2"	9 1/2"			43 1/2"	28	2"	2 1/8"	14 1/2"	15 1/4"	2960.0	3170.0		
36"	50"	40 1/4"	9 7/8"	9 7/8"			46"	32	2"	2 1/8"	14 3/4"	15 1/2"	3350.0	3585.0		
42"	57"	47"	11 3/8"	11 3/8"			52 3/4"	32	2 1/2"	2 5/8"	17"	17 3/4"	4865.0	5185.0		

Bridas de orificio de 600 lb.

NOM EL TAMAÑO DEL TUBO	Fuera de diam. De la brida	DIAM. De cara elevada	Longitud THRU HUB				La perforación				Longitud de los espárragos		El peso aproximado en libras			
			Cuello de soldadura		SLIP-ON y rosca		DIAM. De círculo de pernos	Número de pernos	DIAM. De espárragos	DIAM. De los orificios del perno	De cara elevada	Conjunto de anillo	Cuello de soldadura		SLIP-ON y rosca	
			De cara elevada	Conjunto de anillo	De cara elevada	Conjunto de anillo							De cara elevada	Conjunto de anillo	De cara elevada	Conjunto de anillo
4"	10 3/4"	6 3/16"	4"	4"	2 1/8"	2 1/8"	8 1/2"	8	7/8"	1"	6"	6 1/2"	103.0	99.0	89.0	98.0
5"	13"	7 5/16"	4 1/2"	4 1/2"	2 3/8"	2 3/8"	10 1/2"	8	1"	1 1/8"	6 3/4"	7 1/4"	157.0	158.0	147.0	160.0
6"	14"	8 1/2"	4 5/8"	4 5/8"	2 5/8"	2 5/8"	11 1/2"	12	1"	1 1/8"	7"	7 1/2"	195.0	197.0	193.0	205.0
8"	16 1/2"	10 5/8"	5 1/4"	5 1/4"	3"	3"	13 3/4"	12	1 1/8"	1 1/4"	8"	8 1/2"	278.0	284.0	274.0	295.0
10"	20"	12 3/4"	6"	6"	3 3/8"	3 3/8"	17"	16	1 1/4"	1 3/8"	8 3/4"	9 1/4"	454.0	472.0	430.0	445.0
12"	22"	15"	6 1/8"	6"	3 5/8"	3 5/8"	19 1/4"	20	1 1/4"	1 3/8"	9 1/4"	9 1/2"	553.0	571.0	531.0	530.0
14"	23 3/4"	16 1/4"	6 1/2"	6 1/2"			20 3/4"	20	1 3/8"	1 1/2"	9 1/2"	10"	815.0	830.0		
16"	27"	18 1/2"	7"	7"			23 3/4"	20	1 1/2"	1 5/8"	10 1/4"	10 3/4"	1113.0	1135.0		
18"	29 1/4"	21"	7 1/4"	7 1/4"			25 3/4"	20	1 5/8"	1 3/4"	11 1/4"	11 1/2"	1306.0	1330.0		
20"	32"	23"	7 1/2"	7 1/2"			28 1/2"	24	1 5/8"	1 3/4"	12"	12 1/4"	1622.0	1660.0		
22"	34 1/4"	25 1/4"	7 3/4"	7 3/4"			30 5/8"	24	1 3/4"	1 7/8"	12 3/4"	13 1/4"	1545.0	1590.0		
24"	37"	27 1/4"	8"	8"			33"	24	1 7/8"	2"	13 1/2"	13 3/4"	2320.0	2375.0		
26"	40"	29 1/2"	8 3/4"	8 3/4"			36"	28	1 7/8"	2"	14"	14 1/2"	2365.0	2445.0		
30"	44 1/2"	33 3/4"	9 3/4"	9 3/4"			40 1/4"	28	2"	2 1/8"	14 3/4"	15 1/4"	2995.0	3085.0		
34"	49"	38"	10 5/8"	10 5/8"			44 1/2"	28	2 1/4"	2 3/8"	15 3/4"	16 1/2"	3760.0	3880.0		
36"	51 3/4"	40 1/4"	11 1/8"	11 1/8"			47"	28	2 1/2"	2 5/8"	16 1/2"	17 1/4"	4390.0	4525.0		
42"	58 3/4"	47"	12 3/4"	12 3/4"			53 3/4"	28	2 3/4"	2 7/8"	18 1/4"	19 1/4"	6090.0	6275.0		

900 LB & 1500 libras bridas de orificio

900 libras bridas de orificio

NOM EL TAMAÑO DEL TUBO	Fuera de diam. De la brida	DIAM. De cara elevada	Longitud THRU HUB				La perforación				Longitud de los espárragos		El peso aproximado en libras			
			Cuello de soldadura		SLIP-ON y rosca		DIAM. De circulo de pernos	Número de pernos	DIAM. De espárragos	DIAM. De los orificios del perno	De cara elevada	Conjunto de anillo	Cuello de soldadura		SLIP-ON y rosca	
			De cara elevada	Conjunto de anillo	De cara elevada	Conjunto de anillo							De cara elevada	Conjunto de anillo	De cara elevada	Conjunto de anillo
3"	9 1/2"	5"	4"	4"	2 1/8"	2 1/8"	7 1/2"	8	7/8"	1"	6"	6 1/2"	79.0	85.0	77.0	74.0
4"	11 1/2"	6 3/16"	4 1/2"	4 1/2"	2 3/4"	2 3/4"	9 1/4"	8	1 1/8"	1 1/4"	7 1/4"	7 1/2"	129.0	140.0	133.0	145.0
5"	13 3/4"	7 5/16"	5"	5"	3 1/8"	3 1/8"	11"	8	1 1/4"	1 3/8"	7 3/4"	8 1/4"	207.0	225.0	201.0	215.0
6"	15"	8 1/2"	5 1/2"	5 1/2"	3 3/8"	3 3/8"	12 1/2"	12	1 1/8"	1 1/4"	8"	8 1/2"	263.0	280.0	259.0	285.0
8"	18 1/2"	10 5/8"	6 3/8"	6 3/8"	4"	4"	15 1/2"	12	1 3/8"	1 1/2"	9 1/4"	9 1/2"	445.0	475.0	415.0	435.0
10"	21 1/2"	12 3/4"	7 1/4"	7 1/4"	4 1/4"	4 1/4"	18 1/2"	16	1 3/8"	1 1/2"	9 1/2"	10"	634.0	675.0	588.0	620.0
12"	24"	15"	7 7/8"	7 7/8"	4 5/8"	4 5/8"	21"	20	1 3/8"	1 1/2"	10 1/4"	11"	872.0	930.0	780.0	820.0

1500 lb bridas de orificio

NOM EL TAMAÑO DEL TUBO	Fuera de diam. De la brida	DIAM. De cara elevada	Longitud THRU HUB				La perforación				Longitud de los espárragos		El peso aproximado en libras			
			Cuello de soldadura		SLIP-ON y rosca		DIAM. De circulo de pernos	Número de pernos	DIAM. De espárragos	DIAM. De los orificios del perno	De cara elevada	Conjunto de anillo	Cuello de soldadura		SLIP-ON y rosca	
			De cara elevada	Conjunto de anillo	De cara elevada	Conjunto de anillo							De cara elevada	Conjunto de anillo	De cara elevada	Conjunto de anillo
1"	5 7/8"	2"	2 7/8"	3"	1 7/8"	1 3/4"	4"	4	7/8"	1"	5 3/4"	6"	26.0	27.0	26.0	26.0
1 1/4"	6 1/4"	2 1/2"	2 7/8"	3"	1 7/8"	1 3/4"	4 3/8"	4	7/8"	1"	5 3/4"	6"	30.0	30.0	30.0	29.0
1 1/2"	7"	2 7/8"	3 1/4"	3 1/4"	1 7/8"	1 3/4"	4 7/8"	4	1"	1 1/8"	6"	6 1/4"	45.0	41.0	45.0	38.0
2"	8 1/2"	3 5/8"	4"	4"	2 1/4"	2 1/4"	6 1/2"	8	7/8"	1"	6"	6 1/2"	65.0	71.0	65.0	71.0
2 1/2"	9 5/8"	4 1/8"	4 1/8"	4 1/8"	2 1/2"	2 1/2"	7 1/2"	8	1"	1 1/8"	6 1/2"	7"	98.0	100.0	98.0	100.0
3"	10 1/2"	5"	4 5/8"	4 5/8"	2 7/8"	2 7/8"	8"	8	1 1/8"	1 1/4"	7 1/4"	8"	123.0	131.0	123.0	135.0
4"	12 1/4"	6 3/16"	4 7/8"	4 7/8"	3 9/16"	3 9/16"	9 1/2"	8	1 1/4"	1 3/8"	8"	8 1/2"	182.0	200.0	182.0	195.0
5"	14 3/4"	7 5/16"	6 1/8"	6 1/8"	4 1/8"	4 1/8"	11 1/2"	8	1 1/2"	1 5/8"	10"	10 1/2"	326.0	345.0	326.0	340.0
6"	15 1/2"	8 1/2"	6 3/4"	6 3/4"	4 11/16"	4 11/16"	12 1/2"	12	1 3/8"	1 1/2"	10 1/2"	11 1/4"	407.0	435.0	407.0	435.0
8"	19"	10 5/8"	8 3/8"	8 3/8"	5 5/8"	5 5/8"	15 1/2"	12	1 5/8"	1 3/4"	11 3/4"	12 3/4"	675.0	715.0	645.0	680.0
10"	23"	12 3/4"	10"	10"	6 1/4"	6 1/4"	19"	12	1 7/8"	2"	13 1/2"	14 1/2"	1099.0	1165.0	1063.0	1125.0
12"	26 1/2"	15"	11 1/2"	11 1/8"	7 1/8"	7 1/8"	22 1/2"	16	2"	2 1/8"	15"	16 1/4"	1706.0	1790.0	1660.0	1550.0

Largo de 150 libras bridas con cuello de soldadura

Tamaño nominal de la tubería	El diámetro exterior de la brida	El espesor de la brida de la mín.	Diámetro de cara elevada	Espesor de pared nominal	El diámetro del cubo	Longitud THRU HUB	La perforación				Peso aproximado en libras
							Número de orificios	Diámetro de los agujeros	Diámetro de los tornillos	Diámetro del círculo de pernos	
1"	4 1/4"	9/16"	2"	1/2"	2"	9"	4	5/8"	1/2"	3 1/8"	8.0
1 1/4"	4 5/8"	5/8"	2 1/2"	9/16"	2 3/8"	9"	4	5/8"	1/2"	3 1/2"	10.0
1 1/2"	5"	11/16"	2 7/8"	9/16"	2 5/8"	9"	4	5/8"	1/2"	3 7/8"	12.0
2"	6"	3/4"	3 5/8"	5/8"	3 1/4"	9"	4	3/4"	5/8"	4 3/4"	16.0
2 1/2"	7"	7/8"	4 1/8"	5/8"	3 3/4"	9"	4	3/4"	5/8"	5 1/2"	21.0
3"	7 1/2"	15/16"	5"	5/8"	4 1/4"	9"	4	3/4"	5/8"	6"	24.0
3 1/2"	8 1/2"	15/16"	5 1/2"	11/16"	4 7/8"	9"	8	3/4"	5/8"	7"	31.0
4"	9"	15/16"	6 3/16"	3/4"	5 1/2"	12"	8	3/4"	5/8"	7 1/2"	47.0
5"	10"	15/16"	7 5/16"	3/4"	6 1/2"	12"	8	7/8"	3/4"	8 1/2"	57.0
6"	11"	1"	8 1/2"	7/8"	7 3/4"	12"	8	7/8"	3/4"	9 1/2"	77.0
8"	13 1/2"	1 1/8"	10 5/8"	7/8"	9 3/4"	12"	8	7/8"	3/4"	11 3/4"	103.0
10"	16"	1 3/16"	12 3/4"	1"	12"	12"	12	1"	7/8"	14 1/4"	150.0
12"	19"	1 1/4"	15"	1 3/16"	14 3/8"	12"	12	1"	7/8"	17"	215.0
14"	21"	1 3/8"	16 1/4"	1"	16"	12"	12	1 1/8"	1"	18 3/4"	221.0
16"	23 1/2"	1 7/16"	18 1/2"	1"	18"	12"	16	1 1/8"	1"	21 1/4"	254.0
18"	25"	1 9/16"	21"	1"	20"	12"	16	1 1/4"	1 1/8"	22 3/4"	278.0
20"	27 1/2"	1 11/16"	23"	1"	22"	12"	20	1 1/4"	1 1/8"	25"	324.0
24"	32"	1 7/8"	27 1/4"	1 1/8"	26 1/4"	12"	20	1 3/8"	1 1/4"	29 1/2"	439.0
26"	34 1/4"	2"	29 1/4"	1 1/8"	28 1/4"	12"	24	1 3/8"	1 1/4"	31 3/4"	470.0
28"	36 1/2"	2 1/16"	31 1/4"	1 1/4"	30 1/2"	12"	28	1 3/8"	1 1/4"	34"	550.0
30"	38 3/4"	2 1/8"	33 3/4"	1 1/4"	32 1/2"	12"	28	1 3/8"	1 1/4"	36"	600.0
32"	41 3/4"	2 1/4"	35 3/4"	1 1/4"	34 1/2"	12"	28	1 5/8"	1 1/2"	38 1/2"	680.0
34"	43 3/4"	2 5/16"	37 3/4"	1 1/4"	36 1/2"	12"	32	1 5/8"	1 1/2"	40 1/2"	730.0
36"	46"	2 3/8"	40 1/4"	1 3/8"	38 3/4"	12"	32	1 5/8"	1 1/2"	42 3/4"	830.0
42"	53"	2 5/8"	47"	1 1/2"	45"	12"	36	1 5/8"	1 1/2"	49 1/2"	1100.0

300 lb largo bridas con cuello de soldadura

Tamaño nominal de la tubería	El diámetro exterior de la brida	El espesor de la brida de la mín.	Diámetro de cara elevada	Espesor de pared nominal	El diámetro del cubo	Longitud THRU HUB	La perforación				Peso aproximado en libras
							Número de orificios	Diámetro de los agujeros	Diámetro de los tornillos	Diámetro del círculo de pernos	
1"	4 7/8"	11/16"	2"	9/16"	2 1/8"	9"	4	3/4"	5/8"	3 1/2"	10.0
1 1/4"	5 1/4"	3/4"	2 1/2"	5/8"	2 1/2"	9"	4	3/4"	5/8"	3 7/8"	14.0
1 1/2"	6 1/8"	13/16"	2 7/8"	5/8"	2 3/4"	9"	4	7/8"	3/4"	4 1/2"	17.0
2"	6 1/2"	7/8"	3 5/8"	21/32	3 5/16"	9"	8	3/4"	5/8"	5"	19.0
2 1/2"	7 1/2"	1"	4 1/8"	23/32"	3 15/16"	9"	8	7/8"	3/4"	5 7/8"	28.0
3"	8 1/4"	1 1/8"	5"	13/16"	4 5/8"	9"	8	7/8"	3/4"	6 5/8"	36.0
3 1/2"	9"	1 3/16"	5 1/2"	7/8"	5 1/4"	9"	8	7/8"	3/4"	7 1/4"	45.0
4"	10"	1 1/4"	6 3/16"	7/8"	5 3/4"	12"	8	7/8"	3/4"	7 7/8"	54.0
5"	11"	1 3/8"	7 5/16"	1"	7"	12"	8	7/8"	3/4"	9 1/4"	86.0
6"	12 1/2"	1 7/16"	8 1/2"	1 1/16"	8 1/8"	12"	12	7/8"	3/4"	10 5/8"	108.0
8"	15"	1 5/8"	10 5/8"	1 1/8"	10 1/4"	12"	12	1"	7/8"	13"	150.0
10"	17 1/2"	1 7/8"	12 3/4"	1 5/16"	12 5/8"	12"	16	1 1/8"	1"	15 1/4"	218.0
12"	20 1/2"	2"	15"	1 3/8"	14 3/4"	12"	16	1 1/4"	1 1/8"	17 3/4"	289.0
14"	23"	2 1/8"	16 1/4"	1 3/8"	16 3/4"	12"	20	1 1/4"	1 1/8"	20 1/4"	342.0
16"	25 1/2"	2 1/4"	18 1/2"	1 1/2"	19"	12"	20	1 3/8"	1 1/4"	22 1/2"	426.0
18"	28"	2 3/8"	21"	1 1/2"	21"	12"	24	1 3/8"	1 1/4"	24 3/4"	493.0
20"	30 1/2"	2 1/2"	23"	1 9/16"	23 1/8"	12"	24	1 3/8"	1 1/4"	27"	575.0
24"	36"	2 3/4"	27 1/4"	1 13/16"	27 5/8"	12"	24	1 5/8"	1 1/2"	32"	823.0
26"	38 1/4"	3 1/8"	29 1/2"	1 3/4"	29 1/2"	12"	28	1 3/4"	1 5/8"	34 1/2"	870.0
28"	40 3/4"	3 3/8"	31 1/2"	1 3/4"	31 1/2"	12"	28	1 3/4"	1 5/8"	37"	990.0
30"	43"	3 5/8"	33 3/4"	1 7/8"	33 3/4"	12"	28	1 7/8"	1 3/4"	39 1/4"	1130.0
32"	45 1/4"	3 7/8"	36"	1 7/8"	35 3/4"	12"	28	2"	1 7/8"	41 1/2"	1240.0
34"	47 1/2"	4"	38"	1 7/8"	37 3/4"	12"	28	2"	1 7/8"	43 1/2"	1360.0
36"	50"	4 1/8"	40 1/4"	2"	40"	12"	32	2 1/8"	2"	46"	1500.0
42"	57"	4 5/8"	47"	2 1/8"	46 1/4"	12"	36	2 1/8"	2"	52 3/4"	1970.0

400 lb largo bridas con cuello de soldadura

Tamaño nominal de la tubería	El diámetro exterior de la brida	El espesor de la brida de la mín.	Diámetro de cara elevada	Espesor de pared nominal	El diámetro del cubo	Longitud THRU HUB	La perforación				Peso aproximado en libras
							Número de orificios	Diámetro de los agujeros	Diámetro de los tornillos	Diámetro del círculo de pernos	
1"	4 7/8"	11/16"	2"	9/16"	2 1/8"	9"	4	3/4"	5/8"	3 1/2"	11.0
1 1/4"	5 1/4"	13/16"	2 1/2"	5/8"	2 1/2"	9"	4	3/4"	5/8"	3 7/8"	14.0
1 1/2"	6 1/8"	7/8"	2 7/8"	5/8"	2 3/4"	9"	4	7/8"	3/4"	4 1/2"	17.0
2"	6 1/2"	1"	3 5/8"	5/8"	3 5/16"	9"	8	3/4"	5/8"	5"	21.0
2 1/2"	7 1/2"	1 1/8"	4 1/8"	23/32"	3 15/16"	9"	8	7/8"	3/4"	5 7/8"	29.0
3"	8 1/4"	1 1/4"	5"	13/16"	4 5/8"	9"	8	7/8"	3/4"	6 5/8"	38.0
3 1/2"	9"	1 3/8"	5 1/2"	7/8"	5 1/4"	9"	8	1"	7/8"	7 1/4"	48.0
4"	10"	1 3/8"	6 3/16"	7/8"	5 3/4"	12"	8	1"	7/8"	7 7/8"	67.0
5"	11"	1 1/2"	7 5/16"	1"	7"	12"	8	1"	7/8"	9 1/4"	90.0
6"	12 1/2"	1 5/8"	8 1/2"	1 1/16"	8 1/8"	12"	12	1"	7/8"	10 5/8"	115.0
8"	15"	1 7/8"	10 5/8"	1 1/8"	10 1/4"	12"	12	1 1/8"	1"	13"	140.0
10"	17 1/2"	2 1/8"	12 3/4"	1 5/16"	12 5/8"	12"	16	1 1/4"	1 1/8"	15 1/4"	230.0
12"	20 1/2"	2 1/4"	15"	1 3/8"	14 3/4"	12"	16	1 3/8"	1 1/4"	17 3/4"	301.0
14"	23"	2 3/8"	16 1/4"	1 3/8"	16 3/4"		20	1 3/8"	1 1/4"	20 1/4"	336.0
16"	25 1/2"	2 1/2"	18 1/2"	1 1/2"	19"		20	1 1/2"	1 3/8"	22 1/2"	416.0
18"	28"	2 5/8"	21"	1 1/2"	21"		24	1 1/2"	1 3/8"	24 3/4"	481.0
20"	30 1/2"	2 3/4"	23"	1 9/16"	23 1/8"		24	1 5/8"	1 1/2"	27"	563.0
24"	36"	3"	27 1/4"	1 13/16"	27 5/8"		24	1 7/8"	1 3/4"	32"	799.0
26"	38 1/4"	3 1/2"	29 1/2"	1 7/8"	29 3/4"		28	1 7/8"	1 3/4"	34 1/2"	970.0
28"	40 3/4"	3 3/4"	31 1/2"	1 7/8"	31 3/4"		28	2"	1 7/8"	37"	1090.0
30"	43"	4"	33 3/4"	2"	34"		28	2 1/8"	2"	39 1/4"	1230.0
32"	45 1/4"	4 1/4"	36"	2 1/4"	36 1/2"		28	2 1/8"	2"	41 1/2"	1430.0
34"	47 1/2"	4 3/8"	38"	2 1/4"	38 1/2"		28	2 1/8"	2"	43 1/2"	1550.0
36"	50"	4 1/2"	40 1/4"	2 1/4"	40 1/2"		32	2 1/8"	2"	46"	1690.0
42"	57"	5 1/8"	47"	2 5/16"	46 5/8"		32	2 5/8"	2 1/2"	52 3/4"	2140.0

Amuebladas en 12", 14", 16", 18" o 20" de largo

600 lb largo bridas con cuello de soldadura

Tamaño nominal de la tubería	El diámetro exterior de la brida	El espesor de la brida de la mín.	Diámetro de cara elevada	Espesor de pared nominal	El diámetro del cubo	Longitud THRU HUB	La perforación				Peso aproximado en libras
							Número de orificios	Diámetro de los agujeros	Diámetro de los tornillos	Diámetro del círculo de pernos	
1"	4 7/8"	11/16"	2"	9/16"	2 1/8"	9"	4	3/4"	5/8"	3 1/2"	11.0
1 1/4"	5 1/4"	13/16"	2 1/2"	5/8"	2 1/2"	9"	4	3/4"	5/8"	3 7/8"	14.0
1 1/2"	6 1/8"	7/8"	2 7/8"	5/8"	2 3/4"	9"	4	7/8"	3/4"	4 1/2"	17.0
2"	6 1/2"	1"	3 5/8"	5/8"	3 5/16"	9"	8	3/4"	5/8"	5"	21.0
2 1/2"	7 1/2"	1 1/8"	4 1/8"	23/32"	3 15/16"	9"	8	7/8"	3/4"	5 7/8"	29.0
3"	8 1/4"	1 1/4"	5"	13/16"	4 5/8"	9"	8	7/8"	3/4"	6 5/8"	38.0
3 1/2"	9"	1 3/8"	5 1/2"	7/8"	5 1/4"	9"	8	1"	7/8"	7 1/4"	48.0
4"	10 3/4"	1 1/2"	6 3/16"	1"	6"	12"	8	1"	7/8"	8 1/2"	80.0
5"	13"	1 3/4"	7 5/16"	1 1/4"	7 1/2"	12"	8	1 1/8"	1"	10 1/2"	128.0
6"	14"	1 7/8"	8 1/2"	1 3/8"	8 3/4"	12"	12	1 1/8"	1"	11 1/2"	158.0
8"	16 1/2"	2 3/16"	10 5/8"	1 3/8"	10 3/4"	12"	12	1 1/4"	1 1/8"	13 3/4"	215.0
10"	20"	2 1/2"	12 3/4"	1 3/4"	13 1/2"	12"	16	1 3/8"	1 1/4"	17"	324.0
12"	22"	2 5/8"	15"	1 7/8"	15 3/4"	12"	20	1 3/8"	1 1/4"	19 1/4"	500.0
14"	23 3/4"	2 3/4"	16 1/4"	1 1/2"	17"		20	1 1/2"	1 3/8"	20 3/4"	417.0
16"	27"	3"	18 1/2"	1 3/4"	19 1/2"		20	1 5/8"	1 1/2"	23 3/4"	564.0
18"	29 1/4"	3 1/4"	21"	1 3/4"	21 1/2"	Amuebladas en 12", 14", 16", 18" o 20" de largo	20	1 3/4"	1 5/8"	25 3/4"	654.0
20"	32"	3 1/2"	23"	2"	24"		24	1 3/4"	1 5/8"	28 1/2"	840.0
24"	37"	4"	27 1/4"	2 1/8"	28 1/4"		24	2"	1 7/8"	33"	1100.0
26"	40"	4 1/4"	29 1/2"	2 1/4"	30 1/2"		28	2"	1 7/8"	36"	1250.0
28"	42 1/4"	4 3/8"	31 1/2"	2 3/8"	32 3/4"		28	2 1/8"	2"	38"	1390.0
30"	44 1/2"	4 1/2"	33 3/4"	2 3/8"	34 3/4"		28	2 1/8"	2"	40 1/4"	1520.0
32"	47"	4 5/8"	36"	2 1/2"	37"		28	2 3/8"	2 1/4"	42 1/2"	1680.0
34"	49"	4 3/4"	38"	2 1/2"	39"		28	2 3/8"	2 1/4"	44 1/2"	1800.0
36"	51 3/4"	4 7/8"	40 1/4"	2 7/16"	40 7/8"		28	2 5/8"	2 1/2"	47"	1950.0
42"	58 3/4"	5 1/2"	47"	2 1/2"	47"		28	2 7/8"	2 3/4"	53 3/4"	2500.0

90

900 lb largo bridas con cuello de soldadura

Tamaño nominal de la tubería	El diámetro exterior de la brida	El espesor de la brida de la mín.	Diámetro de cara elevada	Espesor de pared nominal	El diámetro del cubo	Longitud THRU HUB	La perforación				Peso aproximado en libras
							Número de orificios	Diámetro de los agujeros	Diámetro de los tornillos	Diámetro del círculo de pernos	
1"	5 7/8"	1 1/8"	2"	17/32"	2 1/16"	9"	4	1"	7/8"	4"	15.0
1 1/4"	6 1/4"	1 1/8"	2 1/2"	5/8"	2 1/2"	9"	4	1"	7/8"	4 3/8"	18.0
1 1/2"	7"	1 1/4"	2 7/8"	5/8"	2 3/4"	9"	4	1 1/8"	1"	4 7/8"	23.0
2"	8 1/2"	1 1/2"	3 5/8"	1 1/16"	4 1/8"	9"	8	1"	7/8"	6 1/2"	44.0
2 1/2"	9 5/8"	1 5/8"	4 1/8"	1 3/16"	4 7/8"	12"	8	1 1/8"	1"	7 1/2"	72.0
3"	9 1/2"	1 1/2"	5"	1"	5"	12"	8	1"	7/8"	7 1/2"	65.0
4"	11 1/2"	1 3/4"	6 3/16"	1 1/8"	6 1/4"	12"	8	1 1/4"	1 1/8"	9 1/4"	98.0
5"	13 3/4"	2"	7 5/16"	1 1/4"	7 1/2"	12"	8	1 3/8"	1 1/4"	11"	143.0
6"	15"	2 3/16"	8 1/2"	1 5/8"	9 1/4"	12"	12	1 1/4"	1 1/8"	12 1/2"	199.0
8"	18 1/2"	2 1/2"	10 5/8"	1 7/8"	11 3/4"	12"	12	1 1/2"	1 3/8"	15 1/2"	310.0
10"	21 1/2"	2 3/4"	12 3/4"	2 1/4"	14 1/2"	16"	16	1 1/2"	1 3/8"	18 1/2"	385.0
12"	24"	3 1/8"	15"	2 1/4"	16 1/2"	16"	20	1 1/2"	1 3/8"	21"	667.0
14"	25 1/4"	3 3/8"	16 1/4"	1 7/8"	17 3/4"	Amuebladas en 12", 14", 16", 18" o 20" de largo	20	1 5/8"	1 1/2"	22"	558.0
16"	27 3/4"	3 1/2"	18 1/2"	2"	20"		20	1 3/4"	1 5/8"	24 1/4"	670.0
18"	31"	4"	21"	2 1/8"	22 1/4"		20	2"	1 7/8"	27"	949.0
20"	33 3/4"	4 1/4"	23"	2 1/4"	24 1/2"		20	2 1/8"	2"	29 1/2"	1040.0
24"	41"	5 1/2"	27 1/4"	2 3/4"	29 1/2"		20	2 5/8"	2 1/2"	35 1/2"	1775.0
26"	42 3/4"	5 1/2"	29 1/2"	2 3/8"	30 3/4"		20	2 7/8"	2 3/4"	37 1/2"	1650.0
28"	46"	5 5/8"	31 1/2"	2 1/2"	33"		20	3 1/8"	3"	40 1/4"	1920.0
30"	48 1/2"	5 7/8"	33 3/4"	2 3/4"	35 1/2"		20	3 1/8"	3"	42 3/4"	2200.0
32"	51 3/4"	6 1/4"	36"	2 3/4"	37 1/2"		20	3 3/8"	3 1/4"	45 1/2"	2550.0
34"	55"	6 1/2"	38"	2 7/8"	39 3/4"		20	3 5/8"	3 1/2"	48 1/4"	2930.0
36"	57 1/2"	6 3/4"	40 1/4"	3 1/8"	42 1/4"		20	3 5/8"	3 1/2"	50 3/4"	3290.0

1500 lb largo bridas con cuello de soldadura

Tamaño nominal de la tubería	El diámetro exterior de la brida	El espesor de la brida de la mín.	Diámetro de cara elevada	Espesor de pared nominal	El diámetro del cubo	Longitud THRU HUB	Número de orificios	La perforación		Diámetro del círculo de pernos	Peso aproximado en libras
								Diámetro de los agujeros	Diámetro de los tornillos		
1"	5 7/8"	1 1/8"	2"	17/32"	2 1/16"	9"	4	1"	7/8"	4"	15.0
1 1/4"	6 1/4"	1 1/8"	2 1/2"	5/8"	2 1/2"	9"	4	1"	7/8"	4 3/8"	18.0
1 1/2"	7"	1 1/4"	2 7/8"	5/8"	2 3/4"	9"	4	1 1/8"	1"	4 7/8"	23.0
2"	8 1/2"	1 1/2"	3 5/8"	1 1/16"	4 1/8"	9"	8	1"	7/8"	6 1/2"	44.0
2 1/2"	9 5/8"	1 5/8"	4 1/8"	1 3/16"	4 7/8"	12"	8	1 1/8"	1"	7 1/2"	72.0
3"	10 1/2"	1 7/8"	5"	1 1/8"	5 1/4"	12"	8	1 1/4"	1 1/8"	8"	84.0
4"	12 1/4"	2 1/8"	6 3/16"	1 3/16"	6 3/8"	12"	8	1 3/8"	1 1/4"	9 1/2"	118.0
5"	14 3/4"	2 7/8"	7 5/16"	1 3/8"	7 3/4"	12"	8	1 5/8"	1 1/2"	11 1/2"	195.0
6"	15 1/2"	3 1/4"	8 1/2"	1 1/2"	9"	12"	12	1 1/2"	1 3/8"	12 1/2"	235.0
8"	19"	3 5/8"	10 5/8"	1 3/4"	11 1/2"	12"	12	1 3/4"	1 5/8"	15 1/2"	366.0
10"	23"	4 1/4"	12 3/4"	2 1/4"	14 1/2"	16"	12	2"	1 7/8"	19"	610.0
12"	26 1/2"	4 7/8"	15"	2 7/8"	17 3/4"	16"	16	2 1/8"	2"	22 1/2"	1028.0
14"	29 1/2"	5 1/4"	16 1/4"	2 3/4"	19 1/2"	Amuebladas en 12", 14", 16", 18" o 20" de largo	16	2 3/8"	2 1/4"	25"	1030.0
16"	32 1/2"	5 3/4"	18 1/2"	2 7/8"	21 3/4"		16	2 5/8"	2 1/2"	27 3/4"	1335.0
18"	36"	6 3/8"	21"	2 3/4"	23 1/2"		16	2 7/8"	2 3/4"	30 1/2"	1750.0
20"	38 3/4"	7"	23"	2 5/8"	25 1/4"		16	3 1/8"	3"	32 3/4"	2130.0
24"	46"	8"	27 1/4"	3"	30"		16	3 5/8"	3 1/2"	39"	3180.0

92

2500 lb largo bridas con cuello de soldadura

Tamaño nominal de la tubería	El diámetro exterior de la brida	El espesor de la brida de la mín.	Diámetro de cara elevada	Espesor de pared nominal	El diámetro del cubo	Longitud THRU HUB	La perforación				Peso aproximado en libras
							Número de orificios	Diámetro de los agujeros	Diámetro de los tornillos	Diámetro del círculo de pernos	
1"	6 1/4"	1 3/8"	2"	5/8"	2 1/4"	9"	4	1"	7/8"	4 1/4"	20.0
1 1/4"	7 1/4"	1 1/2"	2 1/2"	13/16"	2 7/8"	9"	4	1 1/8"	1"	5 1/8"	30.0
1 1/2"	8"	1 3/4"	2 7/8"	13/16"	3 1/8"	9"	4	1 1/4"	1 1/8"	5 3/4"	38.0
2"	9 1/4"	2"	3 5/8"	7/8"	3 3/4"	9"	8	1 1/8"	1"	6 3/4"	55.0
2 1/2"	10 1/2"	2 1/4"	4 1/8"	1"	4 1/2"	12"	8	1 1/4"	1 1/8"	7 3/4"	85.0
3"	12"	2 5/8"	5"	1 1/8"	5 1/4"	12"	8	1 3/8"	1 1/4"	9"	125.0
4"	14"	3"	6 3/16"	1 1/4"	6 1/2"	12"	8	1 5/8"	1 1/2"	10 3/4"	185.0
5"	16 1/2"	3 5/8"	7 5/16"	1 1/2"	8"	12"	8	1 7/8"	1 3/4"	12 3/4"	300.0
6"	19"	4 1/4"	8 1/2"	1 5/8"	9 1/4"	12"	8	2 1/8"	2"	14 1/2"	450.0
8"	21 3/4"	5"	10 5/8"	2"	12"	12"	12	2 1/8"	2"	17 1/4"	600.0
10"	26 1/2"	6 1/2"	12 3/4"	2 3/8"	14 3/4"	16"	12	2 5/8"	2 1/2"	21 1/4"	1150.0
12"	30"	7 1/4"	15"	2 11/16"	17 3/8"	16"	12	2 7/8"	2 3/4"	24 3/8"	1560.0

Las bridas de las juntas de anillo de 150 Lb

Tamaño nominal de la tubería	Diámetro del anillo de Pitch & Groove	La anchura del anillo	La altura de la corona		Ancho de piso en anillos octogonal	Ancho de ranura	Profundidad de ranura	Diámetro de cara elevada para el conjunto de anillo o lapeado	Número de anillo	La distancia aproximada entre las bridas de las juntas de anillo cuando se comprime el anillo
			Óvalo	Octágono						
1"	1 7/8"	5/16"	9/16"	1/2"	.206	11/32"	1/4"	2 1/2"	R 15	5/32"
1 1/4"	2 1/4"	5/16"	9/16"	1/2"	.206	11/32"	1/4"	2 7/8"	R 17	5/32"
1 1/2"	2 9/16"	5/16"	9/16"	1/2"	.206	11/32"	1/4"	3 1/4"	R 19	5/32"
2"	3 1/4"	5/16"	9/16"	1/2"	.206	11/32"	1/4"	4"	R 22	5/32"
2 1/2"	4"	5/16"	9/16"	1/2"	.206	11/32"	1/4"	4 3/4"	R 25	5/32"
3"	4 1/2"	5/16"	9/16"	1/2"	.206	11/32"	1/4"	5 1/4"	R 29	5/32"
3 1/2"	5 3/16"	5/16"	9/16"	1/2"	.206	11/32"	1/4"	6 1/16"	R 33	5/32"
4"	5 7/8"	5/16"	9/16"	1/2"	.206	11/32"	1/4"	6 3/4"	R 36	5/32"
5"	6 3/4"	5/16"	9/16"	1/2"	.206	11/32"	1/4"	7 5/8"	R 40	5/32"
6"	7 5/8"	5/16"	9/16"	1/2"	.206	11/32"	1/4"	8 5/8"	R 43	5/32"
8"	9 3/4"	5/16"	9/16"	1/2"	.206	11/32"	1/4"	10 3/4"	R 48	5/32"
10"	12"	5/16"	9/16"	1/2"	.206	11/32"	1/4"	13"	R 52	5/32"
12"	15"	5/16"	9/16"	1/2"	.206	11/32"	1/4"	16"	R 56	5/32"
14"	15 5/8"	5/16"	9/16"	1/2"	.206	11/32"	1/4"	16 3/4"	R 59	1/8"
16"	17 7/8"	5/16"	9/16"	1/2"	.206	11/32"	1/4"	19"	R 64	1/8"
18"	20 3/8"	5/16"	9/16"	1/2"	.206	11/32"	1/4"	21 1/2"	R 68	1/8"
20"	22"	5/16"	9/16"	1/2"	.206	11/32"	1/4"	23 1/2"	R 72	1/8"
22"	24 1/4"	5/16"	......	1/2"	.206	11/32"	1/4"	25 1/2"	R 80	1/8"
24"	26 1/2"	5/16"	9/16"	1/2"	.206	11/32"	1/4"	28"	R 76	1/8"
26"	28 5/8"	3/8"	......	9/16"	.250	13/32"	5/16"	30 3/8"	......	1/8"
30"	32 7/8"	3/8"	......	9/16"	.250	13/32"	5/16"	34 5/8"	......	1/8"
34"	37"	1/2"	......	11/16"	.341	17/32"	3/8"	38 7/8"	......	3/16"
36"	39 1/4"	1/2"	......	11/16"	.341	17/32"	3/8"	41 1/8"	......	3/16"
42"	46"	1/2"	......	11/16"	.341	17/32"	3/8"	47 7/8"	......	3/16"

300, 400 y 600 libras bridas conjuntos de anillo

Tamaño nominal de la tubería	Diámetro del anillo de Pitch & Groove	La anchura del anillo	La altura de la corona		Ancho de piso en anillos octogonal	Ancho de ranura	Profundidad de ranura	Diámetro de cara elevada para el conjunto de anillo o lapeado	Número de anillo	La distancia aproximada entre las bridas de las juntas de anillo cuando se comprime el anillo		
			Óvalo	Octágono						300 Lb	400 lb.	600 lb.
1/2"	1 11/32"	1/4"	7/16"	3/8"	0.170	9/32"	7/32"	2"	R 11	1/8"	1/8"	1/8"
3/4"	1 11/16"	5/16"	9/16"	1/2"	0,206	11/32"	1/4"	2 1/2"	R 13	5/32"	5/32"	5/32"
1"	2"	5/16"	9/16"	1/2"	0,206	11/32"	1/4"	2 3/4"	R 16	5/32"	5/32"	5/32"
1 1/4"	2 3/8"	5/16"	9/16"	1/2"	0,206	11/32"	1/4"	3 1/8"	R 18	5/32"	5/32"	5/32"
1 1/2"	2 11/16"	5/16"	9/16"	1/2"	0,206	11/32"	1/4"	3 9/16"	R 20	5/32"	5/32"	5/32"
2"	3 1/4"	7/16"	11/16"	5/8"	0.305	15/32"	5/16"	4 1/4"	R 23	7/32"	3/16"	3/16"
2 1/2"	4"	7/16"	11/16"	5/8"	0.305	15/32"	5/16"	5"	R 26	7/32"	3/16"	3/16"
3"	4 7/8"	7/16"	11/16"	5/8"	0.305	15/32"	5/16"	5 3/4"	R 31	7/32"	3/16"	3/16"
3 1/2"	5 3/16"	7/16"	11/16"	5/8"	0.305	15/32"	5/16"	6 1/4"	R 34	7/32"	3/16"	3/16"
4"	5 7/8"	7/16"	11/16"	5/8"	0.305	15/32"	5/16"	6 7/8"	R 37	7/32"	7/32"	3/16"
5"	7 1/8"	7/16"	11/16"	5/8"	0.305	15/32"	5/16"	8 1/4"	R 41	7/32"	7/32"	3/16"
6"	8 5/16"	7/16"	11/16"	5/8"	0.305	15/32"	5/16"	9 1/2"	R 45	7/32"	7/32"	3/16"
8"	10 5/8"	7/16"	11/16"	5/8"	0.305	15/32"	5/16"	11 7/8"	R 49	7/32"	7/32"	3/16"
10"	12 3/4"	7/16"	11/16"	5/8"	0.305	15/32"	5/16"	14"	R 53	7/32"	7/32"	3/16"
12"	15"	7/16"	11/16"	5/8"	0.305	15/32"	5/16"	16 1/4"	R 57	7/32"	7/32"	3/16"
14"	16 1/2"	7/16"	11/16"	5/8"	0.305	15/32"	5/16"	18"	R 61	7/32"	7/32"	3/16"
16"	18 1/2"	7/16"	11/16"	5/8"	0.305	15/32"	5/16"	20"	R 65	7/32"	7/32"	3/16"
18"	21"	7/16"	11/16"	5/8"	0.305	15/32"	5/16"	22 5/8"	R 69	7/32"	7/32"	3/16"
20"	23"	1/2"	3/4"	11/16"	0.341	17/32"	3/8"	25"	R 73	7/32"	7/32"	3/16"
22"	25"	9/16"	....	3/4"	0.377	19/32"	7/16"	27"	R 81	7/32"	3/16"	3/16"
24"	27 1/4"	5/8"	7/8"	13/16"	0.413	21/32	7/16"	29 1/2"	R 77	1/4"	1/4"	7/32"
26"	29 1/2"	3/4"	....	15/16"	0.485	25/32"	1/2"	31 7/8"	R 93	7/32"	3/16"	3/16"
30"	33 3/4"	3/4"	....	15/16"	0.485	25/32"	1/2"	36 1/8"	R 95	7/32"	3/16"	3/16"
34"	38"	7/8"	....	1 1/16"	0.583	29/32"	9/16"	40 3/4"	R 97	9/32"	1/4"	1/4"
36"	40 1/4"	7/8"	....	1 1/16"	0.583	29/32"	9/16"	43"	R 98	9/32"	1/4"	1/4"
42"	47"	1"	....	1 1/4"	0.681	1 1/16"	5/8"	50 3/16"	....	5/16"	9/32"	9/32"

Las bridas de las juntas de anillo 900 Lb

Tamaño nominal de la tubería	Diámetro del anillo de Pitch & Groove	La anchura del anillo	La altura de la corona		Ancho de piso en anillos octogonal	Ancho de ranura	Profundidad de ranura	Diámetro de cara elevada para el conjunto de anillo o lapeado	Número de anillo	La distancia aproximada entre las bridas de las juntas de anillo cuando se comprime el anillo
			Óvalo	Octágono						
3"	4 7/8"	7/16"	11/16"	5/8"	0.305	15/32"	5/16"	6 1/8"	R 31	5/32"
4"	5 7/8"	7/16"	11/16"	5/8"	0.305	15/32"	5/16"	7 1/8"	R 37	5/32"
5"	7 1/8"	7/16"	11/16"	5/8"	0.305	15/32"	5/16"	8 1/2"	R 41	5/32"
6"	8 5/16"	7/16"	11/16"	5/8"	0.305	15/32"	5/16"	9 1/2"	R 45	5/32"
8"	10 5/8"	7/16"	11/16"	5/8"	0.305	15/32"	5/16"	12 1/8"	R 49	5/32"
10"	12 3/4"	7/16"	11/16"	5/8"	0.305	15/32"	5/16"	14 1/4"	R 53	5/32"
12"	15"	7/16"	11/16"	5/8"	0.305	15/32"	5/16"	16 1/2"	R 57	5/32"
14"	16 1/2"	5/8"	7/8"	13/16"	0.413	21/32	7/16"	18 3/8"	R 62	5/32"
16"	18 1/2"	5/8"	7/8"	13/16"	0.413	21/32	7/16"	20 5/8"	R 66	5/32"
18"	21"	3/4"	1"	15/16"	0.485	25/32"	1/2"	23 3/8"	R 70	3/16"
20"	23"	3/4"	1"	15/16"	0.485	25/32"	1/2"	25 1/2"	R 74	3/16"
24"	27 1/4"	1"	1 5/16"	1 1/4"	0.681	1 1/16"	5/8"	30 3/8"	R 78	7/32"
26"	29 1/2"	1 1/8"	....	1 3/8"	0.780	1 3/16"	11/16"	32 3/4"	R 100	5/16"
30"	33 3/4"	1 1/4"	....	1 1/2"	0.879	1 5/16"	11/16"	37 1/4"	R 102	3/8"
34"	38"	1 3/8"	....	1 5/8"	0.977	1 7/16"	13/16"	42"	R 104	7/16"
36"	40 1/4"	1 3/8"	....	1 5/8"	0.977	1 7/16"	13/16"	44 1/4"	R 105	7/16"

Para tamaños de 2 1/2" y más pequeños, utilice 1500 LB. Las bridas de las juntas de anillo

1500 lb bridas conjuntos de anillo

Tamaño nominal de la tubería	Diámetro del anillo de Pitch & Groove	La anchura del anillo	La altura de la corona		Ancho de piso en anillos octogonal	Ancho de ranura	Profundidad de ranura	Diámetro de cara elevada para el conjunto de anillo o lapeado	Número de anillo	La distancia aproximada entre las bridas de las juntas de anillo cuando se comprime el anillo
			Óvalo	Octágono						
1/2"	1 9/16"	5/16"	9/16"	1/2"	0.206	11/32"	1/4"	2 3/8"	R 12	5/32"
3/4"	1 3/4"	5/16"	9/16"	1/2"	0.206	11/32"	1/4"	2 5/8"	R 14	5/32"
1"	2"	5/16"	9/16"	1/2"	0.206	11/32"	1/4"	2 13/16"	R 16	5/32"
1 1/4"	2 3/8"	5/16"	9/16"	1/2"	0.206	11/32"	1/4"	3 3/16"	R 18	5/32"
1 1/2"	2 11/16"	5/16"	9/16"	1/2"	0.206	11/32"	1/4"	3 5/8"	R 20	5/32"
2"	3 3/4"	7/16"	11/16"	5/8"	0.305	15/32"	5/16"	4 7/8"	R 24	1/8"
2 1/2"	4 1/4"	7/16"	11/16"	5/8"	0.305	15/32"	5/16"	5 3/8"	R 27	1/8"
3"	5 3/8"	7/16"	11/16"	5/8"	0.305	15/32"	5/16"	6 5/8"	R 35	1/8"
4"	6 3/8"	7/16"	11/16"	5/8"	0.305	15/32"	5/16"	7 5/8"	R 39	1/8"
5"	7 5/8"	7/16"	11/16"	5/8"	0.305	15/32"	5/16"	9"	R 44	1/8"
6"	8 5/16"	1/2"	3/4"	11/16"	0.341	17/32"	3/8"	9 3/4"	R 46	1/8"
8"	10 5/8"	5/8"	7/8"	13/16"	0.413	21/32"	7/16"	12 1/2"	R 50	5/32"
10"	12 3/4"	5/8"	7/8"	13/16"	0.413	21/32"	7/16"	14 5/8"	R 54	5/32"
12"	15"	7/8"	1 1/8"	1 1/16"	0.583	29/32"	9/16"	17 1/4"	R 58	3/16"
14"	16 1/2"	1"	1 5/16"	1 1/4"	0.681	1 1/16"	5/8"	19 1/4"	R 63	7/32"
16"	18 1/2"	1 1/8"	1 7/16"	1 3/8"	0.780	1 3/16"	11/16"	21 1/2"	R 67	5/16"
18"	21"	1 1/8"	1 7/16"	1 3/8"	0.780	1 3/16"	11/16"	24 1/8"	R 71	5/16"
20"	23"	1 1/4"	1 9/16"	1 1/2"	0.879	1 5/16"	11/16"	26 1/2"	R 75	3/8"
24"	27 1/4"	1 3/8"	1 3/4"	1 5/8"	0.977	17/16"	13/16"	31 1/4"	R 79	7/16"

2500 lb bridas conjuntos de anillo

Tamaño nominal de la tubería	Diámetro del anillo de Pitch & Groove	La anchura del anillo	La altura de la corona		Ancho de piso en anillos octogonal	Ancho de ranura	Profundidad de ranura	Diámetro de cara elevada para el conjunto de anillo o lapeado	Número de anillo	La distancia aproximada entre las bridas de las juntas de anillo cuando se comprime el anillo
			Óvalo	Octágono						
1/2"	1 11/16"	5/16"	9/16"	1/2"	0.206	11/32"	1/4"	2 9/16"	R 13	5/32"
3/4"	2"	5/16"	9/16"	1/2"	0.206	11/32"	1/4"	2 7/8"	R 16	5/32"
1"	2 3/8"	5/16"	9/16"	1/2"	0.206	11/32"	1/4"	3 1/4"	R 18	5/32"
1 1/4"	2 27/32"	7/16"	11/16"	5/8"	0.305	15/32"	5/16"	4"	R 21	1/8"
1 1/2"	3 1/4"	7/16"	11/16"	5/8"	0.305	15/32"	5/16"	4 1/2"	R 23	1/8"
2"	4"	7/16"	11/16"	5/8"	0.305	15/32"	5/16"	5 1/4"	R 26	1/8"
2 1/2"	4 3/8"	1/2"	3/4"	11/16"	0.341	17/32"	3/8"	5 7/8"	R 28	1/8"
3"	5"	1/2"	3/4"	11/16"	0.341	17/32"	3/8"	6 5/8"	R 32	1/8"
4"	6 3/16"	5/8"	7/8"	13/16"	0.413	21/32	7/16"	8"	R 38	5/32"
5"	7 1/2"	3/4"	1"	15/16"	0.485	25/32"	1/2"	9 1/2"	R 42	5/32"
6"	9"	3/4"	1"	15/16"	0.485	25/32"	1/2"	11"	R 47	5/32"
8"	11"	7/8"	1 1/8"	1 1/16"	0.583	29/32"	9/16"	13 3/8"	R 51	3/16"
10"	13 1/2"	1 1/8"	1 7/16"	1 3/8"	0.780	1 3/16"	11/16"	16 3/4"	R 55	1/4"
12"	16"	1 1/4"	1 9/16"	1 1/2"	0.879	1 5/16"	11/16"	19 1/2"	R 60	5/16"

ASA DE GRAN DIÁMETRO - tipo bridas clase 125 libras de peso ligero EN SLIP

ASTM A181 - Grado 1

Tamaño nominal de la tubería	DIAMETRAL DIMINSIONS			DIMINSIONS AXIAL		Plantilla de perforación			Aprox. Peso por LB de brida.
	El diámetro de la brida	El diámetro del cubo	Diámetro de orificio	El espesor de la brida	Longitud total	El número de agujeros de pernos	Diámetro de los orificios del perno	Diámetro del círculo de pernos	
26"	34 1/4"	28 1/2"		1"	1 3/4"	24	1 3/8"	31 3/4"	126.0
28"	36 1/2"	30 1/2"		1"	1 3/4"	28	1 3/8"	34"	138.0
30"	38 3/4"	32 1/2"		1"	1 3/4"	28	1 3/8"	36"	155.0
32"	41 3/4"	34 3/4"		1 1/8"	1 3/4"	28	1 5/8"	38 1/2"	192.0
34"	43 3/4"	36 3/4"		1 1/8"	1 3/4"	32	1 5/8"	40 1/2"	200.0
36"	46"	38 3/4"		1 1/8"	1 3/4"	32	1 5/8"	42 3/4"	218.0
38"	48 3/4"	40 3/4"		1 1/8"	1 3/4"	32	1 5/8"	45 1/4"	250.0
40"	50 3/4"	43"		1 1/8"	1 3/4"	36	1 5/8"	47 1/4"	262.0
42"	53"	45"		1 1/4"	1 3/4"	36	1 5/8"	49 1/2"	301.0
44"	55 1/4"	47"		1 1/4"	2 1/4"	40	1 5/8"	51 3/4"	348.0
46"	57 1/4"	49"		1 1/4"	2 1/4"	40	1 5/8"	53 3/4"	364.0
48"	59 1/2"	51"		1 3/8"	2 1/2"	44	1 5/8"	56"	423.0
50"	61 3/4"	53"		1 3/8"	2 1/2"	44	1 7/8"	58 1/4"	438.0
52"	64"	55"		1 3/8"	2 1/2"	44	1 7/8"	60 1/2"	466.0
54"	66 1/4"	57"		1 3/8"	2 1/2"	44	1 7/8"	62 3/4"	495.0
60"	73"	63"		1 1/2"	2 3/4"	52	1 7/8"	69 1/4"	629.0
66"	80"	69"		1 1/2"	2 3/4"	52	1 7/8"	76"	748.0
72"	86 1/2"	75"		1 1/2"	2 3/4"	60	1 7/8"	82 1/2"	836.0

Diámetro interior a ser especificado por el comprador
(El agujero de 1/4" es normalmente mayor que el tubo O.D.)

ASA DE GRAN DIÁMETRO - tipo bridas clase 125 libras SLIP-ON
ASTM A181 - Grado 2

Tamaño nominal de la tubería	DIAMETRAL DIMINSIONS			DIMINSIONS AXIAL		Plantilla de perforación			Mirando	Aprox. Peso por LB de brida.
	El diámetro de la brida	El diámetro del cubo	Diámetro de orificio	El espesor de la brida	Longitud total	El número de agujeros de pernos	Diámetro de los orificios del perno	Diámetro del círculo de pernos	Diámetro de cara elevada	
26"	34 1/4"	28 1/2"	26 1/4"	2"	3 3/8"	24	1 3/8"	31 3/4"	29 1/4"	236.0
28"	36 1/2"	30 3/4"	28 1/4"	2 1/16"	3 7/16"	28	1 3/8"	34"	31 1/4"	269.0
30"	38 3/4"	32 3/4"	30 1/4"	2 1/8"	3 1/2"	28	1 3/8"	36"	33 3/4"	304.0
32"	41 3/4"	35"	32 1/4"	2 1/4"	3 5/8"	28	1 5/8"	38 1/2"	35 3/4"	375.0
34"	43 3/4"	37"	34 1/4"	2 5/16"	3 11/16"	32	1 5/8"	40 1/2"	37 3/4"	400.0
36"	46"	39 1/4"	36 1/4"	2 3/8"	3 3/4"	32	1 5/8"	42 3/4"	40 1/4"	452.0
38"	48 3/4"	41 3/4"	38 1/4"	2 3/8"	3 3/4"	32	1 5/8"	45 1/4"	42 1/4"	527.0
40"	50 3/4"	43 3/4"	40 1/4"	2 1/2"	3 7/8"	36	1 5/8"	47 1/4"	44 1/4"	573.0
42"	53"	46"	42 1/4"	2 5/8"	4"	36	1 5/8"	49 1/2"	47"	648.0
44"	55 1/4"	48"	44 1/4"	2 5/8"	4"	40	1 5/8"	51 3/4"	49"	694.0
46"	57 1/4"	50"	46 1/4"	2 11/16"	4 1/16"	40	1 5/8"	53 3/4"	51"	733.0
48"	59 1/2"	52 1/4"	48 1/4"	2 3/4"	4 1/8"	44	1 5/8"	56"	53 1/2"	799.0
50"	61 3/4"	54 1/4"	50 1/4"	2 3/4"	4 1/8"	44	1 7/8"	58 1/4"	55 1/2"	828.0
52"	64"	56 1/2"	52 1/4"	2 7/8"	4 1/4"	44	1 7/8"	60 1/2"	57 1/2"	923.0
54"	66 1/4"	58 3/4"	54 1/4"	3"	4 3/8"	44	1 7/8"	62 3/4"	59 3/4"	1024.0
60"	73"	65 1/4"	60 1/4"	3 1/8"	4 1/2"	52	1 7/8"	69 1/4"	66"	1254.0
66"	80"	71 1/2"	66 1/4"	3 3/8"	4 7/8"	52	1 7/8"	76"	73"	1623.0
72"	86 1/2"	78 1/2"	72 1/4"	3 1/2"	5"	60	1 7/8"	82 1/2"	79 1/2"	1922.0
84"	99 3/4"	90 1/2"	84 1/4"	3 7/8"	5 3/8"	64	2 1/8"	95 1/2"	92 1/2"	2588.0
96"	113 1/4"	102 3/4"	96 1/4"	4 1/4"	5 3/4"	68	2 3/8"	108 1/2"	105 1/2"	3284.0

ASA DE GRAN DIÁMETRO - tipo bridas clase 125 libras CUELLO DE SOLDADURA

ASTM A181 - Grado 2

Tamaño nominal de la tubería	DIAMETRAL DIMINSIONS			DIMINSIONS AXIAL		Plantilla de perforación			Mirando	Aprox. Peso por LB de brida.
	El diámetro de la brida	El diámetro grande del cubo	Diámetro de orificio	El espesor de la brida	Longitud total	El número de agujeros de pernos	Diámetro de los orificios del perno	Diámetro del círculo de pernos	Diámetro de cara elevada	
26"	34 1/4"	28 1/2"		2"	5"	24	1 3/8"	31 3/4"	29 1/4"	260.0
28"	36 1/2"	30 3/4"		2 1/16"	5 1/16"	28	1 3/8"	34"	31 1/4"	296.0
30"	38 3/4"	32 3/4"		2 1/8"	5 1/8"	28	1 3/8"	36"	33 3/4"	338.0
32"	41 3/4"	35"		2 1/4"	5 1/4"	28	1 5/8"	38 1/2"	35 3/4"	412.0
34"	43 3/4"	37"		2 5/16"	5 5/16"	32	1 5/8"	40 1/2"	37 3/4"	440.0
36"	46"	39 1/4"		2 3/8"	5 3/8"	32	1 5/8"	42 3/4"	40 1/4"	495.0
38"	48 3/4"	41 3/4"		2 3/8"	5 3/8"	32	1 5/8"	45 1/4"	42 1/4"	573.0
40"	50 3/4"	43 3/4"		2 1/2"	5 1/2"	36	1 5/8"	47 1/4"	44 1/4"	620.0
42"	53"	46"		2 5/8"	5 5/8"	36	1 5/8"	49 1/2"	47"	707.0
44"	55 1/4"	48"		2 5/8"	5 5/8"	40	1 5/8"	51 3/4"	49"	752.0
46"	57 1/4"	50"		2 11/16"	5 11/16"	40	1 5/8"	53 3/4"	51"	799.0
48"	59 1/2"	52 1/4"		2 3/4"	5 3/4"	44	1 5/8"	56"	53 1/2"	868.0
50"	61 3/4"	54 1/4"		2 3/4"	5 3/4"	44	1 7/8"	58 1/4"	55 1/2"	900.0
52"	64"	56 1/2"		2 7/8"	5 7/8"	44	1 7/8"	60 1/2"	57 1/2"	998.0
54"	66 1/4"	58 3/4"		3"	6"	44	1 7/8"	62 3/4"	59 3/4"	1104.0
60"	73"	65 1/4"		3 1/8"	6 1/8"	52	1 7/8"	69 1/4"	66"	1346.0

Diámetro de orificio para ser especificado por el comprador

Si el tubo ES PARA RECOMENDAR, el cliente debe especificar el O.D. O el D.I. Tubo de la coincidencia.

ASA DE GRAN DIÁMETRO - tipo bridas clase 250 LB SLIP-ON

ASTM A181 - Grado 2

Tamaño nominal de la tubería	DIAMETRAL DIMENSIONS			DIMINSIONS AXIAL		Plantilla de perforación			Mirando DIMINSIONS		Aprox. Peso por LB de brida.
	El diámetro de la brida	El diámetro grande del cubo	Diámetro de orificio	El espesor de la brida	Longitud total	El número de agujeros de pernos	Diámetro de los orificios del perno	Diámetro del círculo de pernos	Diámetro de ETS. De cara elevada por ASA B16B	Diámetro de cara elevada pequeña especial	
26"	38 1/4"	30 1/2"	26 1/4"	2 13/16"	4 3/4"	28	1 7/8"	34 1/2"	32 7/16"	29 1/4"	531.0
28"	40 3/4"	33"	28 1/4"	2 15/16"	5"	28	1 7/8"	37"	34 15/16"	31 1/4"	637.0
30"	43"	35 1/4"	30 1/4"	3"	5"	28	1 7/8"	39 1/4"	37 3/16"	33 3/4"	707.0
32"	45 1/4"	37 1/2"	32 1/4"	3 1/8"	5 1/8"	28	1 7/8"	41 1/2"	39 7/16"	35 3/4"	801.0
34"	47 1/2"	39 1/2"	34 1/4"	3 1/4"	5 1/4"	28	1 7/8"	43 1/2"	41 7/16"	37 3/4"	889.0
36"	50"	41 1/2"	36 1/4"	3 3/8"	5 3/8"	32	2 1/8"	46"	43 11/16"	40 1/4"	970.0
38"	52 1/4"	43 1/2"	38 1/4"	3 7/16"	5 1/2"	32	2 1/8"	48"	45 11/16"	42 1/4"	1062.0
40"	54 1/2"	45 3/4"	40 1/4"	3 9/16"	5 1/2"	36	2 1/8"	50 1/4"	47 15/16"	44 1/4"	1172.0
42"	57"	47 3/4"	42 1/4"	3 11/16"	5 5/8"	36	2 1/8"	52 3/4"	50 7/16"	47"	1288.0
44"	59 1/4"	49 3/4"	44 1/4"	3 3/4"	5 3/4"	36	2 1/8"	55"	52 11/16"	49"	1397.0
46"	61 1/2"	51 3/4"	46 1/4"	3 7/8"	5 7/8"	40	2 1/8"	57 1/4"	54 15/16"	51"	1510.0
48"	65"	54"	48 1/4"	4"	6"	40	2 1/8"	60 3/4"	58 7/16"	53 1/2"	1797.0

ASA DE GRAN DIÁMETRO - Clase 250 bridas tipo cuello de soldadura
ASTM A181 - Grado 2

Tamaño nominal de la tubería	DIAMETRAL DIMINSIONS			DIMINSIONS AXIAL		Plantilla de perforación			Mirando DIMINSIONS		Aprox. Peso por LB de brida.
	El diámetro de la brida	El diámetro grande del cubo	Diámetro de orificio	El espesor de la brida	Longitud total	El número de agujeros de pernos	Diámetro de los orificios del perno	Diámetro del círculo de pernos	Diámetro de ETS. De cara elevada por ASA B16B	Diámetro de cara elevada pequeña especial	
26"	38 1/4"	30 1/2"		2 13/16"	5 13/16"	28	1 7/8"	34 1/2"	32 7/16"	29 1/4"	534.0
28"	40 3/4"	33"		2 15/16"	5 15/16"	28	1 7/8"	37"	34 15/16"	31 1/4"	629.0
30"	43"	35 1/4"		3"	6"	28	1 7/8"	39 1/4"	37 3/16"	33 3/4"	702.0
32"	45 1/4"	37 1/2"		3 1/8"	6 1/8"	28	1 7/8"	41 1/2"	39 7/16"	35 3/4"	793.0
34"	47 1/2"	39 1/2"		3 1/4"	6 1/4"	28	1 7/8"	43 1/2"	41 7/16"	37 3/4"	882.0
36"	50"	41 1/2"		3 3/8"	6 3/8"	32	2 1/8"	46"	43 11/16"	40 1/4"	969.0
38"	52 1/4"	43 1/2"		3 7/16"	6 7/16"	32	2 1/8"	48"	45 11/16"	42 1/4"	1057.0
40"	54 1/2"	45 3/4"		3 9/16"	6 9/16"	36	2 1/8"	50 1/4"	47 15/16"	44 1/4"	1158.0
42"	57"	47 3/4"		3 11/16"	6 15/16"	36	2 1/8"	52 3/4"	50 7/16"	47"	1318.0
44"	59 1/4"	49 3/4"		3 3/4"	7"	36	2 1/8"	55"	52 11/16"	49"	1423.0
46"	61 1/2"	51 3/4"		3 7/8"	7 1/8"	40	2 1/8"	57 1/4"	54 15/16"	51"	1536.0
48"	65"	54"		4"	7 1/4"	40	2 1/8"	60 3/4"	58 7/16"	53 1/2"	1824.0

Diámetro de orificio para ser especificado por el comprador
Si el tubo ES PARA RECOMENDAR, el cliente debe especificar el O.D. O el D.I. Del tubo coincidentes

Las bridas de la vasija de presión CLASE 75 SLIP-ON NOMINAL de D.I. Los buques

ASTM A181 - Grado 2

NOM SHELL I.D.	DIAMETRAL DIMINSIONS				DIMINSIONS AXIAL		Plantilla de perforación			Mirando y junta se atenúa		Aprox. Peso por LB de brida.
	Diám. de la brida	El diámetro grande del cubo	Diámetro pequeño del cubo	Diámetro de orificio	El espesor de la brida	Longitud total	El número de agujeros de pernos	Diámetro de los orificios del perno	Diámetro del círculo de pernos	Diámetro de cara elevada	Empaquetadura COMPOSICIÓN DE AMIANTO DIMINSIONS	
26"	33"	28 1/2"	28"	26 11/16"	1 1/4"	2 1/4"	32	1"	31"	30"	29 1/8" X 30"	122.0
28"	35"	30 1/2"	30"	28 11/16"	1 1/4"	2 1/4"	36	1"	33"	32"	31 1/8" X 32"	140.0
30"	37"	32 1/2"	32"	30 11/16"	1 1/4"	2 1/4"	36	1"	35"	34"	33 1/8" X 34"	148.0
32"	39 1/2"	34 5/8"	34 1/8"	32 13/16"	1 1/4"	2 1/2"	40	1 1/8"	37 3/8"	36 1/4"	35 1/8" X 36 1/4"	171.0
34"	41 1/2"	36 5/8"	36 1/8"	34 13/16"	1 1/4"	2 1/2"	40	1 1/8"	39 3/8"	38 1/4"	37 1/8" X 38 1/4"	181.0
36"	43 1/2"	38 5/8"	38 1/8"	36 13/16"	1 1/4"	2 1/2"	44	1 1/8"	41 3/8"	40 1/4"	39 1/8" X 40 1/4"	191.0
42"	50"	44 3/4"	44 1/4"	42 15/16"	1 1/4"	2 3/4"	48	1 1/4"	47 3/4"	46 1/2"	45 1/8" X 46 1/2"	234.0
48"	56"	50 3/4"	50 1/4"	48 15/16"	1 1/4"	2 7/8"	56	1 1/4"	53 3/4"	52 1/2"	51 1/8" X 52 1/2"	269.0
54"	62 1/2"	57 1/4"	56 1/2"	55 1/16"	1 3/8"	3 1/8"	68	1 1/4"	60 1/4"	59"	57 1/2" X 59"	335.0
60"	68 1/2"	63 1/4"	62 1/2"	61 1/16"	1 5/8"	3 5/8"	72	1 1/4"	66 1/4"	65"	63 1/2" X 65"	451.0
66"	75 1/2"	69 1/2"	68 3/4"	67 3/16"	1 3/4"	4"	72	1 3/8"	73"	71 5/8"	69 7/8" X 71 5/8"	591.0
72"	81 1/2"	75 1/2"	74 3/4"	73 3/16"	2"	4 1/2"	80	1 3/8"	79"	77 5/8"	75 7/8" X 77 5/8"	728.0

Clase 75 bridas de la vasija de presión nominal de cuello SOLDADURA I.D. Los buques

ASTM A181 - Grado 2

NOM EL TAMAÑO DEL TUBO I.D.	DIAMETRAL DIMINSIONS			DIMINSIONS AXIAL		Plantilla de perforación			Mirando y junta se atenúa.		Aprox. Peso por LB de brida.
	Diám. de la brida	El diámetro grande del cubo	Diámetro pequeño del cubo	El espesor de la brida	Longitud total	El número de agujeros de pernos	Diámetro de los orificios del perno	Diámetro del círculo de pernos	Diámetro de cara elevada	Empaquetadura COMPOSICIÓN DE AMIANTO DIMINSIONS	
26"	31 1/2"	27 1/8"	26 1/2"	1 1/4"	3"	32	1"	29 5/8"	28 5/8"	27 3/4" x 28 5/8"	98.0
28"	33 1/2"	29 1/8"	28 1/2"	1 1/4"	3"	36	1"	31 5/8"	30 5/8"	29 3/4" x 30 5/8"	105.0
30"	35 1/2"	31 1/8"	30 1/2"	1 1/4"	3"	36	1"	33 5/8"	32 5/8"	31 3/4" x 32 5/8"	112.0
32"	38 1/4"	33 3/8"	32 5/8"	1 1/4"	3 1/4"	36	1 1/8"	36 1/8"	35"	33 7/8" x 35"	140.0
34"	40 1/4"	35 3/8"	34 5/8"	1 1/4"	3 1/4"	40	1 1/8"	38 1/8"	37"	35 7/8" x 37"	149.0
36"	42 1/4"	37 3/8"	36 5/8"	1 1/4"	3 1/4"	40	1 1/8"	40 1/8"	39"	37 7/8" x 39"	157.0
42"	49"	43 3/4"	42 3/4"	1 1/4"	3 1/2"	48	1 1/4"	46 3/4"	45 1/2"	44 1/8" x 45 1/2"	209.0
48"	55"	49 3/4"	48 3/4"	1 1/4"	3 3/4"	52	1 1/4"	52 3/4"	51 1/2"	50 1/8" x 51 1/2"	241.0
54"	61 1/4"	56"	54 7/8"	1 3/8"	4"	64	1 1/4"	59"	57 3/4"	56 1/4" x 57 3/4"	312.0
60"	67 1/4"	62"	60 7/8"	1 5/8"	4 3/8"	72	1 1/4"	65"	63 3/4"	62 1/4" x 63 3/4"	398.0
66"	74"	68"	67"	1 7/8"	4 7/8"	72	1 3/8"	71 1/2"	70 1/8"	68 3/8" x 70 1/8"	556.0
72"	80"	74"	73"	2 1/4"	5 1/4"	80	1 3/8"	77 1/2"	76 1/8"	74 3/8" x 76 1/8"	705.0

Las bridas de la vasija de presión 175 Clase SLIP-ON NOMINAL de D.I. Los buques

ASTM A181 - Grado 2

Bridas para I.D. NOMINAL Los buques

NOM SHELL DIAM. I.D.	DIAMETRAL DIMINSIONS				DIMINSIONS AXIAL		Plantilla de perforación			Mirando y junta se atenúa.		Aprox. Peso por LB de brida.
	Diám. de la brida	El diámetro grande del cubo	O.D. De shell	Diámetro de orificio	El espesor de la brida	Longitud total	El número de agujeros de pernos	Diámetro de los orificios del perno	Diámetro del círculo de pernos	Diámetro de cara elevada	Empaquetadura COMPOSICIÓN DE AMIANTO DIMINSIONS	
26"	32"	28 1/4"	26 3/4"	27"	1 3/8"	2 3/4"	28	7/8"	30 1/2"	29"	28" X 29"	110.0
28"	34"	30 1/4"	28 3/4"	29"	1 3/8"	2 3/4"	28	7/8"	32 1/2"	31"	30" X 31"	125.0
30"	36 1/2"	32 3/4"	31"	31 1/4"	1 3/8"	2 3/4"	36	7/8"	35"	33 1/4"	32" X 33 1/4"	140.0
32"	38 1/2"	34 3/4"	33"	33 1/4"	1 3/8"	2 3/4"	36	7/8"	37"	35 1/4"	34" X 35 1/4"	150,0
34"	41"	36 3/4"	35"	35 1/4"	1 3/4"	3 3/8"	36	1"	39 1/4"	37 3/8"	35 7/8" X 37 3/8"	200.0
36"	43"	38 3/4"	37"	37 1/4"	1 3/4"	3 3/8"	36	1"	41 1/4"	39 3/8"	37 7/8" X 39 3/8"	225.0
38"	45 1/4"	41"	39"	39 1/4"	2"	3 3/4"	36	1"	43 1/2"	41 3/8"	39 7/8" X 41 3/8"	275.0
40"	47 1/4"	43"	41"	41 1/4"	2"	4"	40	1"	45 1/2"	43 3/8"	41 7/8" X 43 3/8"	300.0
42"	49 3/4"	45"	43"	43 1/4"	2 3/8"	4 3/8"	40	1 1/8"	47 3/4"	45 3/4"	44" X 45 3/4"	380.0
44"	51 3/4"	47"	45"	45 1/4"	2 3/8"	4 3/8"	40	1 1/8"	49 3/4"	47 3/4"	46" X 47 3/4"	400.0
46"	54"	49 1/4"	47"	47 1/4"	2 3/8"	4 5/8"	40	1 1/8"	52"	49 3/4"	48" X 49 3/4"	450.0
48"	56"	51 1/4"	49"	49 1/4"	2 5/8"	4 7/8"	44	1 1/8"	54"	51 3/4"	50" X 51 3/4"	500.0
50"	58 1/4"	53 1/2"	51 1/4"	51 1/2"	2 5/8"	4 7/8"	44	1 1/8"	56 1/2"	53 3/4"	52" X 53 3/4"	525.0
52"	60 3/4"	55 1/2"	53 1/4"	53 1/2"	3"	5 3/8"	44	1 1/4"	58 1/2"	56"	54" X 56"	640.0
54"	63"	57 3/4"	55 1/4"	55 1/2"	3"	5 3/8"	44	1 1/4"	60 3/4"	58"	56" X 58"	700.0
60"	69"	63 3/4"	61 1/4"	61 1/2"	3 1/8"	5 7/8"	48	1 1/4"	66 3/4"	64"	62" X 64"	825.0
66"	75"	69 3/4"	67 1/4"	67 1/2"	4"	6 7/8"	56	1 1/4"	72 3/4"	70"	68" X 70"	1100.0
72"	81"	75 3/4"	73 1/4"	73 1/2"	5"	8"	64	1 1/4"	78 3/4"	76 1/2"	74" X 76 1/2"	1425.0

Las bridas de la vasija de presión 175 Clase SLIP-ON NOMINAL DE O.D. Los buques

ASTM A181 - Grado 2

Bridas para DIÁMETRO NOMINAL Los buques

Diámetro interior a ser especificado por el comprador
(El agujero de 1/4" es normalmente mayor que el tubo O.D.)

NOM SHELL DIAM. O.D.	DIAMETRAL DIMINSIONS				DIMINSIONS AXIAL		Plantilla de perforación			Mirando y junta se atenúa.		Aprox. Peso por LB de brida.
	Diám. de la brida	El diámetro grande del cubo	O.D. De shell	Diámetro de orificio	El espesor de la brida	Longitud total	El número de agujeros de pernos	Diámetro de los orificios del perno	Diámetro del círculo de pernos	Diámetro de cara elevada	Empaquetadura COMPOSICIÓN DE AMIANTO DIMINSIONS	
26"	31 1/2"	27 5/8"	26"		1 3/8"	2 3/4"	28	7/8"	29 7/8"	29"	28" X 29"	109.0
28"	33 1/2"	29 5/8"	28"		1 3/8"	2 3/4"	28	7/8"	31 7/8"	31"	30" X 31"	117.0
30"	35 3/4"	31 7/8"	30"		1 3/8"	2 3/4"	36	7/8"	34 1/8"	33 1/4"	32" X 33 1/4"	134.0
32"	37 3/4"	33 7/8"	32"		1 3/8"	2 3/4"	36	7/8"	36 1/8"	35 1/4"	34" X 35 1/4"	143.0
34"	40 1/4"	35 7/8"	34"		1 3/4"	3 3/8"	36	1"	38 3/8"	37 3/8"	35 7/8" X 37 3/8"	201.0
36"	42 1/4"	37 7/8"	36"		1 3/4"	3 3/8"	36	1"	40 3/8"	39 3/8"	37 7/8" X 39 3/8"	212.0
38"	44 1/4"	39 7/8"	38"		2"	3 3/4"	36	1"	42 3/8"	41 3/8"	39 7/8" X 41 3/8"	253.0
40"	46 1/4"	41 7/8"	40"		2"	4"	40	1"	44 3/8"	43 3/8"	41 7/8" X 43 3/8"	269.0
42"	49"	44 1/8"	42"		2 3/8"	4 3/8"	40	1 1/8"	46 7/8"	45 3/4"	44" X 45 3/4"	369.0
44"	51"	46 1/8"	44"		2 3/8"	4 3/8"	40	1 1/8"	48 7/8"	47 3/4"	46" X 47 3/4"	386.0
46"	53"	48 1/8"	46"		2 3/8"	4 5/8"	40	1 1/8"	50 7/8"	49 3/4"	48" X 49 3/4"	412.0
48"	55"	50 1/8"	48"		2 5/8"	4 7/8"	44	1 1/8"	52 7/8"	51 3/4"	50" X 51 3/4"	464.0
50"	57"	52 1/8"	50"		2 5/8"	4 7/8"	44	1 1/8"	54 7/8"	53 3/4"	52" X 53 3/4"	484.0
52"	59 1/2"	54 1/4"	52"		3"	5 3/8"	44	1 1/4"	57 1/4"	56"	54" X 56"	602.0
54"	61 1/2"	56 1/4"	54"		3"	5 3/8"	44	1 1/4"	59 1/4"	58"	56" X 58"	626.0
60"	67 1/2"	62 1/4"	60"		3 1/8"	5 7/8"	48	1 1/4"	65 1/4"	64"	62" X 64"	751.0
66"	73 1/2"	68 1/2"	66"		4"	6 7/8"	56	1 1/4"	71 1/4"	70"	68" X 70"	987.0
72"	80"	74 1/2"	72"		5"	8"	64	1 1/4"	77 3/4"	76 1/2"	74" X 76 1/2"	1382.0

Las bridas de la vasija de presión 175 Clase de cuello PARA SOLDADURA I.D. NOMINAL Los buques

ASTM A181 - Grado 2

NOM SHELL I.D.	DIAMETRAL DIMINSIONS			DIMINSIONS AXIAL		Plantilla de perforación			Mirando y junta se atenúa.		Aprox. Peso por LB de brida.
	Diám. de la brida	El diámetro grande del cubo	Diámetro pequeño del cubo	El espesor de la brida	Longitud total	El número de agujeros de pernos	Diámetro de los orificios del perno	Diámetro del círculo de pernos	Diámetro de cara elevada	Empaquetadura COMPOSICIÓN DE AMIANTO DIMINSIONS	
26"	31 1/2"	27 5/8"	26 3/4"	1 3/8"	3 3/8"	28	7/8"	29 7/8"	29"	28" X 29"	119.0
28"	33 1/2"	29 5/8"	28 3/4"	1 3/8"	3 3/8"	28	7/8"	31 7/8"	31"	30" X 31"	128.0
30"	35 3/4"	31 7/8"	31"	1 3/8"	3 5/8"	36	7/8"	34 1/8"	33 1/4"	32" X 33 1/4"	152.0
32"	37 3/4"	33 7/8"	33"	1 3/8"	3 5/8"	36	7/8"	36 1/8"	35 1/4"	34" X 35 1/4"	162.0
34"	40 1/4"	35 7/8"	35"	1 1/2"	3 3/4"	36	1"	38 3/8"	37 3/8"	35 7/8" X 37 3/8"	193.0
36"	42 1/4"	37 7/8"	37"	1 1/2"	3 3/4"	36	1"	40 3/8"	39 3/8"	37 7/8" X 39 3/8"	204.0
38"	44 1/4"	39 7/8"	39"	1 3/4"	4 1/8"	36	1"	42 3/8"	41 3/8"	39 7/8" X 41 3/8"	245.0
40"	46 1/4"	41 7/8"	41"	1 3/4"	4 1/8"	40	1"	44 3/8"	43 3/8"	41 7/8" X 43 3/8"	257.0
42"	49"	44 1/8"	43 1/4"	2"	4 1/2"	40	1 1/8"	46 7/8"	45 3/4"	44" X 45 3/4"	342.0
44"	51"	46 1/8"	45 1/4"	2"	4 1/2"	40	1 1/8"	48 7/8"	47 3/4"	46" X 47 3/4"	359.0
46"	53"	48 1/8"	47 1/4"	2"	4 1/2"	40	1 1/8"	50 7/8"	49 3/4"	48" X 49 3/4"	375.0
48"	55"	50 1/8"	49 1/4"	2 1/4"	4 7/8"	44	1 1/8"	52 7/8"	51 3/4"	50" X 51 3/4"	430.0
50"	57"	52 1/8"	51 1/4"	2 1/4"	4 7/8"	44	1 1/8"	54 7/8"	53 3/4"	52" X 53 3/4"	448.0
52"	59 1/2"	54 1/4"	53 1/4"	2 5/8"	5 3/8"	44	1 1/4"	57 1/4"	56"	54" X 56"	562.0
54"	61 1/2"	56 1/4"	55 1/4"	2 5/8"	5 3/8"	44	1 1/4"	59 1/4"	58"	56" X 58"	584.0
60"	67 1/2"	62 1/4"	61 1/4"	2 3/4"	5 3/4"	48	1 1/4"	65 1/4"	64"	62" X 64"	682.0
66"	73 1/2"	68 1/2"	67 1/4"	3 1/8"	6 1/8"	56	1 1/4"	71 1/4"	70"	68" X 70"	830.0
72"	80"	74 1/2"	73 3/8"	3 5/8"	6 5/8"	64	1 1/4"	77 3/4"	76 1/2"	74" X 76 1/2"	1075.0

Las bridas de la vasija de presión 350 Clase SLIP-ON NOMINAL de D.I. Los buques

ASTM A181 - Grado 2

Bridas para I.D. NOMINAL Los buques

NOM SHELL DIAM. I.D.	DIAMETRAL DIMINSIONS				DIMINSIONS AXIAL		Plantilla de perforación			Mirando y junta se atenúa.		Aprox. Peso por LB de brida.
	Diám. de la brida	El diámetro grande del cubo	O.D. De shell	Diámetro de orificio	El espesor de la brida	Longitud total	El número de agujeros de pernos	Diámetro de los orificios del perno	Diámetro del círculo de pernos	Diámetro de cara elevada	Empaquetadura COMPOSICIÓN DE AMIANTO DIMINSIONS	
26"	33 1/2"	28 3/4"	27"	27 1/4"	2 1/2"	4 1/2"	28	1 1/8"	31 1/2"	29 1/2"	28 1/2" X 29 1/2"	230.0
28"	35 1/2"	30 3/4"	29"	29 1/4"	2 1/2"	4 1/2"	28	1 1/8"	33 1/2"	31 1/2"	30 1/2" X 31 1/2"	250.0
30"	37 3/4"	33"	31"	31 1/4"	2 5/8"	4 3/4"	32	1 1/8"	35 3/4"	33 3/4"	32 1/2" X 33 3/4"	310.0
32"	39 3/4"	35"	33"	33 1/4"	2 3/4"	5"	36	1 1/8"	37 3/4"	35 3/4"	34 1/2" X 35 3/4"	340.0
34"	42 1/4"	37 1/2"	35 1/4"	35 1/2"	2 7/8"	5 1/8"	40	1 1/8"	40 1/4"	37 3/4"	36 1/2" X 37 3/4"	375.0
36"	44 3/4"	39 1/2"	37 1/4"	37 1/2"	3 1/8"	5 5/8"	40	1 1/4"	42 1/2"	40 1/4"	38 3/4" X 40 1/4"	470.0
38"	46 3/4"	41 1/2"	39 1/4"	39 1/2"	3 1/8"	5 5/8"	40	1 1/4"	44 1/2"	42 1/4"	40 3/4" X 42 1/4"	490.0
40"	48 3/4"	43 1/2"	41 1/4"	41 1/2"	3 1/4"	5 7/8"	44	1 1/4"	46 1/2"	44 1/4"	42 1/2" X 44 1/4"	530.0
42"	51 3/4"	46"	43 1/2"	43 3/4"	3 1/2"	6 1/8"	48	1 1/4"	49"	46 1/2"	44 1/2" X 46 1/2"	630.0
44"	54"	48"	45 1/2"	45 3/4"	3 3/4"	6 3/4"	44	1 3/8"	51 1/2"	48 7/8"	46 7/8" X 48 7/8"	765.0
46"	56"	50"	47 1/2"	47 3/4"	4 1/4"	7 1/4"	48	1 3/8"	53 1/2"	50 7/8"	48 7/8" X 50 7/8"	830.0
48"	58 1/4"	52 1/4"	49 3/4"	50"	4 1/4"	7 1/4"	48	1 3/8"	55 3/4"	52 7/8"	50 7/8" X 52 7/8"	925.0

Las bridas de la vasija de presión 350 Clase SLIP-ON NOMINAL DE O.D. Los buques

ASTM A181 - Grado 2

Bridas para DIÁMETRO NOMINAL Los buques

NOM SHELL DIAM. O.D.	DIAMETRAL DIMINSIONS				DIMINSIONS AXIAL		Plantilla de perforación			Mirando y junta se atenúa.		Aprox. Peso por LB de brida.
	Diám. de la brida	El diámetro grande del cubo	O.D. De shell	Diámetro de orificio (Diámetro interior a ser especificado por el comprador — El agujero es normalmente mayor que el tubo de 1/4" O.D.)	El espesor de la brida	Longitud total	El número de agujeros de pernos	Diámetro de los orificios del perno	Diámetro del círculo de pernos	Diámetro de cara elevada	Empaquetadura COMPOSICIÓN DE AMIANTO DIMINSIONS	
26"	32 3/4"	27 7/8"	26"		2 1/2"	4 1/2"	28	1 1/8"	30 5/8"	29 1/2"	28 1/2" X 29 1/2"	231.0
28"	34 3/4"	29 7/8"	28"		2 1/2"	4 1/2"	28	1 1/8"	32 5/8"	31 1/2"	30 1/2" X 31 1/2"	249.0
30"	37"	32 1/8"	30"		2 5/8"	4 3/4"	32	1 1/8"	34 7/8"	33 3/4"	32 1/2" X 33 3/4"	298.0
32"	39"	34 1/8"	32"		2 3/4"	5"	36	1 1/8"	36 7/8"	35 3/4"	34 1/2" X 35 3/4"	327.0
34"	41"	36 1/8"	34"		2 7/8"	5 1/8"	40	1 1/8"	38 7/8"	37 3/4"	36 1/2" X 37 3/4"	357.0
36"	43 3/4"	38 1/2"	36"		3 1/8"	5 5/8"	40	1 1/4"	41 1/2"	40 1/4"	38 3/4" X 40 1/4"	464.0
38"	45 3/4"	40 1/2"	38"		3 1/8"	5 5/8"	40	1 1/4"	43 1/2"	42 1/4"	40 3/4" X 42 1/4"	488.0
40"	47 3/4"	42 1/2"	40"		3 1/4"	5 7/8"	44	1 1/4"	45 1/2"	44 1/4"	42 1/2" X 44 1/4"	533.0
42"	50"	44 3/4"	42"		3 1/2"	6 1/8"	48	1 1/4"	47 3/4"	46 1/2"	44 1/2" X 46 1/2"	622.0
44"	52 3/4"	46 3/4"	44"		3 3/4"	6 3/4"	44	1 3/8"	50 1/4"	48 7/8"	46 7/8" X 48 7/8"	763.0
46"	54 3/4"	48 3/4"	46"		4 1/4"	7 1/4"	48	1 3/8"	52 1/4"	50 7/8"	48 7/8" X 50 7/8"	878.0
48"	56 3/4"	50 3/4"	48"		4 1/4"	7 1/4"	48	1 3/8"	54 1/4"	52 7/8"	50 7/8" X 52 7/8"	915.0

Las bridas de la vasija de presión 350 Clase de cuello PARA SOLDADURA I.D. NOMINAL Los buques

ASTM A181 - Grado 2

NOM SHELL I.D.	DIAMETRAL DIMINSIONS			DIMINSIONS AXIAL		Plantilla de perforación			Mirando y junta se atenúa	Empaquetadura COMPOSICIÓN DE AMIANTO DIMINSIONS	Aprox. Peso por LB de brida.
	Diám. de la brida	El diámetro grande del cubo	Diámetro pequeño del cubo	El espesor de la brida	Longitud total	El número de agujeros de pernos	Diámetro de los orificios del perno	Diámetro del círculo de pernos	Diámetro de cara elevada		
26"	32 3/4"	27 7/8"	27"	2 1/2"	5"	28	1 1/8"	30 5/8"	29 1/2"	28 1/2" X 29 1/2"	244.0
28"	34 3/4"	29 7/8"	29"	2 1/2"	5"	28	1 1/8"	32 5/8"	31 1/2"	30 1/2" X 31 1/2"	262.0
30"	37"	32 1/8"	31"	2 5/8"	5 1/4"	32	1 1/8"	34 7/8"	33 3/4"	32 1/2" X 33 3/4"	307.0
32"	39"	34 1/8"	33"	2 3/4"	5 1/2"	36	1 1/8"	36 7/8"	35 3/4"	34 1/2" X 35 3/4"	338.0
34"	41"	36 1/8"	35"	2 7/8"	5 3/4"	40	1 1/8"	38 7/8"	37 3/4"	36 1/2" X 37 3/4"	373.0
36"	43 3/4"	38 1/2"	37 1/4"	3 1/8"	6 1/8"	40	1 1/4"	41 1/2"	40 1/4"	38 3/4" X 40 1/4"	479.0
38"	45 3/4"	40 1/2"	39 1/4"	3 1/8"	6 1/8"	40	1 1/4"	43 1/2"	42 1/4"	40 3/4" X 42 1/4"	506.0
40"	47 3/4"	42 1/2"	41 1/4"	3 1/4"	6 1/4"	44	1 1/4"	45 1/2"	44 1/4"	42 1/2" X 44 1/4"	545.0
42"	50"	44 3/4"	43 1/2"	3 1/2"	6 1/2"	48	1 1/4"	47 3/4"	46 1/2"	44 1/2" X 46 1/2"	637.0
44"	52 3/4"	46 3/4"	45 1/2"	3 3/4"	6 3/4"	44	1 3/8"	50 1/4"	48 7/8"	46 7/8" X 48 7/8"	764.0
46"	54 3/4"	48 3/4"	47 1/2"	4 1/4"	7 1/4"	48	1 3/8"	52 1/4"	50 7/8"	48 7/8" X 50 7/8"	884.0
48"	56 3/4"	50 3/4"	49 1/2"	4 1/4"	7 1/4"	48	1 3/8"	54 1/4"	52 7/8"	50 7/8" X 52 7/8"	920.0

La vasija de presión bridas ciegas clase 175 y 350

ASTM A181 - GR 2

NOM EL TAMAÑO DEL TUBO	Clase 175 bridas ciegas de la vasija de presión						Clase 350 bridas ciegas de la vasija de presión					
	Suelde el cuello para que coincida con el D.E. Y la perforación de las bridas en la página 108		Patinaje - PARA IGUALAR O.D. Y la perforación de las bridas en la página 106 y 107 — I.D. NOMINAL		Diámetro nominal		Suelde el cuello para que coincida con el D.E. Y la perforación de las bridas en la página 111		Patinaje - PARA IGUALAR O.D. Y perforación de bridas en la página 109 y 110 — I.D. NOMINAL		Diámetro nominal	
	El espesor de la brida	Peso aproximado por la brida LBS.	Espesor	Peso aproximado por la brida LBS.	Espesor	Peso aproximado LBS.	El espesor de la brida	Peso aproximado por la brida LBS.	Espesor	Peso aproximado por la brida LBS.	Espesor	Peso aproximado LBS.
26"	1 13/16"	410.0	1 13/16"	425.0	1 7/8"	407.0	2 1/2"	600,0	2 1/2"	610.0	2 3/4"	636.0
28"	1 7/8"	480.0	1 15/16"	510.0	2"	492.0	2 5/8"	705.0	2 5/8"	735.0	2 7/8"	752.0
30"	2"	580.0	2 1/8"	640.0	2 1/8"	596.0	2 7/8"	835.0	2 7/8"	870.0	3"	892.0
32"	2 1/8"	690.0	2 1/4"	755.0	2 1/4"	705.0	3"	1010.0	3"	1050.0	3 1/4"	1091.0
34"	2 1/4"	825.0	2 3/8"	900.0	2 3/8"	844.0	3 1/8"	1185.0	3 1/8"	1260.0	3 3/8"	1230.0
36"	2 3/8"	955.0	2 1/2"	1045.0	2 1/2"	981.0	3 3/8"	1425.0	3 3/8"	1490.0	3 5/8"	1500.0
38"	2 1/2"	1100.0	2 5/8"	1210.0	2 5/8"	1130.0	3 1/2"	1620.0	3 1/2"	1690.0	3 3/4"	1702.0
40"	2 5/8"	1260.0	2 3/4"	1375.0	2 3/4"	1294.0	3 11/16"	1855.0	3 11/16"	1935.0	4"	1981.0
42"	2 3/4"	1515.0	2 7/8"	1600.0	2 7/8"	1514.0	3 7/8"	2135.0	3 7/8"	2250.0	4 1/8"	2237.0
44"	2 7/8"	1680.0	3"	1765.0	3"	1714.0	4"	2490.0	4"	2600.0	4 3/8"	2639.0
46"	3"	1890.0	3 1/8"	2045.0	3 1/8"	1931.0	4 1/4"	2800.0	4 1/4"	2935.0	4 3/4"	3082.0
48"	3 1/8"	2115.0	3 1/4"	2285.0	3 3/8"	2244.0	4 3/8"	3100.0	4 3/8"	3275.0	4 3/4"	3318.0
50"	3 1/4"	2370.0	3 3/8"	2565.0	3 3/8"	2412.0						
52"	3 3/8"	2675.0	3 1/2"	2890.0	3 5/8"	2815.0						
54"	3 1/2"	2960.0	3 5/8"	3220.0	3 5/8"	3011.0						
60"	3 7/8"	3950.0	4"	4260.0	4"	4050.0						
66"	4 1/4"	5135.0	4 3/8"	5495.0	4 3/8"	5250.0						
72"	4 1/2"	6515.0	4 5/8"	6770.0	4 3/4"	6730.0						

Suelde el cuello Forjas de anclaje

NOM EL TAMAÑO DEL TUBO	Diámetro de orificio	PRE- diámetro del buje cónico	Para 40°F Cambio de temperatura				Para 90°F Cambio de temperatura			
			El diámetro exterior de la brida	El espesor de la brida	Longitud THRU HUB	El diámetro del cubo en la base	El diámetro exterior de la brida	El espesor de la brida	Longitud THRU HUB	El diámetro del cubo en la base
6"		6 3/4"	9 1/2"	5/8"	2 7/8"	7"	11 1/4"	1 1/8"	3 5/8"	6 7/8"
8"		8 3/4"	12 1/8"	3/4"	3"	9"	14 5/8"	1 3/8"	3 7/8"	9"
10"		11"	14 7/8"	7/8"	3 1/8"	11 1/8"	17 1/8"	1 1/2"	4"	11 1/8"
12"		13"	17 3/4"	1"	3 1/2"	13 1/4"	19 1/4"	1 5/8"	4 1/4"	13 1/4"
14"		14 1/4"	19 5/8"	1 1/8"	3 3/4"	14 1/2"	20 1/2"	1 3/4"	4 1/2"	14 1/2"
16"		16 1/4"	22 3/8"	1 5/16"	4 3/16"	16 5/8"	22 1/2"	1 13/16"	5"	16 5/8"
18"		18 1/4"	24 5/8"	1 3/8"	4 5/8"	18 5/8"	24 5/8"	1 15/16"	5 1/2"	18 5/8"
20"		20 5/16"	26 5/8"	1 1/2"	4 7/8"	20 5/8"	26 3/4"	2"	6"	20 3/4"
22"		22 5/16"	28 5/8"	1 5/8"	5 1/8"	22 5/8"	28 3/4"	2 1/8"	6 1/4"	22 3/4"
24"		24 3/8"	30 5/8"	1 11/16"	5 7/16"	24 5/8"	31"	2 1/4"	6 3/4"	24 7/8"
26"		26 3/8"	32 3/4"	1 3/4"	5 7/8"	26 3/4"	32 7/8"	2 5/16"	7 1/8"	26 7/8"
28"		28 3/8"	34 7/8"	1 13/16"	6 3/16"	28 7/8"	35"	2 3/8"	7 1/2"	29"
30"		30 7/16"	36 7/8"	1 15/16"	6 9/16"	30 7/8"	37"	2 1/2"	8"	31"
32"		32 7/16"	38 7/8"	2"	6 3/4"	32 7/8"	39"	2 5/8"	8 3/8"	33"
34"		34 1/2"	41"	2 1/16"	7 3/16"	35"	41"	2 3/4"	8 3/4"	35"
36"		36 1/2"	43"	2 1/8"	8"	37"	43"	2 7/8"	9 5/8"	37"

El cliente debe especificar el D.I. El tubo de inserción o los siguientes: tipo de construcción, el rendimiento mínimo del tubo de inserción, la presión interna (PSI), y el cambio de temperatura máxima entre la instalación y el funcionamiento.

113

Presión - temperatura de tarado PARA AMERICAN STANDARD bridas de los tubos de acero al carbono

Clase de presión	150#	300#	400#	600#	900#	1500#	2500#
Presión de prueba	425	1100	1450	2175	3250	5400	9000
Temperatura de servicio							
-20 a 100	275	720	960	1440	2160	3600	6000
150	255	710	945	1420	2130	3550	5915
200	240	700	930	1400	2100	3500	5830
250	225	690	920	1380	2070	3450	5750
300	210	680	910	1365	2050	3415	5690
350	195	675	900	1350	2025	3375	5625
400	180	665	890	1330	2000	3330	5550
450	165	650	870	1305	1955	3255	5430
500	150	625	835	1250	1875	3125	5210
550	140	590	790	1180	1775	2955	4925
600	130	555	740	1110	1660	2770	4620
650	120	515	690	1030	1550	2580	4300
700	110	470	635	940	1410	2350	3920
750	100	425	575	850	1275	2125	3550
800	92	365	490	730	1100	1830	3050
850 875 900	82 75 70	300 260 225	400 350 295	600 525 445	900 785 670	1500 1305 1115	2500 2180 1855
925	60	190	250	375	565	945	1570
950	55	155	205	310	465	770	1285
975	50	120	160	240	360	600	1000
1000	40	85	115	170	255	430	715

Los límites de temperatura

Las bajas temperaturas

GRAPHITIZATION

Calderas eléctricas

Tuberías de alimentación

Tubo, montaje de brida y especificaciones de materiales

Los aceros de aleación baja e intermedia

MATERIAL	Número	Grado	Formulario	Por Ciento de carbono	El manganeso%	SILICON%	Cromo%	Niquel%	MOLY%	Otros	Mínimo U.T.S. PSI	Rendimiento mínimo PSI
MOLY DE CARBONO	Un 182	F 1	Las bridas	.20/.30	.60/.90	.20/.35			.40/.60	Un	70.000	40.000
MOLY DE CARBONO	Un 335	P 1	El tubo	.10/.20	.30/.80	.10/.50			.44/0.65	B	55.000	30.000
MOLY DE CARBONO	Un 234	WP 1	Accesorios	Cubiertas fabricadas racores - para aplicar otras especificaciones químicas								
CR 1/2 1/2 MOLY	A335	P 2	El tubo	.10/.20	.30/.61	.10/.30	.50/.81		.44/0.65	B	55.000	30.000
1 CR MOLY 1/2	Un 234 A335	WP 12 P 12	Tubo racores	0.15 máx.	.30/.61	0.50 MAX	.80/1.25		.44/0.65	B	60.000	30.000
1 CR MOLY 1/2	A182	F 12	Las bridas	.10/.20	.30/.80	.10/.60	.85/1.20		.44/0.65	Un	70.000	40.000
CR 1 1/4 1/2 MOLY	A234 A335	WP 11 P 11	Tubo racores	0.15 máx.	.30/.60	.50/1.00	1.0/1.5		.44/0.65	C	60.000	30.000
CR 1 1/4 1/2 MOLY	Un 182	F 11	Las bridas	.10/.20	.30/.80	.50/1.00	1.0/1.5		.44/0.65	Un	70.000	40.000
2 1/4 CR 1 MOLY	Un 234 A335	WP 22 P 22	Tubo racores	0.15 máx.	.30/.60	0.50 MAX	1.90/2.60		.87/1.13	C	60.000	30.000
2 1/4 CR 1 MOLY	Un 182	F 22	Las bridas	0.15 máx.	.30/.60	0.50 MAX	2.00/2.50		.90/1.10	Un	70.000	40.000
3 CR 1 MOLY	A335	P 21	El tubo	0.15 máx.	.30/.60	0.50 MAX	2.65/3.35		.80/1.06	C	60.000	30.000
5 CR MOLY 1/2	Un 234 A335	WP 5 P 5	Tubo racores	0.15 máx.	.30/.60	0.50 MAX	4.00/6.00		.45/0.65	C	60.000	30.000
5 CR MOLY 1/2	Un 182	F 5	Las bridas	0.15 máx.	.30/.60	0.50 MAX	4.00/6.00	0.50 MAX	.45/0.65	C	60.000	30.000
7 CR MOLY 1/2	Un 335	P 7	El tubo	0.15 máx.	.30/.60	.50/1.00	6.00/8.00		.45/0.65	C	60.000	30.000
7 CR MOLY 1/2	Un 182	F 7	Las bridas	0.15 máx.	.30/.60	.50/1.00	6.00/8.00		.45/0.65	C	60.000	36.000
9 CR 1 MOLY	Un 335	P 9	El tubo	0.15 máx.	.30/.60	.25/1.00	8.00/10.00		.90/1.10	C	60.000	30.000
9 CR 1 MOLY	Un 182	F 9	Las bridas	0.15 máx.	.30/.60	.50/1.00	8.00/10.00		.90/1.10	C	100.000	70.000
Niquel 3 1/2	Un 420 A333	WPL 3 3	Tubo racores	.19 MAX	.31/.64	.18/.37		3.18/3.82		D	65.000	35.000
Niquel 3 1/2	Un 350	LF 3	Las bridas	.20 MAX	.30/.60	.15/.35		3.25/3.75		Un	70.000	40.000
5 Niquel	Un 420 A333	WPL 5 5	Tubo racores	.19 MAX	.20/.64	.18/.37		4.68/5.32		D	65.000	35.000
CR CU NI	Un 420 A333	WPL 4 4	Tubo racores	.12 MAX	.50/1.05	.08/.37	.44/1.01	.47/0.98		A, E	60.000	30.000
CR CU NI	A350	LF 4	Las bridas	.12 MAX	.55/1.00	.10/.35	.50/.95	.50/.95		A, E	60.000	30.000

A. 0.040% de fósforo, azufre máximo 0,040% máximo

B. .045 por ciento de fósforo, azufre máximo .045 por ciento máximo

C. 0.030% de fósforo, azufre máximo 0.030% máximo

D. 0.050% de fósforo, azufre máximo 0,050% máximo

E. Aluminio .04 al .30, cobre .40 al .75.

Tubo, montaje de brida y especificaciones de materiales

Aceros inoxidables

MATERIAL	Número	Grado	Formulario	MAXIMUM CARBON%	El manganeso%	SILICON %	Cromo%	Níquel%	MOLY%	Otros	Mínimo U.T.S. PSI	Rendimiento mínimo PSI
18-8 CRNI tipo 304	Un 182	F 304	Las bridas	.08	2.0 MAX	1.00 MAX	18.0/20.0	8.0/11.0		F	75.000	30.000
	312	TP 304	El tubo	.08	2.0 MAX	.75 MAX	18.0/20.0	8.0/11.0		F	75.000	30.000
	Un 403	WP 304	Accesorios	Cubiertas fabricadas racores - para aplicar otras especificaciones químicas								
18-8 CRNI tipo 304L	Un 403 A312	WP TP 304L 304L	Tubo racores	±0.035	2.0 MAX	.75 MAX	18.0/20.0	8.0/13.0		F	70.000	25.000
	Un 182	F 304L	Las bridas	±0.035	2.0 MAX	1.00 MAX	18.0/20.0	8.0/13.0		F	65.000	25.000
25-R CR NI tipo 309	Un 403 A312	WP 309 TP 309	Tubo racores	.15	2.0 MAX	.75 MAX	22.0/24.0	12.0/15.0		F	75.000	30.000
25-20 CRNI tipo 310	Un 403 A312	WP 310 TP 310	Tubo racores	.15	2.0 MAX	.75 MAX	24.0/26.0	19.0/22.0		F	75.000	30.000
	Un 182	F 310	Las bridas	.15	2.0 MAX	1.00 MAX	24.0/26.0	19.0/22.0		F	75.000	30.000
18-8 MOLY tipo 316	Un 403 A312	WP 316 TP 316	Tubo racores	.08	2.0 MAX	.75 MAX	16.0/18.0	11.0/14.0	2.0/3.0	F	75.000	30.000
	Un 182	F 316	Las bridas	.08	2.0 MAX	1.00 MAX	16.0/18.0	10.0/14.0	2.0/3.0	F	75.000	30.000
18-8 tipo MOLY 316L	Un 403 A312	WP TP 316L 316L	Tubo racores	±0.035	2.0 MAX	.75 MAX	16.0/18.0	10.0/15.0	2.0/3.0	F	70.000	25.000
	Un 182	F 316L	Las bridas	±0.035	2.0 MAX	1.00 MAX	16.0/18.0	10.0/15.0	2.0/3.0	F	65.000	25.000
19-9 MOLY tipo 317	Un 403 A312	WP 317 TP 317	Tubo racores	.08	2.0 MAX	.75 MAX	18.0/20.0	11.0/14.0	3.0/4.0	F	75.000	30.000
18-8 TI tipo 321	Un 403 A312	WP 321 TP 321	Tubo racores	.08	2.0 MAX	.75 MAX	17.0/20.0	9.0/13.0		F, G	75.000	30.000
	Un 182	F 321	Las bridas	.08	2.5 máx.	.85 MAX	17.0 min	9.0 Min		G, H	75.000	30.000
18-8 tipo CB 347	Un 403 A312	WP 347 TP 347	Tubo racores	.08	2.0 MAX	.75 MAX	17.0/20.0	9.0/13.0		F, I	75.000	30.000
	Un 182	F 347	Las bridas	.08	2.0 MAX	1.00 MAX	17.0/20.0	9.0/13.0		C, I	75.000	30.000
18-8 tipo CB 348	Un 403 A312	WP 348 TP 348	Tubo racores	.08	2.0 MAX	.75 MAX	17.0/20.0	9.0/13.0		F, I, J	75.000	30.000
	Un 182	F 348	Las bridas	.08	2.0 MAX	1.00 MAX	17.0/20.0	9.0/13.0		C, I, J	75.000	30.000
12 tipo CR 410	A 268	TP 410	Los tubos	.15	1.0 MAX	.75 MAX	11.5/13.5	0.50 MAX		F	60.000	30.000
	Un 182	F 6	Las bridas	.12	1.0 MAX	1.00 MAX	11.5/13.5	0.50 MAX		F	85.000	55.000
17 tipo CR 430	A 268	TP 430	Los tubos	.12	1.0 MAX	.75 MAX	14.0/18.0	0.50 MAX		F	60.000	35.000

C. 0.030% de fósforo, azufre máximo 0.030% máximo

F. 0.040% de fósforo, azufre máximo 0.030% máximo

G. Contenido de titanio no deberá ser inferior a cinco veces el contenido de carbono y no más del 0.60%.

H. ±0.035% de fósforo, azufre máximo 0.030% máximo

I. Columbio PLUS contenido tántalo no será inferior a diez veces el contenido de carbono y no más del 1.00%.

J. El tantalio 0.10% máximo

Racor de tubería, Especificaciones de material y brida

Aluminio y aleaciones de aluminio.

No - Calor - tratable aleaciones de aluminio.

| Tipos de aluminio | Aleación | Formularios disponibles | Composición química% | | | | | | | | | Otros | | ASME INTENSIDADES MÍNIMAS, PSI. | | | |
| | | | Aluminio | El cobre | Plancha | Silicio | El manganeso | Magnesio | El zinc | Cromo | Titanio | Cada | TOTAL | Desoldada | | Soldado | |
														U.T.S.	Rendimiento	U.T.S.	Rendimiento
{A Puro}	1060	2, 3, 4	99.6 min	.05	.35	.25	.03	.03	.05	.....	.03	.03	.....	10,000	4,000	9,500	2,500
{A Puro}	1100	3, 4, 5	99.0 min	.20	(1,0 Total)		.05	.....	.10	.....	.....	.05	.15	12,000	5,000	11,000	3,500
Aleación de manganeso	3003	1, 2, 3, 4, 5	Resto	.20	0.7	.6	1.0/1.5	.....	.10	.....	.....	.05	.15	14,500	6,000	14,000	5,000
Las aleaciones de magnesio {B}	5052	2, 3, 4	Resto	.10	(.45 en total)		.10	2.2/2.8	.20	.15/.35	.....	.05	.15	25,000	9,500	25,000	9,500
Las aleaciones de magnesio {B}	5154	2, 3, 4	Resto	.10	(.45 en total)		.10	3.1/3.9	.20	.15/.35	.20	.05	.15	30,000	11,000	30,000	11,000

Calor - tratable aleaciones de aluminio.

Tipos de aluminio	Aleación	Formularios disponibles	Aluminio	El cobre	Plancha	Silicio	El manganeso	Magnesio	El zinc	Cromo	Titanio	Cada	TOTAL	U.T.S.	Rendimiento	U.T.S.	Rendimiento
Aleaciones de silicio magnesio {C}	6061	1, 2, 3, 4, 5	Resto	.15/.40	0.7	.40/.8	.15	.8/1.2	.25	.15/.35	.....	.05	.15	38,000	35,000	24,000	.....
Aleaciones de silicio magnesio {C}	6062	1, 2, 4	Resto	.15/.40	0.7	.40/.8	.15	.8/1.2	.25	.04/.14	.15	.05	.15	.....	.....	.....	.....
Aleaciones de silicio magnesio {C}	6063	1, 2, 4	Resto	.10	.35	.20/.6	.10	.45/0.9	.10	.10	.10	.05	.15	30,000	25,000	17,000	.....

{A} - aleaciones 1160, 1260 y 1360 también están disponibles
{B} - aleaciones 5652 y 5254 están también disponibles
{C} - aleaciones 6053 y 6363 están también disponibles

117

Tubo, MONTAJE Y ESPECIFICACIONES DEL MATERIAL DE LA BRIDA

El níquel y las aleaciones de níquel

| MATERIAL | Las especificaciones ASTM 1 | | MAX CARBON% | MAX MAGANESE% | Silicio MAX% | Química 2 | | | | | | ASTM* especificado | |
	Número	Formulario				Níquel%	Cromo%	Por Ciento de cobre	Por Ciento de hierro	MOLY%	Otros%	Mínimo U.T.S. PSI	Rendimiento mínimo PSI
Níquel	B160 B161 B162	Barras, varillas / El tubo / Placa	.15	.35	.35	99.0 min		MAX .25	0.40 MAX		S .01 MAX	55,000	15,000
Níquel bajo C	B160 B161 B162	Barras, varillas / El tubo / Placa	.02		.35	99.0 min		MAX .25	0.40 MAX		S .01 MAX	50,000	12,000
MONEL	B127 B164 B165	Barras, varillas / El tubo / Placa	.30	1.25 (placa) 2.00	0.50	63.0 / 70.0		Resto	2.50 MAX		A1 0.50 MAX S .024 MAX	70,000	28,000
INCONEL		Barras, varillas / El tubo / Placa	.15	1.00	0.50	72.0 min	14.0 / 17.0	0.50 MAX	6.0 / 10.0		S .015 MAX	80,000	30,000
INCOLOY			.10	1.50	1.00	30.0 / 34.0	19.0 / 22.0	0.50 MAX	Resto		S .03 MAX	(75,000)	(30,000)
INCONEL X			.08	0.30 / 1.00	0.50	70.0 min	14.0 16.0	.20 MAX	5.0 / 9.0		Ti 2.25 / 2.75 Cb + Ta 0.7 / 1.2 A1 0.4 / 1.0 S .01 MAX	(160,000)	(100,000)
HASTELLOY B forjado.	B335 B333	Bielas / Placa	.05	1.00	1.00	Resto	1.0 MAX		4.0 / 6.0	26.0 / 30.0	Co 2.5 máx. V 0.2 / 0.4 P 0,025 MAX S .03 MAX	100,000	45,000
HASTELLOY C forjado.	B336 B334	Placa de bielas,	.08	1.00	1.00	Resto	14.5 / 16.5		4.0 / 7.0	15.0 / 17.0	W 3.0 / 4.5 Co 2.5 máx. V 0.35 MAX P .04 MAX S .03 MAX	100,000	45,000
HASTELLOY F forjado.			.05	1.00 / 2.00	1.00	Resto	21.0 / 23.0		13.5 / 17.0	5.5 / 7.5	1,00 W máx. Co 2.5 máx. Cb + Ta 1.75 / 2.50 P .04 MAX S .03 MAX		

* Los valores de la tabla UNF-23 de la sección V111 DEL CÓDIGO ASME boiler and PRESSUREVESSEL,
La edición de 1959, para el recocido. Los valores mostrados entre paréntesis son desde el
Fabricación en aleación de datos publicados.

1. Para especificaciones de materiales para uso de empernado con bridas de materiales anteriores,
Consulte las especificaciones de la norma ASTM B160, B164 y B166.

2. Donde los valores máximos son utilizados, el contenido mínimo se determina por la fuerza
Requisitos. Determinaciones de química son por análisis de comprobación.

Símbolos de marcado para butt-soldar racores son conformes a MSS SP-25:

Níquel - WPH
Níquel bajo C - WPNL
MONEL - WPHC
- WPHCY INCOLOY

INCONEL X - WPHCX
HASTELLOY B - WPHB
HASTELLOY C - WPHC
F - WPHF HASTELLOY

118

Tubo, MONTAJE Y ESPECIFICACIONES DEL MATERIAL DE LA BRIDA

Cobre y aleaciones de cobre

MATERIAL	Las especificaciones ASTM 1			Química								ASME ESPECIFICADO*	
	Número	Grado	Formulario	Por Ciento de cobre	TIN%	El zinc%	Niquel%	SILICON%	Por Ciento de hierro	Cable máx.	Otros%	Mínimo U.T.S. PSI	Rendimiento mínimo PSI
ADMIRALTY	B111	A, B, C, D.	Los tubos	70.0 / 73.0	.90 / 1.20	Resto			.06 máx.	.07	Como .02 / .10 b) SB .02 / .10 (C) P .02 / .10 (D)	45,000	15,000
El Latón rojo	B36	3	Placa	84.0 / 86.0		Resto			.05 MAX	.05		40,000	12,000
	B43		El tubo							.06			
Cobre DEOXIDIZED	B42		El tubo	99.9 min							P .04 MAX	30,000	9,000
Cobre niquelado 70/30	B111	70 / 30 Cu ni	Los tubos	65.0 min		1.0 MAX	29.0 / 33.0		0.40 / 0.70	.05	Mn 1.0 máx.	52,000	18,000
	B122	5 Aleación	Placa						0.70 MAX				
Cobre niquelado 90/10	B111	90 / 10 Cu ni	Los tubos	86.5 min		1.0 MAX	9.0 / 11.0		0.5 / 2.0	.05	Mn 1.0 máx.	40,000	15,000
Bronce silicio	B96 B124	Una aleación 7	Forjas de placa	94.8 min		1.5 máx.	.6	2.8 / 3.5	1.6 máx.	.05	Mn 1.5 máx.	50,000	18,000
	B97	B	Placa	96.0 min				0.8 / 2.0	.8 MAX	.05	Mn 0.7 MAX		
Bronce de aluminio	B169	D	Placa	88.0 / 92.5					1.5 / 3.5		A1 6.0 / 8.0	70,000	30,000

* Los valores de la tabla son-23 UNF DE LA SECCIÓN V111 de la ASME boiler and Pressure Código de buque, 1959 Edition, para el recocido.

1. Para especificaciones sobre el uso MATERIALSFOR Empernado con bridas de arriba Los materiales, consulte las especificaciones de ASTM B12 y B98.

Símbolos de marcado para butt-soldar racores son conformes a MSS SP-25

El Latón rojo - WPRB
Cobre - DEOXIDIZED WPCU
Cobre - Niquel WPCN

SILICON BRONCE - WPSB
Aluminio - BRONCE WPALB

Presiones de trabajo admisible para acero inoxidable tipo 304

Programa 5S

Presión de trabajo permitida, PSI

Tamaño TEMP.	Menos de 325 a 100	200	300	400	500	600	650	700	750	800	850	900	950	1000	1050	1100	1150	1200	1250	1300	1350	1400	1450	1500
El estrés	18750	16650	15000	13650	12500	11600	11200	10800	10400	10000	9700	9400	9100	8800	8500	7500	5750	4500	3250	2450	1800	1400	1000	750
1/2"	2150	1910	1720	1570	1440	1340	1290	1240	1190	1150	1110	1070	1050	1010	980	880	690	540	389	284	217	165	120	90
3/4"	1700	1510	1360	1240	1140	1060	1020	980	940	910	880	850	830	800	770	690	540	422	305	223	170	129	94	70
1"	1350	1200	1080	980	900	840	810	780	750	720	700	670	660	640	610	550	424	332	239	175	134	101	74	55
1 1/4"	1060	940	850	770	710	660	640	610	590	570	550	530	520	497	479	426	331	259	187	137	104	79	58	43
1 1/2"	920	820	740	670	620	580	560	540	510	490	475	457	447	432	417	370	288	225	163	119	91	69	50	38
2"	740	650	590	540	488	454	439	422	405	390	378	364	356	344	332	295	228	179	129	94	72	55	40	30
2 1/2"	780	690	620	570	520	480	464	446	428	413	400	384	377	364	351	311	241	189	136	100	76	58	42	31
3"	640	570	510	460	422	392	380	365	350	338	327	314	308	298	287	254	196	154	111	81	62	47	34	26
3 1/2"	560	489	442	401	368	342	331	318	305	294	285	274	269	259	250	222	172	134	97	71	54	41	30	22
4"	491	435	392	356	327	304	294	283	271	262	253	244	239	231	222	197	152	119	86	63	48	36	26	20
5"	530	463	418	379	348	324	313	301	289	278	270	259	254	245	237	209	161	126	91	67	51	39	28	21
6"	437	387	349	317	291	271	262	252	242	233	226	217	212	205	198	175	135	106	76	56	43	32	24	18
8"	335	297	268	243	223	207	201	193	185	178	173	166	163	157	152	134	104	81	59	43	33	25	18	14
10"	330	293	264	240	220	205	198	190	183	176	171	164	161	155	150	133	102	80	58	42	32	24	18	13
12"	324	287	259	235	216	201	194	187	179	173	167	161	158	152	147	130	100	78	56	41	31	24	17	13

1. Estas presiones de trabajo admisible SE APLICAN TAMBIÉN PARA ESCRIBIR 304H. El
Presiones de trabajo admisible se calcula con la siguiente
La fórmula que aparece en el código de tubería de presión, ASA B31.3 - 1959 PAR 304.1.2:

$$P = \frac{2ste}{2DA - Yt}$$

Donde
P = presión de diseño interior, PSIG
S = Aplicable El esfuerzo admisible, PSI
Da = DIÁMETRO EXTERIOR EN PULGADAS
E = factor de soldadura longitudinal = 1.0
T = tm - C = Espesor en pulgadas de diseño
Tm = Espesor mínimo requerido, satisfacer las necesidades de
Presión y mecánica, corrosión y erosión prestaciones;
12 1/2% inferior al espesor nominal INDICADO EN LA TABLA DE
Los tamaños de la cañería en la página 6 a la página 9 de este libro.

C = mecánica, corrosión y erosión SUBSIDIO EN PULGADAS - cero arriba
Los cálculos
Y = un coeficiente tiene los siguientes valores para el acero austenítico:

.4 hasta e incluyendo 1050F
.5 Para 1100F
0.7 Para 1150F y superior

Las presiones de trabajo admisible para el programa 5S y 10S se basan en
El 80% de la "S" los valores enumerados en la tabla anterior para tubería sin costura y
Los RACORES SEGÚN LO ESTABLECIDO EN LAS TABLAS 302.3.1a y 1B por la norma
ASTM A312 y A403,
Tuberías de la refinería de petróleo, ASA B31.3-1959 código para tuberías de presión.

(Estas notas también se aplican a las listas de 40S y 80S)

120

Presiones de trabajo admisible para acero inoxidable tipo 304

Programar 10S

Presión de trabajo permitida, PSI

Tamaño TEMP.	Menos de 325 a 100	200	300	400	500	600	650	700	750	800	850	900	950	1000	1050	1100	1150	1200	1250	1300	1350	1400	1450	1500
El estrés	18750	16650	15000	13650	12500	11600	11200	10800	10400	10000	9700	9400	9100	8800	8500	7500	5750	4500	3250	2450	1800	1400	1000	750
1/2"	2790	2480	2230	2030	1860	1730	1680	1610	1550	1490	1440	1390	1360	1310	1270	1140	910	710	520	374	285	216	157	118
3/4"	2200	1950	1760	1600	1470	1370	1320	1270	1220	1180	1140	1100	1070	1040	1000	900	710	560	398	291	222	169	123	92
1"	2310	2050	1850	1680	1540	1440	1390	1340	1280	1240	1200	1150	1130	1090	1050	940	750	590	420	307	234	178	129	97
1 1/4"	1810	1610	1450	1320	1210	1120	1090	1050	1000	970	940	900	880	850	820	740	580	450	325	238	181	138	100	75
1 1/2"	1570	1400	1260	1150	1050	980	950	910	870	840	820	780	770	740	720	640	497	389	281	205	157	119	86	65
2"	1250	1110	1000	910	830	780	750	720	690	670	650	620	610	590	570	510	391	306	221	162	123	94	68	51
2 1/2"	1130	1010	910	820	760	700	680	660	630	610	590	570	550	540	520	455	354	277	200	146	112	85	62	46
3"	930	820	740	680	620	580	560	540	520	492	477	458	449	434	418	371	288	225	163	119	91	69	50	38
3 1/2"	810	720	650	590	540	498	482	464	445	429	415	399	391	378	364	323	251	196	142	104	79	60	44	33
4"	720	640	580	520	476	443	428	412	395	381	369	355	347	336	324	287	222	174	125	92	70	53	39	29
5"	650	580	520	468	429	399	386	371	356	343	332	320	313	302	292	259	200	156	113	82	63	48	35	26
6"	540	477	431	391	359	334	323	311	298	287	278	267	262	253	244	216	167	131	94	69	53	40	29	22
8"	456	404	365	331	304	283	274	263	252	243	236	226	222	214	207	183	141	111	80	58	45	34	25	18
10"	408	362	326	296	272	253	245	235	226	218	211	203	199	192	185	163	126	99	71	52	40	30	22	16
12"	375	333	300	273	250	233	225	216	208	200	194	186	183	176	170	150	115	90	65	48	36	28	20	15

1. Estas presiones de trabajo admisible SE APLICAN TAMBIÉN PARA ESCRIBIR 304H. El
Presiones de trabajo admisible se calcula con la siguiente
La fórmula que aparece en el código de tubería de presión, ASA B31.3 - 1959 PAR 304.1.2:

$$P = \frac{2ste}{2DA - Yt}$$

Donde
P = presión de diseño interior, PSIG
S = Aplicable El esfuerzo admisible, PSI
Da = DIÁMETRO EXTERIOR EN PULGADAS
E = factor de soldadura longitudinal = 1.0
T = tm - C = Espesor en pulgadas de diseño
Tm = Espesor mínimo requerido, satisfacer las necesidades de
Presión y mecánica, corrosión y erosión prestaciones;
12 1/2% inferior al espesor nominal INDICADO EN LA TABLA DE
Los tamaños de la cañería en la página 6 a la página 9 de este libro.

C = mecánica, corrosión y erosión SUBSIDIO EN PULGADAS - cero arriba
Los cálculos
Y = un coeficiente tiene los siguientes valores para el acero austenítico:

.4 hasta e incluyendo 1050F
.5 Para 1100F
0.7 Para 1150F y superior

Las presiones de trabajo admisible para el programa 5S y 10S se basan en
El 80% de la "S" los valores enumerados en la tabla anterior para tubería sin costura y
Los RACORES SEGÚN LO ESTABLECIDO EN LAS TABLAS 302.3.1a y 1B por la norma
ASTM A312 y A403,
Tuberías de la refinería de petróleo, ASA B31.3-1959 código para tuberías de presión.

(Estas notas también se aplican a las listas de 40S y 80S)

121

Presiones de trabajo admisible para acero inoxidable tipo 304

Horario 40S

Tamaño TEMP.	Menos de 325 a 100	200	300	400	500	600	650	700	750	800	850	900	950	1000	1050	1100	1150	1200	1250	1300	1350	1400	1450	1500
El estrés	18750	16650	15000	13650	12500	11600	11200	10800	10400	10000	9700	9400	9100	8800	8500	7500	5750	4500	3250	2450	1800	1400	1000	750
1/2"	4690	4160	3750	3410	3130	2900	2800	2700	2600	2500	2430	2350	2280	2200	2130	1930	1560	1220	880	670	486	378	270	203
3/4"	3820	3400	3060	2780	2550	2370	2290	2200	2120	2040	1980	1920	1860	1800	1740	1560	1250	980	710	540	390	304	217	163
1"	3580	3180	2860	2600	2390	2210	2140	2060	1990	1910	1850	1800	1740	1680	1620	1460	1170	910	660	495	364	283	202	152
1 1/4"	2950	2620	2360	2150	1970	1820	1760	1700	1640	1570	1530	1480	1430	1380	1340	1200	950	750	540	403	296	230	165	123
1 1/2"	2650	2350	2120	1930	1770	1640	1580	1530	1470	1420	1370	1330	1290	1250	1200	1080	850	670	479	361	265	206	147	110
2"	2230	1980	1790	1630	1490	1380	1340	1290	1240	1200	1160	1120	1090	1050	1010	910	710	560	401	302	222	173	123	92
2 1/2"	2440	2170	1950	1780	1630	1510	1460	1410	1360	1300	1270	1230	1190	1150	1110	990	780	610	440	331	243	189	135	101
3"	2120	1880	1700	1550	1420	1310	1270	1220	1180	1130	1100	1070	1030	1000	960	860	680	530	380	286	210	164	117	88
3 1/2"	1930	1720	1550	1410	1290	1200	1160	1120	1080	1030	1000	970	940	910	880	780	620	478	345	260	191	149	106	80
4"	1800	1600	1440	1310	1200	1110	1080	1040	1000	960	930	900	880	850	820	730	570	443	320	241	177	138	99	74
5"	1580	1400	1260	1150	1050	980	940	910	880	840	820	790	770	740	720	640	495	387	280	211	155	120	86	65
6"	1430	1270	1150	1040	960	890	860	830	800	770	740	720	700	680	650	580	449	351	254	191	140	109	78	59
8"	1260	1120	1010	920	840	780	760	730	700	680	660	640	610	590	570	510	394	308	223	168	123	96	68	51
10"	1150	1020	920	840	770	710	690	660	640	610	590	580	560	540	520	459	356	279	201	152	112	87	62	46
12"	990	880	790	720	660	610	590	570	550	530	510	494	478	462	447	396	307	240	174	131	96	75	53	40

Presión de trabajo permitida, PSI

1. Estas presiones de trabajo admisible SE APLICAN TAMBIÉN PARA ESCRIBIR 304H. El
Presiones de trabajo admisible se calcula con la siguiente
La fórmula que aparece en el código de tubería de presión, ASA B31.3 - 1959 PAR 304.1.2:

$$P = \frac{2ste}{2DA - Yt}$$

Donde

P = presión de diseño interior, PSIG
S = Aplicable El esfuerzo admisible, PSI
Da = DIÁMETRO EXTERIOR EN PULGADAS
E = factor de soldadura longitudinal = 1.0
T = tm - C = Espesor en pulgadas de diseño
Tm = Espesor mínimo requerido, satisfacer las necesidades de
Presión y mecánica, corrosión y erosión prestaciones;
12 1/2% inferior al espesor nominal INDICADO EN LA TABLA DE
Los tamaños de la cañería en la página 6 a la página 9 de este libro.

C = mecánica, corrosión y erosión SUBSIDIO EN PULGADAS - cero arriba
Los cálculos
Y = un coeficiente tiene los siguientes valores para el acero austenítico:

.4 hasta e incluyendo 1050F
.5 Para 1100F
0.7 Para 1150F y superior

Las presiones de trabajo admisible para el programa 5S y 10S se basan en
El 80% de la "S" los valores enumerados en la tabla anterior para tubería sin costura y
Los RACORES SEGÚN LO ESTABLECIDO EN LAS TABLAS 302.3.1a y 1B por la norma
ASTM A312 y A403,
Tuberías de la refinería de petróleo, ASA B31.3-1959 código para tuberías de presión.

(Estas notas también se aplican a las listas de 40S y 80S)

Presiones de trabajo admisible para acero inoxidable tipo 304

Programar 80S

Presión de trabajo permitida, PSI

Tamaño / TEMP.	1500	1450	1400	1350	1300	1250	1200	1150	1100	1050	1000	950	900	850	800	750	700	650	600	500	400	300	200	Menos de 325 a 100
El estrés	750	1000	1400	1800	2450	3250	4500	5750	7500	8500	8800	9100	9400	9700	10000	10400	10800	11200	11600	12500	13650	15000	16650	18750
1/2"	292	390	550	710	960	1270	1760	2250	2720	2970	3080	3180	3290	3390	3490	3630	3770	3910	4050	4370	4770	5240	5820	6550
3/4"	235	313	438	570	770	1020	1410	1800	2210	2440	2520	2610	2690	2780	2860	2980	3090	3210	3320	3580	3910	4300	4770	5370
1"	214	286	400	520	700	930	1290	1650	2030	2240	2320	2400	2480	2560	2640	2740	2850	2950	3060	3300	3600	3950	4390	4940
1 1/4"	176	234	328	422	780	770	1060	1350	1680	1870	1930	2000	2060	2130	2190	2280	2370	2460	2540	2740	2990	3290	3650	4110
1 1/2"	159	211	296	381	520	690	960	1220	1530	1690	1750	1810	1870	1930	1990	2070	2150	2230	2310	2490	2720	2990	3320	3730
2"	136	181	253	326	443	590	820	1050	1310	1460	1520	1570	1620	1670	1720	1790	1860	1930	2000	2150	2350	2580	2860	3220
2 1/2"	143	190	267	343	466	620	860	1100	1380	1540	1590	1640	1700	1750	1810	1880	1950	2020	2090	2260	2460	2710	3000	3380
3"	126	168	235	302	411	550	760	970	1220	1360	1410	1460	1500	1550	1600	1660	1730	1790	1860	2000	2180	2400	2660	3000
3 1/2"	116	154	216	277	378	510	700	890	1130	1260	1300	1350	1390	1430	1480	1540	1600	1650	1710	1850	2020	2210	2460	2770
4"	108	144	202	260	354	469	650	830	1060	1180	1220	1260	1300	1350	1390	1440	1500	1550	1610	1730	1890	2080	2310	2600
5"	96	129	180	231	315	418	580	740	940	1060	1090	1130	1170	1210	1240	1290	1340	1390	1440	1550	1690	1860	2070	2330
6"	93	124	174	223	304	403	560	720	910	1020	1060	1090	1130	1170	1200	1250	1300	1340	1390	1500	1640	1800	2000	2250
8"	82	109	153	197	268	355	491	630	810	900	940	970	1000	1030	1060	1100	1150	1190	1230	1330	1450	1590	1770	1990
10"	65	86	121	155	211	281	388	496	640	720	740	770	800	820	850	880	910	950	980	1060	1150	1270	1410	1580
12"	54	72	101	130	177	234	324	415	540	600	630	650	670	690	710	740	770	790	820	890	970	1060	1180	1330

1. Estas presiones de trabajo admisible SE APLICAN TAMBIÉN PARA ESCRIBIR 304H. El
Presiones de trabajo admisible se calcula con la siguiente
La fórmula que aparece en el código de tubería de presión, ASA B31.3 - 1959 PAR 304.1.2:

$$P = \frac{2ste}{2DA - Yt}$$

Donde
P = presión de diseño interior, PSIG
S = Aplicable El esfuerzo admisible, PSI
Da = DIÁMETRO EXTERIOR EN PULGADAS
E = factor de soldadura longitudinal = 1.0
T = tm - C = Espesor en pulgadas de diseño
Tm = Espesor mínimo requerido, satisfacer las necesidades de
Presión y mecánica, corrosión y erosión prestaciones;
12 1/2% inferior al espesor nominal INDICADO EN LA TABLA DE
Los tamaños de la cañería en la página 6 a la página 9 de este libro.

C = mecánica, corrosión y erosión SUBSIDIO EN PULGADAS - cero arriba
Los cálculos
Y = un coeficiente tiene los siguientes valores para el acero austenítico:

.4 hasta e incluyendo 1050F
.5 Para 1100F
0.7 Para 1150F y superior

Las presiones de trabajo admisible para el programa 5S y 10S se basan en
El 80% de la "S" los valores enumerados en la tabla anterior para tubería sin costura y
Los RACORES SEGÚN LO ESTABLECIDO EN LAS TABLAS 302.3.1a y 1B por la norma
ASTM A312 y A403,
Tuberías de la refinería de petróleo, ASA B31.3-1959 código para tuberías de presión.

(Estas notas también se aplican a las listas de 40S y 80S)

Presiones de trabajo admisible PARA TUBO DE ALUMINIO Y ACCESORIOS DE SOLDADURA

Aleación 3003

NOM. El TAMAÑO DEL TUBO	Presiones de trabajo admisible (PSI) PARA CUALQUIER SERVICIO*													
	Peso estándar							EXTRA FUERTE.						
TEMP.	100	150	200	250	300	350	400	100	150	200	250	300	350	400
El estrés	3350	3150	2900	2700	2400	2100	1800	3350	3150	2900	2700	2400	2100	1800
1/2"	840	790	730	680	600	530	450	1170	1100	1020	950	840	740	630
3/4"	690	650	600	550	489	428	367	960	910	830	780	690	610	520
1"	640	610	560	520	458	401	343	890	830	770	720	640	560	474
1 1/4"	530	494	455	424	377	330	283	740	690	640	600	530	460	395
1 1/2"	473	445	410	381	339	297	254	670	630	580	540	477	418	358
2"	399	375	345	322	286	250	215	580	550	498	464	413	361	310
2 1/2"	436	410	377	351	312	273	234	610	570	530	487	433	379	325
3"	379	356	328	305	271	238	204	540	510	463	431	384	336	288
3 1/2"	345	325	299	278	247	217	186	494	464	428	398	354	310	266
4"	321	302	278	259	230	201	173	464	436	402	374	332	291	249
5"	282	265	244	227	202	177	152	415	390	360	335	298	260	223
6"	256	241	221	206	183	161	138	401	377	347	323	288	252	216
8"	225	212	195	182	162	141	121	355	333	307	286	254	222	191
10"	205	192	177	165	147	128	110	282	265	244	228	202	177	152
12"	177	166	153	143	127	111	95	237	223	205	191	170	149	128
14"	161	151	139	130	115	101	87	215	202	186	174	154	135	116
16"	140	132	121	113	101	88	76	188	177	163	151	135	118	101
18"	124	117	108	100	89	78	67	167	157	144	134	120	105	90
20"	112	105	97	90	80	70	60	150	141	130	121	107	94	81
24"	93	87	81	75	67	58	50	124	117	108	100	89	78	67
30"	74	70	64	60	53	46	40	99	93	86	80	71	62	53
36"	62	58	53	50	44	39	33	82	77	71	66	59	52	44

*Estas presiones de trabajo admisible Aplicar a las tuberías de aluminio de construcción soldada. Las tensiones admisibles en fueron Obtenida de la tabla-23 UNF DE LA SECCIÓN V111 de la edición 1959 de la ASME boiler and Pressure Vessel Code y tabla 302.3.1A DE ASA B31.3 - 1959. La presión de trabajo admisible se calcula a partir del código, utilizando la fórmula S = 0,4 y C = 0. Éstas se redondearán a la unidad superior siguiente de 10 para presiones de 500 PSI Y SUPERIOR. La interpolación es permisible para Temperaturas intermedias. Estas presiones de trabajo admisible también están recomendados para aire y gases industriales Tuberías y tuberías de proceso químico.

124

Presiones de trabajo admisible PARA TUBO DE ALUMINIO Y ACCESORIOS DE SOLDADURA

Aleación 5052

Presiones de trabajo admisible (PSI) PARA CUALQUIER SERVICIO*

NOM. El TAMAÑO DEL TUBO	Peso estándar							EXTRA FUERTE.						
TEMP.	100	150	200	250	300	350	400	100	150	200	250	300	350	400
El estrés	6250	6250	6200	6000	5400	4650	3500	6250	6250	6200	6000	5400	4650	3500
1/2"	1570	1570	1550	1500	1350	1170	880	2190	2190	2170	2100	1890	1630	1230
3/4"	1280	1280	1270	1230	1100	950	720	1790	1790	1780	1720	1550	1330	1010
1"	1200	1200	1190	1150	1030	890	670	1650	1650	1640	1580	1430	1230	930
1 1/4"	980	980	980	950	850	730	550	1370	1370	1360	1320	1190	1020	770
1 1/2"	890	890	880	850	770	660	494	1250	1250	1240	1200	1080	930	700
2"	750	750	740	720	650	560	416	1080	1080	1070	1030	930	800	610
2 1/2"	820	820	810	780	710	610	455	1130	1130	1120	1090	980	840	640
3"	710	710	700	680	610	530	395	1000	1000	990	960	870	750	560
3 1/2"	650	650	640	620	560	478	360	930	930	920	890	800	690	520
4"	600	600	600	580	520	445	335	870	870	860	830	750	650	484
5"	530	530	520	510	453	390	294	780	780	770	750	670	580	433
6"	476	476	472	457	411	354	267	750	750	750	720	650	560	419
8"	419	419	416	403	362	312	235	670	670	660	640	580	492	370
10"	381	381	378	365	329	283	213	530	530	530	510	454	391	294
12"	329	329	326	316	284	245	184	441	441	438	424	381	328	247
14"	299	299	296	287	258	222	167	401	401	397	385	346	298	224
16"	261	261	259	250	225	194	146	349	349	347	335	302	260	196
18"	231	231	229	222	200	172	130	310	310	308	298	268	231	174
20"	207	207	206	199	179	154	116	278	278	276	267	240	207	156
24"	172	172	171	166	149	128	97	231	231	229	222	200	172	130
30"	138	138	137	133	119	103	77	184	184	183	177	159	137	103
36"	115	115	114	110	99	86	64	154	154	153	148	133	114	86

*Estas presiones de trabajo admisible Aplicar a las tuberías de aluminio de construcción soldada. Las tensiones admisibles en fueron Obtenida de la tabla-23 UNF DE LA SECCIÓN V111 de la edición 1959 de la ASME boiler and Pressure Vessel Code y tabla 302.3.1A DE ASA B31.3 - 1959. La presión de trabajo admisible se calcula a partir del código, utilizando la fórmula S = 0,4 y C = 0. Éstas se redondearán a la unidad superior siguiente de 10 para presiones de 500 PSI Y SUPERIOR. La interpolación es permisible para Temperaturas intermedias. Estas presiones de trabajo admisible también están recomendados para aire y gases industriales Tuberías y tuberías de proceso químico.

Presiones de trabajo admisible PARA TUBO DE ALUMINIO Y ACCESORIOS DE SOLDADURA

Aleación 1060

NOM. El TAMAÑO DEL TUBO	Presiones de trabajo admisible (PSI) PARA CUALQUIER SERVICIO*													
	Peso estándar							EXTRA FUERTE.						
TEMP.	100	150	200	250	300	350	400	100	150	200	250	300	350	400
El estrés	1650	1650	1600	1450	1250	1200	1050	1650	1650	1600	1450	1250	1200	1050
1/2"	412	412	400	362	312	300	262	580	580	560	510	436	419	366
3/4"	336	336	326	295	255	244	214	472	472	458	415	358	343	300
1"	314	314	305	276	238	229	200	434	434	421	382	329	316	276
1 1/4"	259	259	251	227	196	188	165	361	361	350	318	274	263	230
1 1/2"	233	233	226	205	176	169	148	328	328	318	288	248	238	209
2"	196	196	190	172	149	143	125	283	283	275	249	215	206	180
2 1/2"	214	214	208	188	162	156	136	297	297	288	261	225	216	189
3"	186	186	181	164	141	135	119	263	263	255	231	200	192	168
3 1/2"	170	170	165	149	129	123	108	243	243	236	214	184	177	155
4"	158	158	153	139	120	115	100	228	228	221	201	173	166	145
5"	138	138	134	122	105	101	88	204	204	198	180	155	149	130
6"	126	126	122	110	95	91	80	197	197	191	173	150	144	126
8"	111	111	107	97	84	81	70	174	174	169	153	132	127	111
10"	100	100	97	88	76	73	64	139	139	135	122	105	101	88
12"	87	87	84	76	66	63	55	116	116	113	102	88	85	74

*Estas presiones de trabajo admisible Aplicar a las tuberías de aluminio de construcción soldada. Las tensiones admisibles en fueron Obtenida de la tabla-23 UNF DE LA SECCIÓN V111 de la edición 1959 de la ASME boiler and Pressure Vessel Code y tabla 302.3.1A DE ASA B31.3 - 1959. La presión de trabajo admisible se calcula a partir del código, utilizando la fórmula S = 0,4 y C = 0. Éstas se redondearán a la unidad superior siguiente de 10 para presiones de 500 PSI Y SUPERIOR. La interpolación es permisible para Temperaturas intermedias. Estas presiones de trabajo admisible también están recomendados para aire y gases industriales Tuberías y tuberías de proceso químico.

Presiones de trabajo admisible PARA TUBO DE ALUMINIO Y ACCESORIOS DE SOLDADURA

Aleación 6061

Presiones de trabajo admisible (PSI) PARA CUALQUIER SERVICIO*

NOM. El TAMAÑO DEL TUBO	Peso estándar							EXTRA FUERTE.						
TEMP.	100	150	200	250	300	350	400	100	150	200	250	300	350	400
El estrés	6000	5900	5700	5400	5000	4200	3200	6000	5900	5700	5400	5000	4200	3200
1/2"	1500	1480	1430	1350	1250	1050	800	2100	2060	1990	1890	1750	1470	1120
3/4"	1230	1210	1170	1100	1020	860	660	1720	1690	1640	1550	1430	1210	920
1"	1150	1130	1090	1030	960	810	610	1580	1560	1510	1430	1320	1110	850
1 1/4"	950	930	900	850	790	660	510	1320	1300	1250	1190	1100	920	710
1 1/2"	850	840	810	770	710	600	452	1200	1180	1140	1080	1000	840	640
2"	720	710	680	650	600	500	381	1040	1020	980	930	860	730	550
2 1/2"	780	770	750	710	650	550	416	1090	1070	1030	980	910	760	580
3"	680	670	650	610	570	475	362	960	950	910	870	800	680	520
3 1/2"	620	610	590	560	520	433	330	890	870	840	800	740	620	472
4"	580	570	550	520	479	402	307	830	820	790	750	700	590	443
5"	510	496	479	454	420	353	269	750	740	710	670	620	520	397
6"	458	450	435	412	381	321	244	720	710	690	650	600	510	383
8"	403	396	383	363	336	282	215	640	630	610	580	530	444	339
10"	366	360	348	329	305	256	195	510	497	480	455	421	354	270
12"	316	311	300	285	263	221	169	424	417	403	382	353	297	226

*Estas presiones de trabajo admisible** Aplicar a las tuberías de aluminio de construcción soldada. Las tensiones admisibles en fueron Obtenida de la tabla-23 UNF DE LA SECCIÓN V111 de la edición 1959 de la ASME boiler and Pressure Vessel Code y tabla 302.3.1A DE ASA B31.3 - 1959. La presión de trabajo admisible se calcula a partir del código, utilizando la fórmula S = 0,4 y C = 0. Éstas se redondearán a la unidad superior siguiente de 10 para presiones de 500 PSI Y SUPERIOR. La interpolación es permisible para Temperaturas intermedias. Estas presiones de trabajo admisible también están recomendados para aire y gases industriales Tuberías y tuberías de proceso químico.

Presiones de trabajo admisible PARA TUBO DE ALUMINIO Y ACCESORIOS DE SOLDADURA

Aleación 6063

Presiones de trabajo admisible (PSI) PARA CUALQUIER SERVICIO*

NOM. El TAMAÑO DEL TUBO	Peso estándar							EXTRA FUERTE.						
TEMP.	100	150	200	250	300	350	400	100	150	200	250	300	350	400
El estrés	4250	4200	4000	3800	3600	2750	1900	4250	4200	4000	3800	3600	2750	1900
1/2"	1070	1050	1000	950	900	690	475	1490	1470	1400	1330	1260	960	670
3/4"	870	860	820	780	740	570	388	1220	1210	1150	1090	1030	790	550
1"	810	810	770	730	690	530	362	1120	1110	1060	1010	950	730	510
1 1/4"	670	660	630	600	570	432	298	940	920	880	840	790	610	417
1 1/2"	600	600	570	540	510	389	269	850	840	800	760	720	550	378
2"	510	500	476	452	429	327	226	730	730	690	660	620	473	327
2 1/2"	560	550	520	494	468	358	247	770	760	730	690	650	496	343
3"	480	475	452	430	407	311	215	680	680	640	610	580	439	304
3 1/2"	438	433	412	392	371	283	196	630	620	590	560	540	406	280
4"	407	402	383	364	345	264	182	590	590	560	530	498	381	263
5"	357	353	336	319	303	231	160	530	520	496	471	446	341	236
6"	324	321	305	290	275	210	145	510	510	479	455	431	329	228
8"	286	282	269	255	242	185	128	450	444	423	402	381	291	201
10"	259	256	244	232	220	168	116	358	354	337	320	303	232	160
12"	224	221	211	200	190	145	100	301	297	283	269	255	195	135

*Estas presiones de trabajo admisible Aplicar a las tuberías de aluminio de construcción soldada. Las tensiones admisibles en fueron

Obtenida de la tabla-23 UNF DE LA SECCIÓN V111 de la edición 1959 de la ASME boiler and Pressure Vessel Code y tabla

302.3.1A DE ASA B31.3 - 1959. La presión de trabajo admisible se calcula a partir del código, utilizando la fórmula S = 0,4 y

C = 0. Éstas se redondearán a la unidad superior siguiente de 10 para presiones de 500 PSI Y SUPERIOR. La interpolación es permisible para

Temperaturas intermedias. Estas presiones de trabajo admisible también están recomendados para aire y gases industriales

Tuberías y tuberías de proceso químico.

Presión - temperatura de tarado para bridas de acero inoxidable austenítico, válvulas y racores de brida - ASA B16.5

Presión de tarado del servicio primario	150	300						600					
La presión de prueba hidrostática de shell	425	925	1100			775	925	1875	2175			1550	1875
Tipo de acero inoxidable	304 316 347 304L* 316L* 321 310	304	316	347 & 321	310	304L*	316L*	304	316	347 & 321	310	304L*	316L*
Servicio, TEMP. ⁰ F	Máximo, no - SHOCK, clasificaciones de la presión de servicio												
Menos de 20 a 100	275	615	720	720	720	515	515	1235	1440	1440	1440	1030	1030
150	255	585	710	710	710	510	515	1165	1420	1420	1420	1020	1030
200	240	550	700	700	700	505	515	1095	1400	1400	1400	1005	1030
250	225	520	690	690	690	465	495	1040	1380	1380	1380	935	990
300	210	495	680	680	680	430	475	985	1365	1365	1365	860	955
350	195	470	675	675	675	395	435	945	1350	1350	1350	795	870
400	180	450	665	665	665	360	395	900	1330	1330	1330	725	790
450	165	430	650	650	650	340	380	860	1305	1305	1305	680	755
500	**150**	410	625	625	625	320	360	825	1250	1250	1250	640	725
550	140	395	590	590	590	310	350	795	1180	1180	1180	615	695
600	130	380	555	555	555	**300**	335	765	1110	1110	1110	**600**	670
650	120	370	515	515	515	290	325	735	1030	1030	1030	575	645
700	110	355	495	495	490	280	310	710	985	985	980	560	620
750	100	340	470	470	465	275	**300**	685	940	940	930	545	**600**
800	92	330	450	450	445	265	290	660	895	895	880	535	580
850	82	320	425	425	415		280	640	850	850	830		560
875	75	315	415	415	400			630	825	825	805		
900	70	310	400	400	390			620	805	805	780		
925	60	305	390	390	375			615	780	780	755		
950	55	305	380	380	365			610	760	760	725		
975	50	300	370	370	350			605	735	735	700		
1000	40	**300**	355	355	340			**600**	715	715	675		
1025		295	345	345	325			595	690	690	650		
1050		290	335	335	315			585	670	670	625		
1075		275	325	325	**300**			550	645	645	**600**		
1100		255	310	310	290			515	625	625	585		
1125		225	**300**	**300**	270			455	**600**	**600**	540		
1150		195	290	260	250			395	585	520	495		
1175		175	260	215	225			350	525	430	455		
1200		155	235	170	205			310	465	345	410		
1225		135	205	140	185			265	415	285	370		
1250		110	180	115	165			225	365	225	325		
1275		100	160	95	140			195	320	190	285		
1300		85	135	75	120			170	275	150	240		
1325		75	115	65	100			145	230	125	200		
1350		60	95	50	80			125	185	105	160		
1375		55	80	45	70			110	160	95	135		
1400		50	70	40	55			95	135	80	110		
1425		40	60	35	45			80	120	70	95		
1450		35	50	30	40			70	105	60	75		
1475		30	45	30	30			60	85	55	65		
1500		25	35	25	25			50	70	50	50		

Todas las presiones están en libras por pulgadas cuadradas. (GAGE). Temperaturas y presiones enumeradas son máximas temperaturas y presiones de fluido interno en la brida.

* Las temperaturas de servicio máxima son 800⁰ F Para el tipo 304L Y 850⁰ F Para el tipo 316L.

El uso de estas calificaciones requiere juntas CONFORME A LOS REQUISITOS DE LA NOTA INTRODUCTORIA 6.10 para ASA B16.5. El usuario es responsable de Selección de juntas de dimensiones y material para soportar la carga de perno requerido sin aplastamiento perjudiciales, y APTO PARA EL SERVICIO Las condiciones en todos los demás aspectos. **Negrita indican presiones sirven principal calificación.**

Temperatura de servicio. ^{0} F	Aleación de aluminio ASTM B247, 3003-0		Aleación de aluminio ASTM B247, 6061-T6^		El níquel, recocido ASTM B160		HASTELLOY B código ASME CASO 1173	
	Clase 150 Lb	300 LB CLASS	Clase 150 Lb	300 LB CLASS	Clase 150 Lb	300 LB CLASS	Clase 150 Lb	300 LB CLASS
100	40	105	275	720	120	310	350*	910*
150	40	100	270*	710	120	310	345*	900*
200	35	95	265*	700	120	310	335*	880*
250	35	95	260*	675	120	310	330*	865*
300	35	85	215*	565	120	310	320*	845*
350	30	80	155	410	120	310	315*	825*
400	25	60	100	265	120	310	305*	800*
450	-----	-----	-----	-----	120	310	295*	770*
500	-----	-----	-----	-----	120	310	285*	745*
550	-----	-----	-----	-----	120	310	280*	725*
600	-----	-----	-----	-----	120	310	275*	715*
650	-----	-----	-----	-----	-----	-----	265*	700*

Tabla encabezado: **No máxima presión de servicio - SHOCK, PSI.**

^ SLIP-ON BRIDAS DE MATERIAL 6061-T6 son clasificadas en dos tercios de los valores mostrados por el recocido

Efecto de la soldadura de aluminio 6061-T6.

Máxima presión de servicio non-shock, PSI.

Temperatura de servicio. ^{0} F	MONEL ASTM B164		INCONEL ASTM B166		Níquel de bajo carbono ASTM B160		HASTELLOY C código ASME CASO 1194	
	Clase 150 Lb	300 LB CLASS	Clase 150 Lb	300 LB CLASS	Clase 150 Lb	300 LB CLASS	Clase 150 Lb	300 LB CLASS
100	195	515	235	615	80	205	345*	900*
150	180	475	225	595	75	200	335*	875*
200	175	455	220	580	75	200	320*	845*
250	165	435	220	575	75	195	310*	815*
300	160	420	215*	560	75	195	300*	790*
350	155	410	210*	555	75	190	290*	765*
400	155	410	210*	555	75	190	285*	740*
450	155	405	210*	555	75	190	280*	725*
500	155*	405	210*	555	75	190	275*	715*
550	155*	405	210*	555	75	190	265*	695*
600	155*	405	210*	555	75	190	260*	680*
650	155*	405	210*	555*	75	190	260*	680*
700	155*	405	210*	550*	70	190	260*	680*
750	155*	405	205*	540*	70	185	260*	680*
775	155*	405	205*	535*	70	185	260*	680*
800	155*	405	205*	530*	70	180	260*	680*
825	155*	405	200*	525*	70	180	260*	680*
850	145*	375	200*	520*	70	175	260*	680*
875	120*	310	195*	510*	65	175	260*	680*
900	105*	275	190*	505*	60	155	260*	680*
925	-----	-----	170*	445*	55	135	260*	680*
950	-----	-----	140*	360	50	125	260*	680*
975	-----	-----	110*	290	45	115	260*	680*
1000	-----	-----	90*	240	40	105	260*	680*
1025	-----	-----	80*	205	35	95	-----	-----
1050	-----	-----	65*	170	30	85	-----	-----
1075	-----	-----	55*	150	30	75	-----	-----
1100	-----	-----	40*	105	25	70	-----	-----
1125	-----	-----	40*	100	25	60	-----	-----
1150	-----	-----	35*	85	20	50	-----	-----
1175	-----	-----	30*	75	15	45	-----	-----
1200	-----	-----	25*	70	15	40	-----	-----

* presión-temperatura de tarado para bridas no ferrosos forjado se estableció provisionalmente en 1960.
Adición a ASA B16.5 y se reproducen como adiciones en la edición de 1961.

El uso de estas calificaciones requiere cuidado en la selección de material de empernado de resistencia suficiente y con- juntas Formando A LOS REQUISITOS DE LA NOTA INTRODUCTORIA 6.10 DE ASA B16.5.

Para clasificaciones de presión-temperatura de presiones superiores, los siguientes factores pueden ser utilizados. Debido a Redondeo de las clasificaciones de presión básicas, el uso de estos factores se dan valores de presión que se Aproximados. (aplicable también a la página 129) para valoraciones Exactas, consulte ASA B16.5 - 1961

Factores que se multiplican por 300 lb. Calificación para obtener la calificación de clase						
La clase	300 Lb	400 lb.	600 lb.	900 Lb	1500 LB	2500 LB
Factores	1.000	1.333	2.000	3.000	5.000	8.333
ERROR MÁX.	0	6 PSI	7.5 PSI	10 PSI	15 PSI	24 PSI

Horario de máxima admisible de la presión de prueba hidrostática (PSIG)

La lista de prueba de grosor ciega

Placa del THK	Tamaño nominal de la tubería														SLIP OD DIMINSIONS CIEGA					
	2"	3"	4"	6"	8"	10"	12"	14"	16"	18"	20"	24"	30"	36"	Tamaño	150#	300#	600#	900#	1500#
1/4"	2,013	931	563	260	153	99	70	58	45	35	29	20	13	9	1 1/2"	3 1/4"	3 5/8"	3 5/8"	3 3/4"	3 3/4"
3/8"	4,528	2,094	1,267	585	345	222	158	131	100	79	64	45	29	20	2"	4"	4 1/4"	4 1/4"	5 1/2"	5 1/2"
1/2"	8,050	3,722	2,252	1,041	614	395	281	233	178	141	114	79	51	35	3"	5 1/4"	5 3/4"	5 3/4"	6 1/2"	6 3/4"
5/8"	12,579	5,816	3,519	1,626	959	617	438	364	278	220	178	124	79	55	4"	6 3/4"	7"	7 1/2"	8"	8 1/8"
3/4"		8,376	5,067	2,341	1,381	888	631	523	401	317	257	178	114	79	6"	8 5/8"	9 3/4"	10 3/8"	11 1/4"	11"
7/8"			6,896	3,187	1,879	1,208	859	713	546	431	349	242	155	108	8"	10 7/8"	12"	12 1/2"	14"	13 3/4"
1"			9,007	4,162	2,455	1,578	1,122	931	713	563	456	317	203	141	10"	13 1/4"	14 1/8"	15 5/8"	17"	17"
1 1/8"				5,268	3,107	1,998	1,420	1,178	902	713	577	401	257	178	12"	16"	16 1/2"	17 7/8"	19 1/2"	20 3/8"
1 1/4"				6,503	3,836	2,466	1,753	1,454	1,113	880	713	495	317	220	14"	17 1/2"	19"	19 1/4"	20 3/8"	22 1/2"
1 3/8"				7,869	4,641	2,984	2,121	1,759	1,347	1,064	862	599	383	266	16"	20"	21 1/8"	22 1/8"	22 1/2"	25"
1 1/2"				9,365	5,523	3,551	2,525	2,096	1,603	1,267	1,026	713	456	317	18"	21 1/2"	23 3/8"	24"	25"	27 1/2"
1 5/8"					6,482	4,168	2,963	2,457	1,881	1,487	1,204	836	535	372	20"	23 3/4"	25 5/8"	26 3/4"	27 3/8"	29 1/2"
1 3/4"					7,518	4,834	3,436	2,850	2,182	1,724	1,397	970	621	431	24"	28"	30 3/8"	31"	32 7/8"	35 1/4"
1 7/8"					8,630	5,549	3,945	3,272	2,505	1,979	1,603	1,113	713	495	30"	34 1/2"	37 1/4"	38 1/8"	39 5/8"	N/A
2"					9,819	6,313	4,488	3,722	2,850	2,252	1,824	1,267	811	563	36"	41 1/8"	43 7/8"	44 3/8"	47 1/8"	N/A

Notas:

1. Las presiones tabulados anteriores se basan en la fórmula declaró en B31.1, párr. 104.5.3 (b) UTILIZANDO LA SIGUIENTE

   A. Empaquetaduras NONASBESTOS PLANA CONFORME A ASME B16.21

   B. Grado STRUCTUAL chapa de acero carbono, ASTM A36 tiene un límite de fluencia mínimo especificado de 36.000 PSI.

2. Para la placa que está identificado con una fuerza mínima de rendimiento inferior, la presión hidrostática admisible debe ser Reducido DE CONFORMIDAD CON LAS SIGUIENTES FORMULS.

   $$PMA = \frac{YX}{Y}$$

   Donde   PMA= Presión de prueba máxima permitida.

   Y= Límite de fluencia mínimo especificado.

   YX= Límite de fluencia mínimo especificado para el material seleccionado.

3. Presiones neumáticas NO EXCEDERÁ EL 50 POR CIENTO DE LOS VALORES INDICADOS.

El tubo	Conexiones integradas	Las bridas
Los grados de acero al carbono	A234WPB	A105
	Un WPC234	A105

Los grados de temperatura baja

A333 grado 1	A420WPL-1	A350LF1
A333 grado 6	A420WPL-6	A350LF2
A333 grado 3	A420WPL-3	A350LF3

Los grados de alto rendimiento	(MSS-SP-75)	(MSS-SP-44).
(grados de canalización) AP15LX GRADOS	WPHY-42 THRU WPHY-70	F42 hasta F70 y A694 F-42 THRU F-70

Ártico GRADOS DE ALTO RENDIMIENTO

Canalización de los grados de alto rendimiento, modificado	A860 WPHY-42 THRU WPHY-70	A707L2 Y L3 Todas las clases

SOUR SERVICIO / Temp. baja

	A858	

Cromo - MOLIBDENO GRADOS

A335P-1	A234WP-1	A182F-1.
A335P-5	A234WP-5	A182F-5
A335P-9	A234WP-9	A182F-9
A335P-11	A234WP-11	A182F-11
A335P-22	A234WP-22	A182F-22

Los grados austeníticos ACEROS INOXIDABLES

A312 / A376 TP304	A403WP304	
A312 / A376 TP304-L	A403WP304-L	
A312 / A376 TP304-H	A403WP304-H	
A312 / A376 TP309	A403WP309	
A312 / A376 TP31 0	A403WP310	
A312 / A376 TP316	A403WP316	
A312 / A376 TP316-L	A403WP316-L	
A312 / A376 TP316-H	A403WP316-H	
A312 / A376 TP317	A403WP317	
A312 / A376 TP317-L	A403WP317-L	
A312 / A376 TP321	A403WP321	
A312 / A376 TP321-H	A403WP321-H	
A312 / A376 TP347	A403WP347	
A312 / A376 TP347-H	A403WP347-H	

Categorías MARTENSITIC

A268TP410.	A815WP410.	A182F-6A

/ ferrítico grado austenítico

A790	A815UNS S31803	A182F51

Aleaciones de níquel

B165 UNS N04400	B366 WPNC	
B167 UNS N06600	B366 WPNCI	
B444 UNS N06625	B366 WPNCMC	
B407 UNS N08800	B366 IC WPN	
B407 UNS N08810	(No asignado)	
B423 UNS N08825	B366 WPNICMC	

105	Forjados, ACERO AL CARBONO, de componentes de tuberías
A 106	Tubo de acero al carbono sin fisuras para servicio de alta temperatura
Un 182	Acero de aleación de acero forjado o laminado bridas de tuberías, accesorios y válvulas forjadas y piezas para servicio de alta temperatura.
Un 234	Accesorios de tuberías de acero al carbono forjado o de aleación de acero y de moderadas a elevadas temperaturas.
312	Sin costuras soldadas y tubo de acero inoxidable austenítico.
Un 333	Tubos de acero sin costura y soldados para servicio de baja temperatura.
Un 335	Tubo de acero de aleación FERRÍTICO PERFECTA PARA SERVICIO DE ALTA TEMPERATURA
Un 336	Piezas forjadas en acero, aluminio, POR PRESIÓN Y PIEZAS DE ALTA TEMPERATURA
Un 350	Forjados, carbono y acero de baja aleación, exigiendo pruebas de tenacidad de muesca para componentes de tuberías
Un 370	Métodos y definiciones para pruebas mecánicas de productos siderúrgicos
Un 403	Tuberías de acero inoxidable austenítico forjado los racores.
Un 420	Accesorios de tuberías de acero al carbono forjado y aleación de acero para servicio de baja temperatura.
Un 694	Forjados, carbono y acero de baja aleación para bridas de tuberías, racores, válvulas y piezas para el servicio de transmisión de alta presión.
Un 707	Bridas, forjado, carbono y aleación de acero para servicio de baja temperatura
Un 790	Sin costuras soldadas y ferrítico / tubo de acero inoxidable austenítico.
Un 815	Ferrítico forjado, ferríticos y austeníticos / MARTENSITIC Racores de tuberías de acero inoxidable.
Un total de 858	Acero al carbono con tratamiento térmico de baja temperatura y accesorios para servicio corrosivo.
Un 860	Alta resistencia butt-Accesorios para soldar de forjado de alta resistencia y baja aleación de acero.
B 366	Fabricadas con aleación de níquel y níquel forjado Accesorios para soldar.
B 564	Piezas Forjadas de aleación de níquel
MSS-SP-44	Las bridas de la canalización de acero.
MSS-SP-75	Prueba de alta soldadura forjado los racores.
Puede3/Z245.11	CANADIAN Standards Association especificación para accesorios de acero.
Puede3/Z245.12	CANADIAN Standards Association Especificación para bridas de acero.

DIMINSIONS PARA JUNTAS DE ANILLO

Tamaño nominal de la tubería	150 # Junta del anillo		300# Junta del anillo		400# junta de anillo		600# junta de anillo	
	ID	OD.	ID	OD.	ID	OD.	ID	OD.
1/2"	7/8"	1 7/8"	7/8"	2 1/8"	7/8"	2 1/8"	7/8"	2 1/8"
3/4"	1 1/16"	2 1/4"	1 1/16"	2 5/8"	1 1/16"	2 5/8"	1 1/16"	2 5/8"
1"	1 5/16"	2 5/8"	1 5/16"	2 7/8"	1 5/16"	2 7/8"	1 5/16"	2 7/8"
1 1/4"	1 11/16"	3"	1 11/16"	3 1/4"	1 11/16"	3 1/4"	1 11/16"	3 1/4"
1 1/2"	1 15/16"	3 3/8"	1 15/16"	3 3/4"	1 15/16"	3 3/4"	1 15/16"	3 3/4"
2"	2 3/8"	4 1/8"	2 3/8"	4 3/8"	2 3/8"	4 3/8"	2 3/8"	4 3/8"
2 1/2"	2 7/8"	4 7/8"	2 7/8"	5 1/8"	2 7/8"	5 1/8"	2 7/8"	5 1/8"
3"	3 1/2"	5 3/8"	3 1/2"	5 7/8"	3 1/2"	5 7/8"	3 1/2"	5 7/8"
4"	4 1/2"	6 7/8"	4 1/2"	7 1/8"	4 1/2"	7"	4 1/2"	7 5/8"
5"	5 9/16"	7 3/4"	5 9/16"	8 1/2"	5 9/16"	8 3/8"	5 9/16"	9 1/2"
6"	6 5/8"	8 3/4"	6 5/8"	9 7/8"	6 5/8"	9 3/4"	6 5/8"	10 1/2"
8"	8 5/8"	11"	8 5/8"	12 1/8"	8 5/8"	12"	8 5/8"	12 5/8"
10"	10 3/4"	13 3/8"	10 3/4"	14 1/4"	10 3/4"	14 1/8"	10 3/4"	15 3/4"
12"	12 3/4"	16 1/8"	12 3/4"	16 5/8"	12 3/4"	16 1/2"	12 3/4"	18"
14"	14"	17 3/4"	14"	19 1/8"	14"	19"	14"	19 3/8"
16"	16"	20 1/4"	16"	21 1/4"	16"	21 1/8"	16"	22 1/4"
18"	18"	21 5/8"	18"	23 1/2"	18"	23 3/8"	18"	24 1/8"
20"	20"	23 7/8"	20"	25 3/4"	20"	25 1/2"	20"	26 7/8"
22"	22"	26"	22"	27 3/4"	22"	27 5/8"	22"	28 7/8"
24"	24"	28 1/4"	24"	30 1/2"	24"	30 1/4"	24"	31 1/8"
30"	30"	34 5/8"	30"	37 3/8"	30"	37 1/4"	30"	38 1/4"
36"	36"	41 1/4"	36"	44"	36"	44"	36"	44 1/2"
42"	N/A	N/A	42"	50 3/4"	42"	50 1/4"	42"	51"

DIMINSIONS para juntas de anillo (continuación)

Tamaño nominal de la tubería	900# Junta del anillo		1500# junta de anillo		2500# junta de anillo	
	ID	OD.	ID	OD.	ID	OD.
1/2"	7/8"	2 1/2"	7/8"	2 1/2"	7/8"	2 3/4"
3/4"	1 1/16"	2 3/4"	1 1/16"	2 3/4"	1 1/16"	3"
1"	1 5/16"	3 1/8"	1 5/16"	3 1/8"	1 5/16"	3 3/8"
1 1/4"	1 11/16"	3 1/2"	1 11/16"	3 1/2"	1 11/16"	4 1/8"
1 1/2"	1 15/16"	3 7/8"	1 15/16"	3 7/8"	1 15/16"	4 5/8"
2"	2 3/8"	5 5/8"	2 3/8"	5 5/8"	2 3/8"	5 3/4"
2 1/2"	2 7/8"	6 1/2"	2 7/8"	6 1/2"	2 7/8"	6 5/8"
3"	3 1/2"	6 5/8"	3 1/2"	6 7/8"	3 1/2"	7 3/4"
4"	4 1/2"	8 1/8"	4 1/2"	8 1/4"	4 1/2"	9 1/4"
5"	5 9/16"	9 3/4"	5 9/16"	10"	5 9/16"	11"
6"	6 5/8"	11 3/8"	6 5/8"	11 1/8"	6 5/8"	12 1/2"
8"	8 5/8"	14 1/8"	8 5/8"	13 7/8"	8 5/8"	15 1/4"
10"	10 3/4"	17 1/8"	10 3/4"	17 1/8"	10 3/4"	18 3/4"
12"	12 3/4"	19 5/8"	12 3/4"	20 1/2"	12 3/4"	21 5/8"
14"	14"	20 1/2	14"	22 3/4"	N/A	N/A
16"	16"	22 5/8"	16"	25 1/4"	N/A	N/A
18"	18"	25 1/8"	18"	27 3/4"	N/A	N/A
20"	20"	27 1/2"	20"	29 3/4"	N/A	N/A
22"	N/A	N/A	N/A	N/A	N/A	N/A
24"	24"	33"	24"	35 1/2"	N/A	N/A
30"	30"	39 3/4"	N/A	N/A	N/A	N/A
36"	36"	47 1/4"	N/A	N/A	N/A	N/A
42"	N/A	N/A	N/A	N/A	N/A	N/A

Los límites materiales metálicos
Los LÍMITES DE TEMPERATURA PARA METALES COMUNES

MATERIAL	Límite inferior		Límite superior		ABBREV-IATION	Código de color el anillo guía
	F	C	F	C		
Acero inoxidable 304.	-320	-195	1400	760	304	Amarillo
Acero inoxidable 316L	-150	-100	1400	760	316L	GREEN
321 ACERO INOXIDABLE	-320	-195	1400	760	321	TURQUOISE
Acero inoxidable 347	-320	-195	1700	925	347	BLUE
Acero al carbono	-40	-40	1000	540	CRS	SILVER
20CB - Aleación 3 (20)	-300	-185	1400	760	A - 20	Negro
HASTELLOY B 2	-300	-185	2000	1090	Has B	BROWN
HASTELLOY C 276	-300	-185	2000	1090	Has C	BEIGE
INCOLOY 800	-150	-100	1600	870	En 800	Blanco
INCONEL 600	-150	-100	2000	1090	Sc 600	Oro
INCONEL X750	-150	-100	2000	1090	INX	NO HAY COLOR
MONEL 400	-200	-150	1500	820	MON	Naranja
NICKLE 200	-320	-195	1400	760	NI	Rojo
Titanio	-320	-195	2000	1090	TI	Violeta

Los límites materiales de relleno
Los LÍMITES DE TEMPERATURA PARA LOS MATERIALES DE RELLENO

MATERIAL	Límite inferior		Límite superior		ABBREV-IATION	Código de colores de banda
	F	C	F	C		
CERAMIC	-350	-212	2000	1090	CER	Luz verde
Grafito FLEXIBLE	-350	-212	950	510	F.G.	Gris
PTFE	-400	-240	500	230	PTFE	Blanco
Grafito mica	-350	-212	600	345	VC	Rosa

Contrapesos de hierro en ángulo

Espesor	Tamaño en pulgadas	Peso por pie	Peso por 20 pies	Peso por 40 pies
1/8"	1/2" x 1/2"	0.38	7.60	21.60
1/8"	3/4" x 3/4"	0.59	11.80	23.60
1/8"	1" X 1"	0.80	16.00	32.00
3/16"	1" X 1"	1.16	23.20	46.40
1/4"	1" X 1"	1.49	29.80	59.60
1/8"	1 1/4" X 1 1/4"	1.01	20.20	40.40
3/16"	1 1/4" X 1 1/4"	1.48	38.40	59.20
1/4"	1 1/4" X 1 1/4"	1.92	38.40	76.80
1/8"	1 1/2" X 1 1/2"	1.23	24.60	49.20
3/16"	1 1/2" X 1 1/2"	1.80	36.00	72.00
1/4"	1 1/2" X 1 1/2"	2.34	46.80	93.60
1/8"	1 3/4" X 1 3/4"	1.44	28.80	57.60
3/16"	1 3/4" X 1 3/4"	2.12	42.40	84.80
1/4"	1 3/4" X 1 3/4"	2.77	55.40	110.80
3/16"	2" X 1 1/4"	1.96	39.20	78.40
1/4"	2" X 1 1/4"	2.55	51.00	102.00
1/8"	2" X 1 1/2"	1.44	28.80	57.60
3/16"	2" X 1 1/2"	2.12	42.40	84.80
1/4"	2" X 1 1/2"	2.77	55.40	110.80
1/8"	2" X 2"	1.65	33.00	66.00
3/16"	2" X 2"	2.44	48.80	97.60
1/4"	2" X 2"	3.19	63.80	127.60
5/16"	2" X 2"	3.92	78.40	156.80
3/8"	2" X 2"	4.70	94.00	188.00
3/16"	2 1/2" X 1 1/2"	2.44	48.80	97.60
1/4"	2 1/2" X 1 1/2"	3.19	63.80	127.60
3/16"	2 1/2" X 2"	2.75	55.00	110.00
1/4"	2 1/2" X 2"	3.62	72.40	144.80
5/16"	2 1/2" X 2"	4.50	90.00	180.00
3/8"	2 1/2" X 2"	5.30	106.00	212.00
3/16"	2 1/2" X 2 1/2"	3.07	61.4	122.8
1/4"	2 1/2" X 2 1/2"	4.10	82.0	164.00
5/16"	2 1/2" X 2 1/2"	5.00	100.00	200.00
3/8"	2 1/2" X 2 1/2"	5.90	118.00	265.00
1/2"	2 1/2" X 2 1/2"	7.70	154.00	308.00
3/16"	3" X 2"	3.07	62.0	124.00
1/4"	3" X 2"	4.1	82.0	164.00
5/16"	3" X 2"	5.0	100.00	200.00
3/8"	3" X 2"	5.9	118.00	265.00
1/2"	3" X 2"	7.7	154.00	308.00
3/16"	3" X 2 1/2"	3.39	67.8	135.6
1/4"	3" X 2 1/2"	4.5	90.0	180.00
5/16"	3" X 2 1/2"	5.6	112.00	224.00
3/8"	3" X 2 1/2"	6.6	132.00	264.00
1/2"	3" X 2 1/2"	8.5	170.00	340.00
3/16"	3" X 3"	3.71	74.2	148.4
1/4"	3" X 3"	4.9	98.0	196.00
5/16"	3" X 3"	6.1	122.00	244.00
3/8"	3" X 3"	7.2	144.00	288.00
1/2"	3" X 3"	9.4	188.00	376.00

Espesor	Tamaño en pulgadas	Peso por pie	Peso por 20 pies	Peso por 40 pies
1/4"	3 1/2" X 2 1/2"	4.9	98.0	196.00
5/16"	3 1/2" X 2 1/2"	6.1	122.00	244.00
3/8"	3 1/2" X 2 1/2"	7.2	144.00	288.00
1/2"	3 1/2" X 2 1/2"	9.4	188.00	376.00
1/4"	3 1/2" X 3"	5.4	108.00	216.00
5/16"	3 1/2" X 3"	6.6	132.00	264.00
3/8"	3 1/2" X 3"	7.9	158.00	400.00
1/2"	3 1/2" X 3"	10.2	229.00	408.00
1/4"	3 1/2" X 3 1/2"	5.8	116.00	232.00
5/16"	3 1/2" X 3 1/2"	7.2	144.00	288.00
3/8"	3 1/2" X 3 1/2"	8.5	170.00	340.00
1/2"	3 1/2" X 3 1/2"	11.1	255.00	444.00
1/4"	4" X 3"	5.8	116.00	232.00
5/16"	4" X 3"	7.2	144.00	288.00
3/8"	4" X 3"	8.5	170.00	340.00
1/2"	4" X 3"	11.1	255.00	444.00
5/8"	4" X 3"	13.6	272.00	544.00
1/4"	4" X 3 1/2"	6.2	124.00	279.00
5/16"	4" X 3 1/2"	7.7	154.00	308.00
3/8"	4" X 3 1/2"	9.1	213.00	364.00
1/2"	4" X 3 1/2"	11.9	238.00	476.00
1/4"	4" X 4"	6.6	132.00	264.00
5/16"	4" X 4"	8.2	164.00	328.00
3/8"	4" X 4"	9.8	196.00	392.00
1/2"	4" X 4"	12.8	256.00	512.00
5/8"	4" X 4"	15.7	314.00	628.00
1/4"	5" X 3"	6.6	132.00	264.00
5/16"	5" X 3"	8.2	164.00	328.00
3/8"	5" X 3"	9.8	196.00	392.00
1/2"	5" X 3"	12.8	256.00	512.00
1/4"	5" X 3 1/2"	7.0	140.00	280.00
5/16"	5" X 3 1/2"	8.7	174.00	348.00
3/8"	5" X 3 1/2"	10.4	208.00	416.00
1/2"	5" X 3 1/2"	13.6	272.00	544.00
5/16"	5" X 5"	10.3	206.00	412.00
3/8"	5" X 5"	12.3	275.00	492.00
1/2"	5" X 5"	16.2	324.00	648.00
1/4"	6" X 3 1/2"	7.9	158.00	400.00
5/16"	6" X 3 1/2"	9.8	196.00	392.00
3/8"	6" X 3 1/2"	11.7	234.00	468.00
1/2"	6" X 3 1/2"	15.3	306.00	612.00

Espesor	Tamaño en pulgadas	Peso por pie	Peso por 20 pies	Peso por 40 pies
5/16"	6" X 4"	10.3	N/A	412.00
3/8"	6" X 4"	12.3	N/A	492.00
1/2"	6" X 4"	16.2	N/A	648.00
5/8"	6" X 4"	20.0	N/A	800.00
3/4"	6" X 4"	23.6	N/A	944.00
5/16"	6" X 6"	12.4	N/A	496.00
3/8"	6" X 6"	14.9	N/A	596.00
1/2"	6" X 6"	19.6	N/A	784.00
5/8"	6" X 6"	24.2	N/A	968.00
3/4"	6" X 6"	28.7	N/A	1148.00
3/8"	7" X 4"	13.6	N/A	544.00
7/16"	7" X 4"	15.8	N/A	632.00
1/2"	7" X 4"	17.9	N/A	716.00
5/8"	7" X 4"	22.1	N/A	884.00
3/4"	7" X 4"	26.2	N/A	1048.00
7/16"	8" X 4"	17.2	N/A	688.00
1/2"	8" X 4"	19.6	N/A	784.00
5/8"	8" X 4"	24.2	N/A	968.00
3/4"	8" X 4"	28.7	N/A	1148.00
7/16"	8" X 6"	20.2	N/A	808.00
1/2"	8" X 6"	23.0	N/A	920.00
5/8"	8" X 6"	28.5	N/A	1140.00
3/4"	8" X 6"	33.8	N/A	1352.00
1"	8" X 6"	44.2	N/A	1768.00
1/2"	8" X 8"	26.4	N/A	1056.00
9/16"	8" X 8"	29.6	N/A	1184.00
5/8"	8" X 8"	32.7	N/A	1308.00
3/4"	8" X 8"	38.9	N/A	1556.00
1"	8" X 8"	51.0	N/A	2040.00

Pesos de canal de hierro

Espesor	Tamaño en pulgadas	Peso por pie	Peso por 20 pies	Peso por 40 pies
1/8"	1" x 1/2"	0.82	16.4	N/A
1/8"	1 1/4" x 1/2"	1.01	20.2	N/A
1/8"	1 1/2" x 1/2"	1.12	22.4	N/A
1/8"	2" x 1/2"	1.43	28.6	N/A
1/8"	2" X 1"	1.78	35.6	N/A
3/16"	2" X 1"	2.32	46.4	N/A
N/A	3" X 1 1/2"	4.10	0.82	164.00
N/A	3" X 1 1/2"	5.00	100.00	200.00
N/A	3" X 1 1/2"	6.00	120.00	240.00
N/A	4" X 1 5/8"	5.40	108.00	216.00
N/A	4" X 1 5/8"	7.25	145.00	290.00
N/A	5" X 1 3/4"	6.70	134.00	268.00
N/A	5" X 1 3/4"	9.00	180.00	360.00
N/A	6" X 2"	8.20	164.00	328.00
N/A	6" X 2"	10.50	210.00	420.00
N/A	6" X 2"	13.00	260.00	520.00
N/A	7" X 2 1/8"	9.80	196.00	392.00
N/A	7" X 2 1/8"	12.25	245.00	490.00
N/A	7" X 2 1/8"	14.75	295.00	590.00
N/A	8" X 2 1/4"	11.50	230.00	460.00
N/A	8" X 2 1/4"	13.75	275.00	550.00
N/A	8" X 2 1/4"	18.75	375.00	750.00
N/A	9" X 2 1/2"	13.40	268.00	536.00
N/A	9" X 2 1/2"	9.66	300.00	600.00
N/A	10" x 2 5/8"	15.30	306.00	612.00
N/A	10" x 2 5/8"	20.00	400.00	800.00
N/A	10" x 2 5/8"	25.00	N/A	1000.00
N/A	10" x 2 5/8"	30.00	N/A	1200.00
N/A	12" x 3"	20.40	N/A	828.00
N/A	12" x 3"	25.00	N/A	1000.00
N/A	12" x 3"	30.00	N/A	1200.00
N/A	15" x 3 3/8"	33.90	N/A	1356.00
N/A	15" x 3 3/8"	40.00	N/A	1600.00
N/A	15" x 3 3/8"	50.00	N/A	2000.00

Espesor DENTRO DE LA WEB	Tamaño en pulgadas y el ancho de la brida	Peso por pie	Peso por 20 pies	Peso por 40 pies
0.170	3" x 2.330	5.70	N/A	228.00
0.349	3" x 2.509	7.50	N/A	300.00
0.193	4" x 2.663	7.70	N/A	308.00
0.326	4" x 2.796	9.50	N/A	380.00
0.214	5" x 3.004	10.00	N/A	400.00
0.232	6" x 3.332	12.50	250.00	500.00
0.465	6" x 3.565	17.25	345.00	690.00
0.252	7" x 3.362	15.30	306.00	612.00
0.271	8" x 4.001	18.40	368.00	736.00
0.441	8" x 4.101	23.00	460.00	920.00
0.311	10" x 4.661	25.40	508.00	1016.00
0.594	10" x 4.944	35.00	700.00	1400.00
0.350	12" x 5.000	31.80	636.00	1272.00
0.428	12" x 5.078	35.00	700.00	1400.00
0.462	12" x 5.252	40.80	816.00	1632.00
0.687	12" x 5.477	50.00	1000.00	2000.00
0.411	15" x 5.501	42.90	858.00	1716.00
0.550	15" x 5.640	50.00	1000.00	2000.00
0.461	18" x 6.001	54.70	1094.00	2188.00
0.711	18" x 6.251	70.00	1400.00	2800.00
0.505	20" x 6.255	66.00	1320.00	2640.00
0.635	20" x 6.385	75.00	1500.00	3000.00
0.660	20" x 7.060	86.00	1720.00	3440.00
0.800	20" x 7.200	96.00	1920.00	3840.00
0.500	24" x 7.000	80.00	1600.00	3200.00
0.625	24" x 7.125	90.00	1800.00	3600.00
0.745	24" x 7.245	100.00	2000.00	4000.00
0.620	24" x 7.870	106.00	2120.00	4240.00
0.800	24" x 8.050	136.00	2420.00	4840.00

Las pesas de vigas de brida ancha

Tamaño nominal en pulgadas	Profundidad de sección	Brida		Espesor de la web	Peso por pie	Peso por 40 pies	Peso por 60 pies
		Ancho	Espesor				
4" X 4"	4.16	4.060	0.345	0.280	13	520	780
4" X 4"	4.00	3.940	0.371	0.254	13	520	780
5" X 5"	5.01	5.000	0.360	0.240	16	640	960
5" X 5"	-----	-----	-----	-----	18.9	756	1134
5" X 5"	5.15	5.030	0.430	0.270	19	760	1140
6" X 4"	5.90	3.940	0.215	0.170	9	360	540
6" X 4"	6.03	4.000	0.280	0.230	12	480	720
6" X 4"	6.28	4.030	0.405	0.260	16	640	960
6" X 6"	5.99	5.990	0.260	0.230	15	600	900
6" X 6"	6.20	6.02	0.365	0.260	20	800	1200
6" X 6"	6.38	6.08	0.455	0.320	25	1000	1500
8" X 4"	7.89	3.940	0.205	0.170	10	400	600
8" X 4"	7.99	4.000	0.255	0.230	13	520	780
8" X 4"	8.11	4.015	0.315	0.245	15	600	900
8" X 5 1/4"	8.14	5.250	0.330	0.230	18	720	1080
8" X 5 1/4"	8.28	5.270	0.400	0.250	21	840	1260
8" X 6 1/2"	7.93	6.495	0.400	0.245	24	960	1440
8" X 6 1/2"	8.06	6.535	0.465	0.285	28	1120	1680
8" X 8"	8.00	7.995	0.435	0.285	31	1240	1860
8" X 8"	8.12	8.020	0.495	0.310	35	1400	2100
8" X 8"	8.25	8.070	0.560	0.360	40	1600	2400
8" X 8"	8.50	8.110	0.685	0.400	48	1920	2880
8" X 8"	8.75	8.220	0.810	0.510	58	2320	3480
8" X 8"	9.00	8.280	0.935	0.570	67	2680	4020
10" x 4"	9.87	3.960	0.210	0.190	12	480	720
10" x 4"	9.99	4.000	0.270	0.230	15	600	900
10" x 4"	10.11	4.006	0.330	0.240	17	680	1020
10" x 4"	10.24	4.020	0.395	0.250	19	760	1140
10" x 5 3/4"	10.17	5.750	0.360	0.240	22	880	1320
10" x 5 3/4"	10.33	5.770	0.440	0.260	26	1040	1560
10" x 5 3/4"	10.47	5.810	0.510	0.300	30	1200	1800
10" x 8"	9.73	7.960	0.435	0.290	33	1320	1980
10" x 8"	9.92	7.985	0.530	0.315	39	1560	2340
10" x 8"	10.10	8.020	0.620	0.350	45	1800	2700
10" X 10"	9.98	10.000	0.560	0.340	49	1960	2940
10" X 10"	10.09	10.030	0.615	0.370	54	2160	3240
10" X 10"	10.22	10.080	0.716	0.420	60	2400	3600
10" X 10"	10.40	10.130	0.770	0.470	68	2720	4080
10" X 10"	10.60	10.190	0.870	0.530	77	3080	4620
10" X 10"	10.84	10.265	0.990	0.605	88	3520	5280
10" X 10"	11.10	10.340	1.120	0.716	100	4000	6000
10" X 10"	11.36	10.415	1.250	0.755	112	4480	6720
12" x 4"	11.91	3.970	0.225	0.200	14	560	840
12" x 4"	11.99	3.990	0.265	0.220	16	640	960
12" x 4"	12.16	4.005	0.350	0.235	19	760	1140
12" x 4"	12.31	4.030	0.425	0.260	22	880	1320
12" x 6 1/2"	12.22	6.490	0.380	0.230	26	1040	1560
12" x 6 1/2"	12.34	6.520	0.440	0.260	30	1200	1800
12" x 6 1/2"	12.50	6.560	0.520	0.300	35	1400	2100

Tamaño nominal en pulgadas	Profundidad de sección	Brida		Espesor de la web	Peso por pie	Peso por 40 pies	Peso por 60 pies
		Ancho	Espesor				
12" x 8"	11.94	8.005	0.515	0.295	40	1600	2400
12" x 8"	12.06	8.045	0.575	0.335	45	1800	2700
12" x 8"	12.19	8.080	0.640	0.370	50	2000	3000
12" X 10"	12.06	9.995	0.575	0.345	53	2120	3180
12" X 10"	12.19	10.010	0.640	0.360	58	2320	3480
12" X 12"	12.12	12.000	0.605	0.390	65	2600	3900
12" X 12"	12.25	12.040	0.670	0.43	72	2880	4320
12" X 12"	12.38	12.080	0.735	0.47	79	3160	4740
12" X 12"	12.53	12.125	0.810	0.515	87	3480	5220
12" X 12"	12.71	12.160	0.900	0.55	96	3840	5760
12" X 12"	12.89	12.220	0.990	0.610	106	4240	6360
12" X 12"	13.12	12.320	1.105	0.71	120	4800	7200
12" X 12"	13.41	12.400	1.250	0.79	136	5440	8160
12" X 12"	13.71	12.480	1.400	0.87	152	6080	9120
12" X 12"	14.03	12.570	1.560	0.960	170	6800	10,200
12" X 12"	14.38	12.670	1.735	41.336	190	7600	11,400
14" x 5"	13.74	5.000	0.335	0.23	22	880	1100
14" x 5"	13.91	5.025	0.420	0.225	26	1040	1300
14" x 6 3/4"	13.84	6.730	0.385	0.27	30	1200	1800
14" x 6 3/4"	13.98	6.745	0.455	0.285	34	1360	2040
14" x 6 3/4"	14.10	6.770	0.515	0.310	38	1520	2280
14" x 8"	13.66	7.995	0.530	0.305	43	1720	2580
14" x 8"	13.79	8.030	0.595	0.34	48	1920	2880
14" x 8"	13.92	8.060	0.660	0.370	53	2120	3180
14" X 10"	13.89	9.995	0.645	0.375	61	2440	3660
14" X 10"	14.04	10.035	0.720	0.415	68	2720	4080
14" X 10"	14.17	10.070	0.785	0.45	74	2960	4440
14" X 10"	14.31	10.130	0.855	0.510	82	3280	4920
14" X 14 1/2"	14.02	14.520	0.71	0.44	90	3600	5400
14" X 14 1/2"	14.16	14.565	0.780	0.485	99	3960	5940
14" X 14 1/2"	14.32	14.605	0.86	0.525	109	4360	6540
14" X 14 1/2"	14.48	14.670	0.94	0.59	120	4800	7200
14" X 14 1/2"	14.66	14.725	1.03	0.645	132	5280	7920
14" X 16"	14.78	15.500	1.090	0.716	145	5800	8700
14" X 16"	14.98	15.565	1.19	0.745	159	6360	9540
14" X 16"	15.22	15.650	1.310	0.83	176	7040	10.56
14" X 16"	15.48	15.710	1.440	0.89	193	7720	11.58
14" X 16"	15.72	15.800	1.560	0.980	211	8440	12.66
14" X 16"	16.04	15.890	1.720	1.070	233	9320	13,980
14" X 16"	16.38	15.995	1.890	1.175	257	10,280	15,420
14" X 16"	16.74	16.110	2.070	1.290	283	11,320	16,980
14" X 16"	17.12	16.230	2.260	1.410	311	12,440	18,660
14" X 16"	17.54	16.360	2.470	1.540	342	13,680	20,520
14" X 16"	17.92	16.475	2.660	1.655	370	14,800	22,200
14" X 16"	18.29	16.590	2.845	1.770	398	15,920	23,880
14" X 16"	18.67	16.695	3.035	1.875	426	17,040	25,560
14" X 16"	19.02	16.835	3.210	2.015	455	18,200	27,300
14" X 16"	19.60	17.010	3.500	2.190	500	20,000	30,000
14" X 16"	20.21	17.200	3.820	2.380	550	22,000	33,000
14" X 16"	20.92	17.415	4.160	2.595	605	24,200	36,300
14" X 16"	21.64	17.650	4.520	2.830	665	26,600	39,900
14" X 16"	22.42	17.890	4.910	3.070	730	29,200	43,800

Tamaño nominal en pulgadas	Profundidad de sección	Brida		Espesor de la web	Peso por pie	Peso por 40 pies	Peso por 60 pies
		Ancho	Espesor				
16" x 5 1/2"	15.69	5.500	0.345	0.250	26	1040	1560
16" x 5 1/2"	15.88	5.525	0.44	0.275	31	1240	1860
16" x 7"	15.86	6.985	0.43	0.295	36	1440	2160
16" x 7"	16.01	6.995	0.505	0.305	40	1600	2400
16" x 7"	16.13	7.035	0.565	0.345	45	1800	2700
16" x 7"	16.26	7.070	0.63	0.38	50	2000	3000
16" x 7"	16.43	7.120	0.715	0.43	57	2280	3420
16" x 10 1/4"	16.33	10.235	0.665	0.395	67	2680	4020
16" x 10 1/4"	16.52	10.295	0.76	0.455	77	3080	4620
16" x 10 1/4"	16.75	10.365	0.875	0.525	89	3560	5340
16" x 10 1/4"	16.97	10.425	0.985	0.585	100	4000	6000
18" x 6"	17.7	6.000	0.425	0.300	35	1400	2100
18" x 6"	17.90	6.015	0.525	0.315	40	1600	2400
18" x 6"	18.06	6.060	0.605	0.360	46	1840	2760
18" x 7 1/2"	17.99	7.495	0.57	0.355	50	2000	3000
18" x 7 1/2"	18.11	7.530	0.63	0.390	55	2200	3300
18" x 7 1/2"	16.94	7.555	0.695	0.415	60	2400	3600
18" x 7 1/2"	18.35	7.590	0.75	0.45	65	2600	3900
18" x 7 1/2"	18.47	7.635	0.810	0.495	71	2840	4260
18" x 11"	18.21	11.035	0.716	0.425	76	3040	4560
18" x 11"	18.39	11.090	0.770	0.480	86	3440	5160
18" x 11"	18.59	11.145	0.87	0.535	97	3880	5820
18" x 11"	18.73	11.200	0.94	0.59	106	4240	6360
18" x 11"	18.87	11.265	41.336	0.655	119	4760	7140
21" x 6 1/2"	20.66	6.500	0.45	0.350.	44	1760	2640
21" x 6 1/2"	20.83	6.530	0.535	0.38	50	2000	3000
21" x 6 1/2"	21.6	6.555	0.650	0.405	57	2280	3420
21" x 8 1/4"	20.99	8.420	0.615	0.4	62	2480	3720
21" x 8 1/4"	21.13	8.270	0.685	0.43	68	2720	4080
21" x 8 1/4"	21.24	8.295	0.740	0.455	73	2920	4380
21" x 8 1/4"	21.43	8.355	0.835	0.515	83	3320	4920
21" x 8 1/4"	21.62	8.420	0.930	0.580	93	3720	5580
21" x 12 1/4"	21.36	12.290	0.8	0.500	101	4040	6060
21" x 12 1/4"	21.51	12.340	0.875	0.55	111	4440	6660
21" x 12 1/4"	21.68	12.390	0.960	0.600	122	4880	7320
21" x 12 1/4"	21.83	12.440	1.035	0.650	132	5280	7920
21" x 12 1/4"	22.06	12.510	1.150	0.720	147	5880	8820
24" x 7"	23.57	7.005	0.505	0.395	55	2200	3300
24" x 7"	23.74	7.040	0.59	0.43	62	2480	3720
24" x 9"	23.73	8.965	0.585	0.415	68	2720	4080
24" x 9"	23.92	8.990	0.716	0.44	76	3040	4560
24" x 9"	24.10	8.020	0.770	0.47	84	3360	5040
24" x 9"	24.31	9.065	0.875	0.515	94	3760	5640
24" x 12 3/4"	24.06	12.750	0.75	0.500	104	4160	6240
24" x 12 3/4"	24.26	12.800	0.85	0.55	117	4680	7020
24" x 12 3/4"	24.48	12.855	0.960	0.605	131	5240	7860
24" x 12 3/4"	24.74	12.900	1.090	0.650	146	5840	8760
24" x 12 3/4"	25.00	12.955	1.220	0.705	162	6480	9720
27" x 10"	26.71	9.960	0.640	0.460	84	3360	5040
27" x 10"	26.92	9.990	0.745	0.490	94	3760	5640
27" x 10"	27.09	10.015	0.83	0.505	102	4080	6120
27" x 10"	27.29	10.070	0.930	0.57	114	4560	6840

Tamaño nominal en pulgadas	Profundidad de sección	Brida		Espesor de la web	Peso por pie	Peso por 40 pies	Peso por 60 pies
		Ancho	Espesor				
27" x 14"	27.38	13.965	0.975	0.605	146	5840	8760
27" x 14"	27.59	14.020	1.08	0.660	161	6440	9660
27" x 14"	27.81	14.085	1.19	0.725	178	7120	10,680
30" x 10 1/2"	29.65	10.450	0.670	0.520	99	3960	5940
30" x 10 1/2"	29.83	10.475	0.76	0.545	108	4320	6480
30" x 10 1/2"	30.01	10.495	0.85	0.565	116	4640	6960
30" x 10 1/2"	30.17	10.515	0.930	0.585	124	4960	7,440
30" x 10 1/2"	30.31	10.545	1.000	0.615	132	5280	7920
30" x 15"	30.44	14.985	1.065	0.655	173	6920	10,380
30" x 15"	30.68	15.040	1.185	0.71	191	7640	11,460
30" x 15"	30.94	15.105	1.135	0.775	211	8440	12,660
33" x 11 1/2"	32.86	11.480	0.740	0.55	118	4720	7080
33" x 11 1/2"	33.31	11.510	0.855	0.580	130	5200	7800
33" x 11 1/2"	33.30	11.535	0.960	0.605	141	5640	8460
33" x 11 1/2"	33.49	11.565	1.055	0.635	152	6080	9120
33" x 15 1/4"	33.68	15.745	1.150	0.715	201	8040	12,060
33" x 15 1/4"	33.93	15.805	1.275	0.775	221	8840	13,260
33" x 15 1/4"	34.18	15.860	1.400	0.83	241	9640	14,460
36" x 12"	35.55	11.950	0.79	0.600	135	5400	8100
36" x 12"	35.85	11.975	0.94	0.625	150	6000	9000
36" x 12"	36.01	12.000	1.020	0.650	160	6400	9600
36" x 12"	36.17	12.030	1.100	0.716	170	6800	10,200
36" x 12"	36.33	12.075	1.180	0.725	182	7280	10,920
36" x 12"	36.49	12.115	1.26	0.765	194	7760	11,640
36" x 12"	36.69	12.180	1.360	0.83	210	8400	12,600
36" x 16 1/2"	35.90	16.470	1.26	0.76	230	9200	13,800
36" x 16 1/2"	36.08	16.510	1.350	0.8	245	9800	14,700
36" x 16 1/2"	36.26	16.550	1.440	0.840	260	10,400	15,600
36" x 16 1/2"	36.52	16.595	1.570	0.885	280	11,200	16,800
36" x 16 1/2"	36.74	16.655	1.680	0.945	300	12,000	18,000
36" x 16 1/2"	37.09	16.630	1.85	1.020	328	13,120	19,680
36" x 16 1/2"	37.40	16.730	2.010	1.120	359	14,360	21,540
36" x 16 1/2"	37.80	16.830	2.200	1.220	393	15,320	22,980
40" x 12"	38.20	11.810	0.83	0.63	149	5960	8940
40" x 12"	38.69	11.810	1.025	0.85	167	6680	10,020
40" x 12"	38.88	11.810	1.220	0.85	183	7320	10,980
40" x 12"	39.37	11.810	1.415	0.75	211	8440	12,660
40" x 12"	39.89	11.890	1.575	0.83	235	9400	14,100
40" x 12"	40.00	11.930	1.730	0.960	264	10,560	15,840
40" x 15 3/4"	38.67	15.750	1.085	0.650	199	7960	11,940
40" x 15 3/4"	38.98	15.750	1.220	0.650	215	8600	12,900
40" x 15 3/4"	39.38	15.750	1.42	0.75	249	9960	14,940
40" x 15 3/4"	39.69	15.830	1.575	0.83	277	11,080	16,620
40" x 15 3/4"	39.84	15.825	1.85	0.930	297	11,880	17,820
40" x 15 3/4"	40.16	15.905	1.810	1.000	324	12,960	19,440
40" x 15 3/4"	40.55	16.020	2.010	1.120	362	14,480	21,720
40" x 15 3/4"	31.5	16.120	2.200	1.220	397	15,880	23,820

Pesos de redondos, cuadrados y barras hexagonales

Laminados en Caliente y laminados en frío (libras por pie)

Tamaño PULGADAS	Rondas	Plazas	Los hexágonos	Peso por 20' Bar rondas solamente
1/32"	0.003	0.003	0.003	-----
1/16"	0.01	0.013	0.012	-----
3/32"	0.024	0.030	0.026	-----
1/8"	0.042	0.053	0.046	-----
5/32"	0.065	0.083	0.072	-----
3/16"	0.094	0.120	0.104	1.88
7/32"	0.128	0.163	0.141	-----
1/4"	0.167	0.213	0.184	3.34
9/32"	0.211	0.269	0.233	-----
5/16"	0.261	0.332	0.288	5.22
11/32"	0.316	0.402	0.348	-----
3/8"	0.376	0.478	0.414	7.52
13/32"	0.441	0.561	0.486	-----
7/16"	0.511	0.651	0.564	10.22
15/32"	0.587	0.747	0.647	-----
1/2"	0.668	0.850	0.736	13.36
17/32"	0.754	0.960	0.831	-----
9/16"	0.845	1.08	0.932	16.90
19/32"	0.941	1.20	1.04	-----
5/8"	1.043	1.33	1.150	20.86
21/32	1.15	1.46	1.27	-----
11/16"	1.26	1.61	1.40	25.2
23/32"	1.38	1.76	1.52	-----
3/4"	1.50	1.91	1.66	30.0
25/32"	1.63	2.08	1.80	-----
13/16"	1.76	2.25	1.94	35.2
27/32"	1.90	2.42	2.10	-----
7/8"	2.05	2.61	2.25	40.9
29/32"	2.20	2.80	2.42	-----
15/16"	2.35	2.99	2.59	47.0
31/32"	2.51	3.19	2.76	-----
1"	2.67	3.40	2.95	53.4
1 1/16"	3.02	3.84	3.32	60.4
1 1/8"	3.38	4.30	3.73	67.6
1 3/16"	3.77	4.80	4.15	75.4
1 1/4"	4.17	5.32	4.60	83.4
1 5/16"	4.60	5.86	5.07	92.0
1 3/8"	5.05	6.43	5.57	101.0
1 7/16"	5.52	7.03	6.09	110.4
1 1/2"	6.01	7.66	6.63	120.2
1 9/16"	6.52	8.30	7.19	-----
1 5/8"	7.05	8.98	7.78	141.0
1 11/16"	7.60	9.68	8.39	-----
1 3/4"	8.18	10.41	9.02	163.6
1 13/16"	8.77	11.17	9.67	-----
1 7/8"	9.39	11.95	10.35	187.8
1 15/16"	10.02	12.76	11.05	-----
2"	10.68	13.60	11.78	213.6

Pesos de redondos, cuadrados y barras hexagonales continuó

Laminados en Caliente y laminados en frío (libras por pie)

Tamaño PULGADAS	Rondas	Plazas	Los hexágonos	Peso por 20' Bar rondas solamente
2 1/16"	11.36	14.46	12.53	-----
2 1/8"	12.06	15.35	13.30	241.2
2 3/16"	12.78	16.27	14.09	-----
2 1/4"	13.52	17.21	17.04	270.4
2 5/16"	14.28	18.18	15.75	-----
2 3/8"	15.06	19.18	16.61	301.2
2 7/16"	15.87	20.2	17.49	-----
2 1/2"	16.69	21.25	18.4	333.8
2 5/8"	18.4	23.43	20.29	368.0
2 3/4"	20.19	25.71	22.27	403.9
2 7/8"	22.07	28.10	24.34	441.4
3"	24.03	30.60	26.50	480.6
3 1/8"	26.08	33.20	28.76	521.6
3 1/4"	28.21	35.91	31.10	564.2
3 3/8"	30.42	38.73	28.54	608.4
3 1/2"	32.71	41.65	36.07	654.2
3 5/8"	35.09	44.68	38.69	701.8
3 3/4"	37.55	47.81	41.41	751.0
3 7/8"	40.10	51.05	44.21	802.0
4"	42.73	54.40	47.11	854.6
4 1/8"	45.44	57.85	50.10	908.8
4 1/4"	48.23	61.41	53.18	964.6
4 3/8"	51.11	65.08	56.36	1022.2
4 1/2"	54.08	68.85	59.63	1081.6
4 5/8"	57.12	72.73	62.98	1143.4
4 3/4"	60.25	76.71	66.44	1205.0
4 7/8"	63.46	80.80	69.98	1269.2
5"	66.76	85.00	73.61	1335.2
5 1/8"	70.14	89.30	77.34	1402.8
5 1/4"	73.60	93.71	81.16	1472.0
5 3/8"	77.15	98.23	85.07	1543.0
5 1/2"	80.78	102.85	89.07	1615.6
5 5/8"	84.49	107.58	93.16	1689.8
5 3/4"	88.29	112.41	97.35	1765.8
5 7/8"	92.17	117.35	101.63	1843.4
6"	96.13	122.40	106.00	1922.6

Contrapesos de hormigón reforzar rebar

Tamaño	Número rebar	Peso por pie
1/4"	2	0.167
3/8"	3	0.376
1/2"	4	0.668
5/8"	5	1.043
3/4"	6	1.502
7/8"	7	2.044
1"	8	2.670
1 1/8"	9	3.400
1 1/4"	10	4.303
1 3/8"	11	5.313

Las pesas de bandas laminadas en caliente

Tamaño en pulgadas	Peso por pie	Peso por 20 pies
1/8" x 1/2"	0.213	4.26
1/8" x 5/8"	0.266	5.32
1/8" x 3/4"	0.319	6.38
1/8" x 7/8"	0.372.	7.44
1/8" X 1"	0.425	8.50
1/8" X 1 1/8"	0.478	9.56
1/8" X 1 1/4"	0.531	10.62
1/8" X 1 1/2"	0.638	12.76
1/8" X 1 3/4"	0.744	14.88
1/8" X 2"	0.85	17.00
1/8" X 2 1/4"	0.956	19.12
1/8" X 2 1/2"	1.06	21.20
1/8" X 2 3/4"	1.17	23.4
1/8" X 3"	1.28	25.60
1/8" X 3 1/2"	1.49	29.8
1/8" X 4"	1.70	34.00
1/8" X 4 1/2"	1.91	38.20
1/8" X 5"	2.13	42.60
1/8" X 5 1/2"	2.34	46.80
1/8" X 6"	2.55	51.00
1/8" X 7"	2.98	59.50
1/8" X 8"	3.40	68.00
1/8" X 9"	3.83	76.6
1/8" X 10"	4.25	85.00
1/8" X 12"	5.10	102.00
De 3/16" x 3/8"	0.239	4.78
De 3/16" x 1/2"	0.319	6.38
De 3/16" x 5/8"	0.398	7.96
De 3/16" x 3/4"	0.478	9.56
De 3/16" x 7/8"	0.558	11.16
3/16" x 1"	0.638	12.76
3/16" x 1 1/8"	0.717	14.34
3/16" x 1 1/4"	0.797	15.94
3/16" x 1 1/2"	0.956	19.12
3/16" x 1 3/4"	1.12	22.4
3/16" x 2"	1.28	25.60
3/16" x 2 1/4"	1.43.	28.60
3/16" x 2 1/2"	1.59	31.8
3/16" x 2 3/4"	1.75	35.00
3/16" x 3"	1.91	38.20
3/16" x 3 1/2"	2.23	44.60
3/16" x 4"	2.55	51.00
3/16" x 4 1/2"	2.87	57.40
3/16" x 5"	3.19	63.80
3/16" x 5 1/2"	3.51	70.20
3/16" x 6"	3.83	76.6
3/16" x 7"	4.46	89.20
3/16" x 8"	5.10	102.00
3/16" x 9"	5.74	114.80
3/16" x 10"	6.38	127.60
3/16" x 11"	7.02	140.40
3/16" x 12"	7.65	153.00

Pesos de barras planas

Tamaño en pulgadas	Peso por pie	Peso por 20 pies
1/4" x 1/2"	0.425	8.50
1/4" x 5/8"	0.531	10.62
1/4" x 3/4"	0.638	12.76
1/4" x 7/8"	0.744	14.88
1/4" X 1"	0.85	17.00
1/4" X 1 1/8"	0.956	19.12
1/4" X 1 1/4"	1.06	21.20
1/4" X 1 3/8"	1.17	23.4
1/4" X 1 1/2"	1.28	25.60
1/4" X 1 5/8"	1.38	27.6
1/4" X 1 3/4"	1.49	29.8
1/4" X 1 7/8"	1.59	31.8
1/4" X 2"	1.70	34.00
1/4" X 2 1/8"	1.81	36.20
1/4" X 2 1/4"	1.91	38.20
1/4" X 2 3/8"	2.02	40.40
1/4" X 2 1/2"	2.13	42.60
1/4" X 2 5/8"	2.23	44.60
1/4" X 2 3/4"	2.34	46.80
1/4" X 2 7/8"	2.44	48.8
1/4" X 3"	2.55	51.00
1/4" X 3 1/8"	2.66	53.20
1/4" X 3 1/4"	2.76	55.20
1/4" X 3 3/8"	2.87	57.40
1/4" X 3 1/2"	2.98	59.60
1/4" X 3 5/8"	3.08	61.60
1/4" X 3 3/4"	3.19	63.80
1/4" X 3 7/8"	3.29	65.80
1/4" X 4"	3.40	68.00
1/4" X 4 1/4"	3.61	72.20
1/4" X 4 1/2"	3.83	76.6
1/4" X 4 3/4"	4.04	80.80
1/4" X 5"	4.25	85.00
1/4" X 5 1/4"	4.46	89.20
1/4" X 5 1/2"	4.68	93.60
1/4" X 5 3/4"	4.89	97.80
1/4" X 6"	5.10	102.00
1/4" X 7"	5.95	119.00
1/4" X 7 1/2"	6.38	127.60
1/4" X 8"	6.80	136.00
5/16" x 1/2"	0.531	10.62
5/16" x 3/4"	0.797	15.94
5/16" x 7/8"	0.930	18.6
5/16" x 1"	1.06	21.20
5/16" x 1 1/8"	1.20	24.00
5/16" x 1 1/4"	1.33	26.6
5/16" x 1 3/8"	1.46	29.20
5/16" x 1 1/2"	1.59	31.8
5/16" x 1 5/8"	1.73	34.60
5/16" x 1 3/4"	1.86	37.20
5/16" x 1 7/8"	1.99	39.8
5/16" x 2"	2.13	42.60

Pesos de barras planas continuó

Tamaño en pulgadas	Peso por pie	Peso por 20 pies
5/16" x 2 1/8"	2.26	45.20
5/16" x 2 1/4"	2.39	47.80
5/16" x 2 3/8"	2.52	50.40
5/16" x 2 1/2"	2.66	53.20
5/16" x 2 5/8"	2.79	55.80
5/16" x 2 3/4"	2.92	58.40
5/16" x 2 7/8"	3.06	61.20
5/16" x 3"	3.19	63.80
5/16" x 3 1/8"	3.32	66.40
5/16" x 3 1/4"	3.45	69.00
5/16" x 3 3/8"	3.59	71.80
5/16" x 3 1/2"	3.72	74.4
5/16" x 3 5/8"	3.85	77.00
5/16" x 3 3/4"	3.98	79.60
5/16" x 3 7/8"	4.12	82.40
5/16" x 4"	4.25	85.00
5/16" x 4 1/4"	4.52	90.40
5/16" x 4 1/2"	4.78	95.6
5/16" x 4 3/4"	5.05	101.00
5/16" x 5"	5.31	106.20
5/16" x 5 1/4"	5.58	111.60
5/16" x 5 1/2"	5.83	116.60
5/16" x 5 3/4"	6.11	122.20
5/16" x 6"	6.38	127.60
5/16" x 7"	7.44	148.80
5/16" x 8"	8.50	170.00
3/8" x 1/2"	0.638	12.76
3/8" x 3/4"	0.956	19.12
3/8" x 7/8"	1.12	22.4
3/8" X 1"	1.28	25.60
3/8" X 1 1/8"	1.43.	28.60
3/8" X 1 1/4"	1.59	31.8
3/8" X 1 3/8"	1.75	35.00
3/8" X 1 1/2"	1.91	38.20
3/8" X 1 5/8"	2.07	41.4
3/8" X 1 3/4"	2.23	44.60
3/8" X 1 7/8"	2.39	47.80
3/8" X 2"	2.55	51.00
3/8" X 2 1/8"	2.71	54.20
3/8" X 2 1/4"	2.87	57.40
3/8" X 2 3/8"	3.03	60.60
3/8" X 2 1/2"	3.19	63.80
3/8" X 2 5/8"	3.35	67.00
3/8" X 2 3/4"	3.51	70.20
3/8" X 2 7/8"	3.67	73.4
3/8" X 3"	3.83	76.6
3/8" X 3 1/8"	3.98	79.60
3/8" X 3 1/4"	4.14	82.80
3/8" X 3 3/8"	4.30	86.00
3/8" X 3 1/2"	4.46	89.20
3/8" X 3 5/8"	4.62	92.40
3/8" X 3 3/4"	4.78	95.6

Pesos de barras planas continuó

Tamaño en pulgadas	Peso por pie	Peso por 20 pies
3/8" X 3 7/8"	4.94	98.80
3/8" X 4"	5.10	102.00
3/8" X 4 1/4"	5.42	108.40
3/8" X 4 1/2"	5.74	114.80
3/8" X 4 3/4"	6.06	121.20
3/8" X 5"	6.38	127.60
3/8" X 5 1/4"	6.70	134.00
3/8" X 5 1/2"	7.01	140.20
3/8" X 5 3/4"	7.33	146.60
3/8" X 6"	7.65	153.00
3/8" X 7"	8.93	178.60
3/8" X 8"	10.20	229.00
1/2" x 3/4"	1.28	25.60
1/2" X 1"	1.70	34.00
1/2" X 1 1/4"	2.13	42.60
1/2" X 1 1/2"	2.55	51.00
1/2" X 1 3/4"	2.98	59.60
1/2" X 2"	3.40	68.00
1/2" X 2 1/4"	3.83	76.6
1/2" X 2 1/2"	4.25	85.00
1/2" X 2 3/4"	4.68	93.60
1/2" X 3"	5.10	102.00
1/2" X 3 1/4"	5.53	110.60
1/2" X 3 1/2"	5.95	119.00
1/2" X 3 3/4"	6.38	127.60
1/2" X 4"	6.80	136.00
1/2" X 4 1/4"	7.23	144.60
1/2" X 4 1/2"	7.65	153.00
1/2" X 4 3/4"	8.08	161.60
1/2" X 5"	8.50	170.00
1/2" X 5 1/4"	8.93	178.60
1/2" X 5 1/2"	9.35	187.00
1/2" X 5 3/4"	9.78	195.60
1/2" X 6"	10.20	229.00
1/2" X 7"	11.90	238.00
1/2" X 8"	13.6	272.00
5/8" X 1"	2.13	42.60
5/8" X 1 1/4"	2.66	53.20
5/8" X 1 1/2"	3.19	63.80
5/8" X 1 3/4"	3.72	74.4
5/8" X 2"	4.25	85.00
5/8" X 2 1/4"	4.78	95.6
5/8" X 2 1/2"	5.31	106.20
5/8" X 2 3/4"	5.84	116.80
5/8" X 3"	6.38	127.60
5/8" X 3 1/4"	6.91	138.20
5/8" X 3 1/2"	7.44	148.80
5/8" X 3 3/4"	7.97	159.40
5/8" X 4"	8.50	170.00
5/8" X 4 1/4"	9.03	180.60
5/8" X 4 1/2"	9.56	191.20
5/8" X 4 3/4"	10.09	201.80

Pesos de barras planas continuó

Tamaño en pulgadas	Peso por pie	Peso por 20 pies
5/8" X 5"	10.63	212.60
5/8" X 5 1/4"	11.16	223.20
5/8" X 5 1/2"	11.69	233.80
5/8" X 5 3/4"	12.22	244.40
5/8" X 6"	12.75	255.00
5/8" X 7"	14.88	297.60
5/8" X 8"	17.00	340.00
3/4" X 1"	2.55	51.00
3/4" X 1 1/4"	3.19	63.80
3/4" X 1 1/2"	3.83	76.6
3/4" X 1 3/4"	4.46	89.00
3/4" X 2"	5.10	102.00
3/4" X 2 1/4"	5.74	114.80
3/4" X 2 1/2"	6.38	127.60
3/4" X 2 3/4"	7.01	140.20
3/4" X 3"	7.65	153.00
3/4" X 3 1/4"	8.29	165.80
3/4" X 3 1/2"	8.93	178.60
3/4" X 3 3/4"	9.56	191.20
3/4" X 4"	10.20	229.00
3/4" X 4 1/4"	10.84	216.80
3/4" X 4 1/2"	11.48	229.60
3/4" X 4 3/4"	12.11	242.20
3/4" X 5"	12.75	255.00
3/4" X 5 1/4"	13.39	267.80
3/4" X 5 1/2"	14.03	280.60
3/4" X 5 3/4"	14.66	293.20
3/4" X 6"	15.30	306.00
3/4" X 7"	17.85	357.00
3/4" X 8"	20.40	408.00
7/8" X 1"	2.98	59.60
7/8" X 1 1/4"	3.72	74.4
7/8" X 1 1/2"	4.46	89.20
7/8" X 1 3/4"	5.21	104.20
7/8" X 2"	5.95	119.00
7/8" X 2 1/4"	6.69	133.80
7/8" X 2 1/2"	7.44	148.80
7/8" X 2 3/4"	8.18	163.60
7/8" X 3"	8.93	178.60
7/8" X 3 1/4"	9.67	193.40
7/8" X 3 1/2"	10.41	208.26
7/8" X 3 3/4"	11.16	223.20
7/8" X 4"	11.90	238.00
7/8" X 4 1/4"	12.64	252.88
7/8" X 4 1/2"	13.39	267.80
7/8" X 4 3/4"	14.13	282.62
7/8" X 5"	14.88	297.60
7/8" X 5 1/4"	15.62	312.40
7/8" X 5 1/2"	16.36	327.20
7/8" X 5 3/4"	17.11	342.20
7/8" X 6"	17.85	357.00
7/8" X 7"	20.83	436.60
7/8" X 8"	23.80	476.00

Pesos de barras planas continuó

Tamaño en pulgadas	Peso por pie	Peso por 20 pies
1" X 1 1/4"	4.25	85.00
1" X 1 1/2"	5.10	102.00
1" X 1 3/4"	5.95	119.00
1" X 2"	6.80	136.00
1" X 2 1/4"	7.65	153.00
1" X 2 1/2"	8.50	170.00
1" X 2 3/4"	9.35	187.00
1" X 3"	10.20	229.00
1" X 3 1/4"	11.05	252.00
1" X 3 1/2"	11.90	238.00
1" X 3 3/4"	12.75	255.00
1" X 4"	13.6	272.00
1" X 4 1/4"	14.45	325.00
1" X 4 1/2"	15.30	306.00
1" X 4 3/4"	16.15	323.00
1" X 5"	17.00	340.00
1" X 5 1/4"	17.85	357.00
1" X 5 1/2"	18.70	330.00
1" X 5 3/4"	19.55	391.00
1" X 6"	20.40	408.00
1" X 7"	23.80	476.00
1" X 8"	27.20	544.00
1 1/8" X 2"	7.65	153.00
1 1/8" X 2 1/2"	9.56	191.20
1 1/8" X 3"	11.48	229.60
1 1/8" X 4"	15.30	306.00
1 1/8" X 5"	19.13	382.60
1 1/8" X 5 1/2"	21.04	420.80
1 1/8" X 6"	22.95	459.00
1 1/4" X 1 1/2"	6.38	127.60
1 1/4" X 1 3/4"	7.44	148.80
1 1/4" X 2"	8.50	170.00
1 1/4" X 2 1/4"	9.56	191.20
1 1/4" X 2 1/2"	10.63	212.60
1 1/4" X 2 3/4"	11.69	233.80
1 1/4" X 3"	12.75	255.00
1 1/4" X 3 1/4"	13.81	276.20
1 1/4" X 3 1/2"	14.88	297.60
1 1/4" X 4"	17.00	340.00
1 1/4" X 4 1/2"	19.13	382.60
1 1/4" X 5"	21.25	425.00
1 1/4" X 5 1/2"	23.38	467.60
1 1/4" X 6"	25.50	510.00
1 1/4" X 7"	29.75	595.00
1 1/4" X 8"	34.00	680.00
1 3/8" X 1 3/4"	8.93	178.60
1 3/8" X 2"	10.20	229.00
1 3/8" X 2 1/4"	11.48	229.60
1 3/8" X 2 1/2"	12.75	255.00
1 1/2" X 2 3/4"	14.03	280.60
1 1/2" X 3"	15.30	306.00
1 1/2" X 3 1/2"	17.85	357.00

Pesos de barras planas continuó

Tamaño en pulgadas	Peso por pie	Peso por 20 pies
1 1/2" X 4"	20.40	408.00
1 1/2" X 4 1/2"	22.95	459.00
1 1/2" X 5"	25.50	510.00
1 1/2" X 5 1/2"	28.05	540.00
1 1/2" X 6"	30.60	612.00
1 1/2" X 7"	35.70	714.00
1 1/2" X 8"	40.80	816.00
1 3/4" X 2"	11.90	238.00
1 3/4" X 2 1/2"	14.88	297.60
1 3/4" X 2 3/4"	16.36	327.20
1 3/4" X 3"	17.85	357.00
1 3/4" X 3 1/2"	20.83	416.60
1 3/4" X 4"	23.80	476.00
1 3/4" X 4 1/2"	26.78	535.60
1 3/4" X 5"	29.75	595.00
1 3/4" X 6"	35.70	714.00
1 3/4" X 8"	47.60	952.00
2" X 2 1/4"	15.30	306.00
2" X 2 1/2"	17.00	340.00
2" X 3"	20.40	408.00
2" X 3 1/2"	23.80	476.00
2" X 4"	27.20	544.00
2" X 4 1/2"	30.60	612.00
2" X 5"	34.00	680.00
2" X 6"	40.80	816.00
2" X 7"	47.60	952.00
2" X 8"	54.40	1088.00
2 1/4" X 3"	22.95	459.00
2 1/4" X 4"	30.60	612.00
2 1/2" X 3"	25.50	510.00
2 1/2" X 3 1/2"	29.75	595.00
2 1/2" X 4"	34.00	680.00
2 1/2" X 4 1/2"	38.25	765.00
2 1/2" X 5"	42.50	850.00
2 1/2" X 6"	51.00	1020.00
3" X 4"	40.80	816.00
3" X 4 1/2"	45.90	918.00
3" X 5"	51.00	1020.00
3" X 6"	61.20	1224.00

El PESO DE LAS PLACAS DEL MOLINO UNIVERSAL

Tamaño en pulgadas	Peso en libras. Por pie	Tamaño en pulgadas	Peso en libras. Por pie
1/4" X 9"	7.65	7/8" X 9"	26.8
1/4" X 10"	8.50	7/8" X 10"	29.8
1/4" X 11"	9.36	7/8" X 11"	32.8
1/4" X 12"	10.20	7/8" X 12"	35.74
1/4" X 13"	11.10	1" X 9"	30.60
1/4" X 14"	11.90	1" X 10"	34.00
1/4" X 15"	12.80	1" X 11"	37.40
1/4" X 16"	13.6	1" X 12"	40.80
1/4" X 17"	14.50	1 1/4" X 8"	34.00
1/4" X 18"	15.30	1 1/4" X 9"	38.30
5/16" x 9"	9.57	1 1/4" X 10"	42.50
5/16" x 10"	10.64	1 1/4" X 11"	46.80
5/16 x 11	11.7	1 1/4" X 12"	51.00
5/16" x 12"	12.76	1 1/2" X 8"	40.80
3/8" X 9"	11.49	1 1/2" X 9"	45.90
3/8" X 10"	12.77	1 1/2" X 10"	51.00
3/8" X 11"	14.04	1 1/2" X 11"	56.10
3/8" X 12"	15.32	1 1/2" X 12"	61.20
1/2" X 9"	15.32	1 3/4" X 9"	53.60
1/2" X 10"	17.02	1 3/4" X 10"	59.56
1/2" X 11"	18.72	1 3/4" X 11"	65.51
1/2" X 12"	20.42	1 3/4" X 12"	71.47
5/8" X 9"	19.14	2" X 8"	54.40
5/8" X 10"	21.27	2" X 9"	61.26
5/8" X 11"	23.4	2" X 10"	68.00
5/8" X 12"	25.53	2" X 11"	74.9
3/4" X 9"	22.95	2" X 12"	81.60
3/4" X 10"	22.5		
3/4" X 11"	28.05		
3/4" X 12"	30.60		

Pesos de A-36, resistentes a la abrasión, alta resistencia y diversas placas de aleación

Tamaño en pulgadas	Equivalente decimal	Peso por pie cuadrado
3/16"	0.188	7.367
1/4"	0.25	10.21
5/16"	0.313	12.78
3/8"	0.375	15.32
7/16"	0.438	17.89
1/2"	0.500	20.42
9/16"	0.563	22.99
5/8"	0.625	25.53
11/16"	0.688	28.10
3/4"	0.75	30.63
13/16"	0.813	33.20
7/8"	0.875	35.74
15/16"	0.938	38.31
1"	1.000	40.84
1 1/16"	1.063	43.41
1 1/8"	1.125	45.95
1 3/16"	1.188	48.52
1 1/4"	1.250	51.05
1 5/16"	1.313	53.63
1 3/8"	1.375	56.16
1 7/16"	1.438	58.73
1 1/2"	1500	61.26
1 9/16"	1.563	63.83
1 5/8"	1.625	63.37
1 11/16"	1.688	68.94
1 3/4"	1.750	71.47
1 13/16"	1.813	74.04
1 7/8"	1.875	76.58
1 15/16"	1.938	79.15

Pesos de A-36, resistentes a la abrasión, alta resistencia y diversas placas de aleación continua

Tamaño en pulgadas	Equivalente decimal	Peso por pie cuadrado
2"	2.000	81.68
2 1/16"	2.063	84.25
2 1/8"	2.125	86.79
2 3/16"	2.188	89.36
2 1/4"	2.25	91.89
2 5/16"	2.313	94.46
2 3/8"	2.375	97.00
2 7/16"	2.438	99.57
2 1/2"	2.500	102.10
2 9/16"	2.563	104.67
2 5/8"	2.625	107.21
2 11/16"	2.688	109.77
2 3/4"	2.750	112.31
2 13/16"	2.813	114.88
2 7/8"	2.875	117.42
2 15/16"	2.938	119.99
3"	3.000	122.52
3 1/4"	3.250	132.73
3 1/2"	3.350	142.94
3 3/4"	3.750	153.15
4"	4.000	163.36
4 1/4"	4.25	173.57
4 1/2"	4.500	183.78
4 3/4"	4.750	193.99
5"	5.000	204.20
5 1/2"	5.500	224.62
6"	6000	245.04
6 1/2"	6.500	265.46

Pesos de la placa del piso

Tamaño	Anchura en pulgadas	Peso por pie cuadrado
Calibre 16	48"	3.00
Calibre 14	48"	3.75
Calibre 14	60"	3.75
Calibre 12	48"	5.25
Calibre 12	60"	5.25
1/8"	48"	6.16
1/8"	60"	6.16
1/8"	72"	6.16
3/16"	48"	8.71
3/16"	60"	8.71
3/16"	72"	8.71
1/4"	48"	11.26
1/4"	60"	11.26
1/4"	72"	11.26
1/4"	96"	11.26
5/16"	48"	13.81
5/16"	60"	13.81
5/16"	72"	13.81
5/16"	96"	13.81
3/8"	48"	16.37
3/8"	60"	16.37
3/8"	72"	16.37
3/8"	96"	16.37
1/2"	48"	21.47
1/2"	60"	21.47
1/2"	72"	21.47
1/2"	96"	21.47

Pesos de láminas de metal

Tamaño de Gage	Promedio decimal	Límites decimales	Tamaño de la hoja	Negro Peso por pie cuadrado	Peso por hoja
7	0.1793	0.1868 - 0.1719	48" X 96"	7.50	240
7	0.1793	0.1868 - 0.1719	48" X 120"	7.50	300
7	0.1793	0.1868 - 0.1719	48" X 240"	7.50	600
7	0.1793	0.1868 - 0.1719	60" X 96"	7.50	300
7	0.1793	0.1868 - 0.1719	60" X 120"	7.50	375
7	0.1793	0.1868 - 0.1719	60" X 240"	7.50	750
7	0.1793	0.1868 - 0.1719	72" X 96"	7.50	360
7	0.1793	0.1868 - 0.1719	72" X 120"	7.50	450
7	0.1793	0.1868 - 0.1719	72" X 240"	7.50	900
10	0.1345	0.1419 - 0.1271	48" X 96"	5.625	180
10	0.1345	0.1419 - 0.1271	48" X 120"	5.625	225
10	0.1345	0.1419 - 0.1271	48" X 144"	5.625	270
10	0.1345	0.1419 - 0.1271	48" X 240"	5.625	450
10	0.1345	0.1419 - 0.1271	60" X 96"	5.625	225
10	0.1345	0.1419 - 0.1271	60" X 120"	5.625	281.3
10	0.1345	0.1419 - 0.1271	60" X 144"	5.625	337.5
10	0.1345	0.1419 - 0.1271	60" X 240"	5.625	562.5
10	0.1345	0.1419 - 0.1271	72" X 96"	5.625	270
10	0.1345	0.1419 - 0.1271	72" X 120"	5.625	337.5
10	0.1345	0.1419 - 0.1271	72" X 144"	5.625	405
10	0.1345	0.1419 - 0.1271	72" X 240"	5.625	675
11	0.1196	0.1270 - 0.1121	48" X 96"	5.000	160
11	0.1196	0.1270 - 0.1121	48" X 120"	5.000	200
11	0.1196	0.1270 - 0.1121	48" X 144"	5.000	240
11	0.1196	0.1270 - 0.1121	48" X 240"	5.000	400
11	0.1196	0.1270 - 0.1121	60" X 96"	5.000	200
11	0.1196	0.1270 - 0.1121	60" X 120"	5.000	250
11	0.1196	0.1270 - 0.1121	60" X 144"	5.000	300
11	0.1196	0.1270 - 0.1121	60" X 240"	5.000	500
11	0.1196	0.1270 - 0.1121	72" X 96"	5.000	240
11	0.1196	0.1270 - 0.1121	72" X 120"	5.000	300
11	0.1196	0.1270 - 0.1121	72" X 144"	5.000	360
11	0.1196	0.1270 - 0.1121	72" X 240"	5.000	600

Tamaño de Gage	Promedio decimal	Límites decimales	Tamaño de la hoja	Negro Peso por pie cuadrado	Peso por hoja
12	0.1046	0.1120 - 0.0972	48" X 96"	4.375	140
12	0.1046	0.1120 - 0.0972	48" X 120"	4.375	175
12	0.1046	0.1120 - 0.0972	48" X 144"	4.375	210
12	0.1046	0.1120 - 0.0972	48" X 240"	4.375	350
12	0.1046	0.1120 - 0.0972	60" X 96"	4.375	175
12	0.1046	0.1120 - 0.0972	60" X 120"	4.375	218.8
12	0.1046	0.1120 - 0.0972	60" X 144"	4.375	262.5
12	0.1046	0.1120 - 0.0972	60" X 240"	4.375	437.6
12	0.1046	0.1120 - 0.0972	72" X 96"	4.375	210
12	0.1046	0.1120 - 0.0972	72" X 120"	4.375	262.5
12	0.1046	0.1120 - 0.0972	72" X 144"	4.375	315
12	0.1046	0.1120 - 0.0972	72" X 240"	4.375	525
13	0.0897	0.0971 - 0.0822	48" X 96"	3.75	100
13	0.0897	0.0971 - 0.0822	48" X 120"	3.75	125
13	0.0897	0.0971 - 0.0822	48" X 144"	3.75	150
13	0.0897	0.0971 - 0.0822	60" X 96"	3.75	125
13	0.0897	0.0971 - 0.0822	60" X 120"	3.75	156.3
13	0.0897	0.0971 - 0.0822	60" X 144"	3.75	187.5
14	0.0747	0.0821 - 0.0710	48" X 96"	3.125	100
14	0.0747	0.0821 - 0.0710	48" X 120"	3.125	125
14	0.0747	0.0821 - 0.0710	48" X 144"	3.125	150
14	0.0747	0.0821 - 0.0710	60" X 96"	3.125	125
14	0.0747	0.0821 - 0.0710	60" X 120"	3.125	156.3
14	0.0747	0.0821 - 0.0710	60" X 144"	3.125	187.5
16	0.0598	0.0635 - 0.0568	36" X 96"	2.50	60
16	0.0598	0.0635 - 0.0568	36" X 120"	2.50	75
16	0.0598	0.0635 - 0.0568	36" X 144"	2.50	90
16	0.0598	0.0635 - 0.0568	48" X 96"	2.50	80
16	0.0598	0.0635 - 0.0568	48" X 120"	2.50	100
16	0.0598	0.0635 - 0.0568	48" X 144"	2.50	120
16	0.0598	0.0635 - 0.0568	60" X 96"	2.50	100
16	0.0598	0.0635 - 0.0568	60" X 120"	2.50	125
16	0.0598	0.0635 - 0.0568	60" X 144"	2.50	150

Pesos de la tubería cuadrada

Tamaño	GAGE / espesor	Espesor en decimal	Peso por pie
1/2"	18	0.0490	0.301
1/2"	16	0.0630	0.384
3/4"	16	0.0630	0.605
3/4"	11	0.1200	1.03.
1"	18	0.0490	0.634
1"	16	0.0630	0.827
1"	15	0.0720	0.906
1"	14	0.0830	1.04
1"	13	0.0950	1.17
1"	12	0.1090	1.32
1"	11	0.1200	1.44
1 1/4"	16	0.0630	1.05
1 1/4"	14	0.0830	1.32
1 1/4"	11	0.1200	1.84
1 1/2"	16	0.0630	1.27
1 1/2"	14	0.0830	1.60
1 1/2"	11	0.1200	2.25
1 1/2"	7	0.1800	3.22
2"	16	0.0630	1.71
2"	14	0.0830	2.10
2"	11	0.1200	3.05
2"	3/16"	0.1875	4.32
2"	1/4"	0.2500	5.41
2 1/2"	14	0.0830	2.67
2 1/2"	11	0.1200	3.90
2 1/2"	3/16"	0.1875	5.59
2 1/2"	1/4"	0.2500	7.11
3"	14	0.0830	3.23
3"	11	0.1200	4.75
3"	3/16"	0.1875	6.87
3"	1/4"	0.2500	8.81
3"	5/16"	0.3125	10.58
3 1/2"	11	0.1200	5.60
3 1/2"	3/16"	0.1875	8.15
3 1/2"	1/4"	0.2500	10.51
3 1/2"	5/16"	0.3125	12.70
4"	11	0.1200	6.45
4"	3/16"	0.1875	9.42
4"	1/4"	0.2500	12.21
4"	5/16"	0.3125	14.83
4"	3/8"	0.3750	17.27
4"	1/2"	0.5000	21.63

Pesos de la tubería cuadrada continuó

Tamaño	GAGE / espesor	Espesor en decimal	Peso por pie
4 1/2"	3/16"	0.1875	10.70
4 1/2"	1/4"	0.2500	13.91
5"	3/16"	0.1875	11.97
5"	1/4"	0.2500	15.62
5"	5/16"	0.3125	19.08
5"	3/8"	0.3750	22.37
5"	1/2"	0.5000	28.43
6"	3/16"	0.1875	14.53
6"	1/4"	0.2500	19.02
6"	5/16"	0.3125	23.34
6"	3/8"	0.3750	27.48
6"	1/2"	0.5000	35.24
7"	3/16"	0.1875	17.08
7"	1/4"	0.2500	22.42
7"	5/16"	0.3125	27.59
7"	3/8"	0.3750	32.58
7"	1/2"	0.5000	42.05
8"	3/16"	0.1875	19.63
8"	1/4"	0.2500	25.82
8"	5/16"	0.3125	31.84
8"	3/8"	0.3750	37.69
8"	1/2"	0.5000	48.85
8"	5/8"	0.6250	59.32
10"	3/16"	0.1875	24.73
10"	1/4"	0.2500	32.63
10"	5/16"	0.3125	40.35
10"	3/8"	0.3750	47.90
10"	1/2"	0.5000	62.46
10"	5/8"	0.6250	76.33
12"	3/16"	0.1875	29.84
12"	1/4"	0.2500	39.43
12"	5/16"	0.3125	48.86
12"	3/8"	0.3750	58.10
12"	1/2"	0.5000	76.07
14"	5/16"	0.3125	57.36
14"	3/8"	0.3750	68.31
14"	1/2"	0.5000	89.68
16"	5/16"	0.3125	65.87
16"	3/8"	0.3750	78.52
16"	1/2"	0.5000	103.30

Pesos de tubo rectangular

Tamaño	GAGE / espesor	Espesor en decimal	Peso por pie
1 1/2" X 1"	14	0.0830	1.32
1 1/2" X 1"	11	0.1200	1.84
2" X 1"	16	0.0630	1.27
2" X 1"	14	0.0830	1.60
2" X 1"	11	0.1200	2.25
2" X 1 1/2"	11	0.1200	2.66
3" X 1"	16	0.0630	1.71
3" X 1"	14	0.0830	2.10
3" X 1"	11	0.1200	3.05
3" X 1 1/2"	16	0.6300	1.90
3" X 1 1/2"	14	0.0830	2.38
3" X 1 1/2"	11	0.1200	3.48
3" X 2"	14	0.0830	2.67
3" X 2"	11	0.1200	3.90
3" X 2"	3/16"	0.1875	5.59
3" X 2"	1/4"	0.2500	7.11
4" X 2"	14	0.0830	3.23
4" X 2"	11	0.1200	4.75
4" X 2"	3/16"	0.1875	6.87
4" X 2"	1/4"	0.2500	8.80
4" X 2"	5/16"	0.3125	10.58
4" X 3"	11	0.1200	5.60
4" X 3"	3/16"	0.1875	8.15
4" X 3"	1/4"	0.2500	10.51
4" X 3"	5/16"	0.3125	12.70
5" X 2"	11	0.1200	5.60
5" X 2"	3/16"	0.1875	8.15
5" X 2"	1/4"	0.2500	10.51
5" X 2"	5/16"	0.3125	12.70
5" X 3"	11	0.1200	6.45
5" X 3"	3/16"	0.1875	9.42
5" X 3"	1/4"	0.2500	12.21
5" X 3"	5/16"	0.3125	14.83
5" X 3"	3/8"	0.3750	17.27
5" X 4"	3/16"	0.1875	10.71
5" X 4"	1/4"	0.2500	13.91
5" X 4"	5/16"	0.3125	16.96
5" X 4"	3/8"	0.3750	19.82
6" X 2"	11	0.1200	6.45
6" X 2"	3/16"	0.1875	9.42
6" X 2"	1/4"	0.2500	12.21
6" X 2"	5/16"	0.3125	14.83
6" X 2"	3/8"	0.3750	17.27
6" X 3"	3/16"	0.1875	10.70
6" X 3"	1/4"	0.2500	13.91
6" X 3"	5/16"	0.3125	16.96
6" X 3"	3/8"	0.3750	19.82
6" X 4"	3/16"	0.1875	11.97
6" X 4"	1/4"	0.2500	15.62
6" X 4"	5/16"	0.3125	19.08
6" X 4"	3/8"	0.3750	22.37
6" X 4"	1/2"	0.5000	28.43

Pesos de tubo rectangular continuó

Tamaño	GAGE / espesor	Espesor en decimal	Peso por pie
7" X 3"	3/16"	0.1875	11.97
7" X 3"	1/4"	0.2500	15.62
7" X 3"	5/16"	0.3125	19.08
7" X 3"	3/8"	0.3750	22.37
7" X 4"	3/16"	0.1875	13.25
7" X 4"	1/4"	0.2500	17.32
7" X 4"	5/16"	0.3125	21.21
7" X 4"	3/8"	0.3750	24.93
7" X 4"	1/2"	0.5000	31.84
7" X 5"	3/16"	0.1875	14.53
7" X 5"	1/4"	0.2500	19.02
7" X 5"	5/16"	0.3125	23.34
7" X 5"	3/8"	0.3750	27.48
7" X 5"	1/2"	0.5000	35.24
8" X 2"	3/16"	0.1875	11.97
8" X 2"	1/4"	0.2500	15.62
8" X 2"	5/16"	0.3125	19.08
8" X 3"	3/16"	0.1875	13.25
8" X 3"	1/4"	0.2500	17.32
8" X 3"	5/16"	0.3125	21.21
8" X 3"	3/8"	0.3750	24.93
8" X 3"	1/2"	0.5000	31.84
8" X 4"	3/16"	0.1875	14.53
8" X 4"	1/4"	0.2500	19.02
8" X 4"	5/16"	0.3125	23.34
8" X 4"	3/8"	0.3750	27.48
8" X 4"	1/2"	0.5000	35.24
8" X 6"	3/16"	0.1875	17.08
8" X 6"	1/4"	0.2500	22.42
8" X 6"	5/16"	0.3125	27.59
8" X 6"	3/8"	0.3750	32.58
8" X 6"	1/2"	0.5000	42.05
10" x 2"	3/16"	0.1875	14.53
10" x 2"	1/4"	0.2500	19.02
10" x 2"	5/16"	0.3125	23.34
10" x 3"	3/16"	0.1875	15.80
10" x 3"	1/4"	0.2500	20.72
10" x 4"	3/16"	0.1875	17.08
10" x 4"	1/4"	0.2500	22.42
10" x 4"	5/16"	0.3125	27.59
10" x 4"	3/8"	0.3750	32.58
10" x 4"	1/2"	0.5000	42.05
10" x 6"	3/16"	0.1875	19.63
10" x 6"	1/4"	0.2500	25.82
10" x 6"	5/16"	0.3125	31.84
10" x 6"	3/8"	0.3750	37.69
10" x 6"	1/2"	0.5000	48.85
10" x 8"	1/4"	0.2500	29.23
10" x 8"	5/16"	0.3125	36.10
10" x 8"	3/8"	0.3750	42.79
10" x 8"	1/2"	0.5000	55.66

Pesos de tubo rectangular continuó

Tamaño	GAGE / espesor	Espesor en decimal	Peso por pie
12" x 2"	3/16"	0.1875	17.08
12" x 2"	1/4"	0.2500	22.42
12" x 3"	3/16"	0.1875	18.35
12" x 3"	1/4"	0.2500	24.12
12" x 4"	3/16"	0.1875	19.63
12" x 4"	1/4"	0.2500	25.82
12" x 4"	5/16"	0.3125	31.84
12" x 4"	3/8"	0.3750	37.69
12" x 4"	1/2"	0.5000	48.85
12" x 6"	3/16"	0.1875	22.18
12" x 6"	1/4"	0.2500	29.23
12" x 6"	5/16"	0.3125	36.10
12" x 6"	3/8"	0.3750	42.79
12" x 6"	1/2"	0.5000	55.66
12" x 8"	1/4"	0.2500	32.63
12" x 8"	5/16"	0.3125	40.35
12" x 8"	3/8"	0.3750	47.90
12" x 8"	1/2"	0.5000	62.46
14" x 4"	1/4"	0.2500	29.23
14" x 4"	5/16"	0.3125	36.10
14" x 4"	3/8"	0.3750	42.79
14" x 4"	1/2"	0.5000	55.66
14" x 6"	1/4"	0.2500	32.63
14" x 6"	5/16"	0.3125	40.35
14" x 6"	3/8"	0.3750	47.90
14" x 6"	1/2"	0.5000	62.46
14" X 10"	5/16"	0.3125	48.86
14" X 10"	3/8"	0.3750	58.10
14" X 10"	1/2"	0.5000	76.07
16" x 4"	5/16"	0.3125	40.35
16" x 4"	3/8"	0.3750	47.90
16" x 4"	1/2"	0.5000	62.46
16" x 8"	5/16"	0.3125	48.86
16" x 8"	3/8"	0.3750	58.10
16" x 8"	1/2"	0.5000	76.07
16" X 12"	5/16"	0.3125	52.36
16" X 12"	3/8"	0.3750	68.31
16" X 12"	1/2"	0.5000	89.68
18" x 6"	5/16"	0.3125	48.86
18" x 6"	3/8"	0.3750	58.10
18" x 6"	1/2"	0.5000	76.07
20" x 4"	5/16"	0.3125	48.86
20" x 4"	3/8"	0.3750	58.10
20" x 4"	1/2"	0.5000	76.07
20" x 8"	5/16"	0.3125	57.36
20" x 8"	3/8"	0.3750	68.31
20" x 8"	1/2"	0.5000	89.68
20" X 12"	5/16"	0.3125	65.87
20" X 12"	3/8"	0.3750	78.52
20" X 12"	1/2"	0.5000	103.30

Pesos de planteadas y aplanadas PLAIN & metal ampliado galvanizado

Levantado

Designación de estilo	Tamaños de stock	De centro a centro de los bonos (en pulgadas)		Espesor de Strand	Peso en libras por pie cuadrado	
		Ancho	Longitud		PLAIN	Galvanizado
1/4" - N° 18	48" X 96"	0.255	1.00	0.48	1.14	1.71
1/2" - N° 18	48" X 96"	0.500	1.20	0.48	0.70	0.85
1/2" - N° 16	48" X 96"	0.500	1.20	0.60	0.86	0.97
1/2" - N° 13	48" X 96"	0.500	1.20	0.92	1.47	1.73
3/4" - N° 16	48" X 96"	0.923	2.00	0.60	0.54	0.65
3/4" - N° 13	48" X 96"	0.923	2.00	0.92	0.80	0.92
3/4" - N° 10	48" X 96"	0.923	2.00	0.92	1.20	1.36
3/4" - N° 9	48" X 96"	0.923	2.00	0.134	1.80	1.95
1" - N° 16	48" X 96"	1.090	2.40	0.60	0.44	0.51
1 1/2" - N° 16	48" X 96"	1.330	3.00	0.60	0.44	0.48
1 1/2" - N° 13	48" X 96"	1.330	3.00	0.92	0.60	0.68
1 1/2" - N° 10	48" X 96"	1.330	3.00	0.92	0.79	0.89
1 1/2" - N° 9	48" X 96"	1.330	3.00	0.134	1.20	1.31
1 1/2" - N° 6	48" X 96"	1.330	3.00	0.198	2.50	2.73
2" - N° 9	48" X 96"	1.85	4.00	0.134	0.90	1.02

Aplanado

Designación de estilo	Tamaños de stock	De centro a centro de los bonos (en pulgadas)		Espesor de Strand	Peso en libras por pie cuadrado	
		Ancho	Longitud		PLAIN	Galvanizado
1/4" - N° 20	48" X 96"	0.255	1.03.	0.030	0.083	1.24
1/4" - N° 18	48" X 96"	0.255	1.03.	0.040	1.11	1.65
1/2" - N° 20	48" X 96"	0.500	1.26	0.029	0.40	0.51
1/2" - N° 18	48" X 96"	0.500	1.26	0.039	0.66	0.88
1/2" - N° 16	48" X 96"	0.500	1.26	0.050	0.82	1.00
1/2" - N° 13	48" X 96"	0.500	1.26	0.070	1.40	1.62
3/4" - N° 16	48" X 96"	0.923	2.10	0.048	0.51	0.61
3/4" - N° 14	48" X 96"	0.923	2.12	0.061	0.63	0.75
3/4" - N° 13	48" X 96"	0.923	2.10	0.070	0.76	0.86
3/4" - N° 9	48" X 96"	0.923	2.12	0.120	1.71	1.86
3/4" - N° 9	48" X 120"	0.923	2.12	0.120	1.71	1.86
3/4" - N° 9	48" X 144"	0.923	2.12	0.120	1.71	1.86
1" - N° 16	48" X 96"	1.090	2.56	0.048	0.41	0.50
1 1/2" - N° 13	48" X 96"	1.330	3.20	0.070	0.57	0.68
1 1/2" - N° 9	48" X 96"	1.330	3.20	0.11	1.11	1.28

Pesos de PLAIN & ampliado galvanizado REJILLA

Designación de estilo	Tamaños de stock	De centro a centro de los bonos (en pulgadas)		Peso en libras por pie cuadrado	
		Ancho	Longitud	PLAIN	Galvanizado
3.0 lb. - Catwalk	120" X 24"	1.33	5.33	3.00	3.20
3.0 lb. - rejilla	48" X 96"	1.33	5.33	3.00	3.20
3.0 lb. - rejilla	48" X 120"	1.33	5.33	3.00	3.20
3.14 lb. - Skywalk	48" X 96"	2.00	6.00	3.14	3.34
3.14 lb. - Skywalk	48" X 120"	2.00	6.00	3.14	3.34
4.0 lb. - rejilla	48" X 96"	1.33	5.33	4.00	4.30
4.0 lb. - rejilla	48" X 120"	1.33	5.33	4.00	4.30
4.27 lb. - Skywalk	48" X 96"	1.41	4.00	4.27	4.57
5.0 lb. - rejilla	48" X 96"	1.33	5.33	5.00	5.50
5.0 lb. - rejilla	48" X 120"	1.33	5.33	5.00	5.50
6.25 lb. - rejilla	48" X 96"	1.41	5.33	6.25	6.85

Programa 40
6061 - 6063 & T6 - T6

I.P.S. En pulgadas	Diámetro exterior	Diámetro interior	Espesor de pared en pulgadas	Peso en libras por pie
1/8"	0.405	0.269	0.068	0.085
1/4"	0.540	0.364	0.088	0.147
3/8"	0.675	0.493	0.091	0.196
1/2"	0.840	0.622	0.109	0.294
3/4"	1050	0.824	0.113	0.391
1"	1.315	1.049	0.133	0.581
1 1/4"	1.660	1.380	0.140	0.786
1 1/2"	1.900	1.610	0.145	0.94
2"	2.375	2.067	0.154	1.26
2 1/2"	2.875	2.469	0.203	2.000
3"	3500	3.068	0.216	2.620
3 1/2"	4.000	3.548	0.226	3.150
4"	4.500	4.026	0.237	3.730
5"	5.563	5.047	0.258	5.060
6"	6.625	6.065	0.28	6.560
8"	8.625	7.981	0.322	9.88
10"	10.750	10.020	0.365	14.000
12"	12.750	12.000	0.375	17.140

Programar 80
6061 - T6

I.P.S. En pulgadas	Diámetro exterior	Diámetro interior	Espesor de pared en pulgadas	Peso por pie
1"	1.315	0.957	0.179	0.75
1 1/4"	1.660	1.278	0.191	1.04
1 1/2"	1.900	1500	0.200	1.25
2"	2.375	1.939	0.218	1.74
3"	3500	2.900	0.300	3.54
3 1/2"	4.000	3.364	0.318	4.33
4"	4.500	3.826	0.337	5.18
5"	5.563	4.813	0.375	7.26
6"	6.625	5.761	0.432	9.98
8"	8.625	7.625	0.500	15.16

Pesas de aluminio extruido tubo redondo

Diámetro exterior en pulgadas	Diámetro interior expresado en pulgadas	Espesor de pared en pulgadas	Peso en libras por pie
2"	1 3/4"	3/8"	2.25
2 1/2"	1 3/4"	3/8"	2.94
3"	2 1/4"	3/8"	3.64
3"	2"	1/2"	4.62
3"	1 1/2"	3/4"	6.23
3 1/4"	2 1/2"	3/8"	3.98
3 1/4"	2 1/4"	1/2"	5.08
3 1/2"	3"	1/4"	3.00
3 1/2"	2 3/4"	3/8"	4.33
3 1/2"	2 1/2"	1/2"	5.54
3 1/2"	2"	3/4"	7.62
4"	3 1/2"	1/4"	3.46
4"	3 1/4"	3/8"	5.02
4"	3"	1/2"	6.47
4"	2 1/2"	3/4"	9.01
4"	2"	1"	11.08
4 1/2"	3 1/2"	1/2"	7.39
4 1/2"	3"	3/4"	10.39
4 1/2"	2 1/2"	1"	12.93
5"	4 5/8"	3/16"	3.34
5"	4 1/2"	1/4"	4.39
5"	4"	1/2"	8.31
5"	3 1/2"	3/4"	11.78
5"	3"	1"	14.78
5 1/2"	4 1/2"	1/2"	9.24
5 1/2"	4"	3/4"	13.16
6"	5 1/2"	1/4"	5.31
6"	5 1/4"	3/8"	7.79
6"	5"	1/2"	10.16
6"	4 1/2"	3/4"	14.55

Pesos de aluminio hoja plana

3003 - H14

Grosor en pulgadas	Peso por pie cuadrado
0.020	0.2850
0.025	0.3564
0.032	0.4564
0.040	0.5700
0.050	0.7128
0.063	0.8981
0.080	1.1405
0.090	1.2870
0.100	1.4256
0.125	1.7820
0.190	2.7100

5052 - 5052 - H32 y H34

Grosor en pulgadas	Peso por pie cuadrado
0.025	0.3492
0.032	0.4470
0.040	0.5587
0.050	0.6984
0.063	0.8800
0.080	1.1174
0.090	1.2571
0.100	1.3968
0.125	1.7460
0.190	2.6539

6061 - T6

Grosor en pulgadas	Peso por pie cuadrado
0.025	0.3528
0.032	0.4518
0.040	0.5645
0.050	0.7056
0.063	0.8892
0.080	1.1290
0.090	1.2740
0.100	1.4112
0.125	1.7640
0.190	2.6813

5086 - H116

Grosor en pulgadas	Peso por pie cuadrado
0.125	1.728
0.188	2.600

3003 - H14

Grosor en pulgadas	Anchura en pulgadas	Peso por pie lineal
0.020	36"	0.86
0.025	36"	1.07
0.025	48"	1.43
0.032	36"	1.37
0.032	48"	1.82
0.040	36"	1.71
0.040	48"	2.28
0.040	60"	2.85
0.050	36"	2.14
0.050	48"	2.85
0.063	36"	2.69
0.063	48"	3.59
0.063	60"	4.49
0.080	36"	3.42
0.080	48"	4.56
0.080	60"	5.70
0.090	36"	3.85
0.090	48"	5.13
0.090	60"	6.42
0.100	36"	4.28
0.100	48"	5.70
0.125	36"	5.34
0.125	48"	7.13
0.125	60"	8.91
0.190	36"	8.13

5052 - H32 y H34

Grosor en pulgadas	Anchura en pulgadas	Peso por pie lineal
0.032	48"	1.79
0.040	36"	1.68
0.040	48"	2.23
0.050	48"	2.79
0.063	48"	3.52
0.080	48"	4.47
0.090	36"	3.77
0.090	48"	5.03
0.090	60"	6.29
0.100	48"	5.59
0.125	48"	6.98
0.125	60"	8.73

Pesos de placa de aluminio

3003 - H14

Grosor en pulgadas	Peso por pie cuadrado
0.250	3.564

5052 - H32

Grosor en pulgadas	Peso por pie cuadrado
0.250	3.492
0.375	5.238

2024 - T351

Grosor en pulgadas	Peso por pie cuadrado
0.250	3.636
0.375	5.454
0.500	7.272
0.750	10.908
1.000	14.544
1.250	18.180
1500	21.816
2.000	29.088
2.500	36.360
3.000	43.632

6061 - T651

Grosor en pulgadas	Peso por pie cuadrado
0.250	3.528
0.313	4.420
0.375	5.292
0.500	7.056
0.625	8.820
0.750	10.584
1.000	14.112
1.250	17.640
1500	21.168
2.000	28.224
2.500	35.280
3.000	42.336
4.000	56.448
5.000	70.560
6000	84.672

5086 - H116

Grosor en pulgadas	Peso por pie cuadrado
0.250	3.456
0.313	4.330
0.375	5.184
0.500	6.912

Contrapesos de fundición de aluminio, placa de robot

Grosor en pulgadas	Peso por pie cuadrado
1/4"	3.660
5/16"	4.550
3/8"	5.480
1/2"	7.290
5/8"	9.1
3/4"	10.908
1"	14.544
1 1/4"	18.180
1 1/2"	21.816
1 3/4"	25.452
2"	29.088
2 1/2"	36.36
3"	43.632
3 1/2"	50.904
4"	58.176
5"	72.720
6"	87.264
7"	101.808
8"	116.352
9"	130.896
10"	145.440
12"	174.528
14"	203.616
15"	218.160

Placa de rodadura de aluminio
6061 - T6

Grosor en pulgadas	Peso por pie cuadrado
0.100	1.60
0.125	1.90
0.188	2.79
0.250	3.67
0.375	5.43
0.500	7.20

BRITE de rodadura de aluminio
3003 - H12

Grosor en pulgadas	Peso por pie cuadrado
0.100	1.57
0.125	1.92
0.188	2.82

175

Las pesas de barra redonda de aluminio

6061 - T651 y T6511

Diámetro en pulgadas	Peso por pie lineal
1/8"	0.014
3/16"	0.032
1/4"	0.058
5/16"	0.090
3/8"	0.13
7/16"	0.177
1/2"	0.231
9/16"	0.291
5/8"	0.360
3/4"	0.519
7/8"	0.706
1"	0.923
1 1/8"	1.170
1 1/4"	1.440
1 3/8"	1.740
1 1/2"	2.080
1 5/8"	2.440
1 3/4"	2.820
1 7/8"	3.24
2"	3.69
2 1/8"	4.17
2 1/4"	4.67
2 1/2"	5.77
2 3/4"	6.98
3"	8.30
3 1/4"	9.74
3 1/2"	11.30
3 3/4"	12.98
4"	14.76
4 1/2"	18.68
5"	23.07
5 1/2"	28.00
6"	33.22
6 1/2"	38.98
7"	45.01
8"	59.04

Las pesas de barra rectangular de aluminio

6061 - T6 y T6511

Tamaño en pulgadas	Peso por pie lineal
1/8" x 3/4"	0.115
1/8" X 1"	0.147
1/8" X 1 1/2"	0.226
1/8" X 2"	0.294
3/16" x 3/4"	0.165
3/16" x 1"	0.220
3/16" x 1 1/2"	0.330
3/16" x 2"	0.441
1/4" x 1/2"	0.147
1/4" x 5/8"	0.187
1/4" x 3/4"	0.221
1/4" X 1"	0.294
1/4" X 1 1/4"	0.367
1/4" X 1 1/2"	0.441
1/4" X 2"	0.599
1/4" X 2 1/2"	0.75
1/4" X 3"	0.900
1/4" X 4"	1.175
1/4" X 6"	1.800
1/4" X 9"	2.640
1/4" X 12"	3.528
5/16" x 1"	0.367
3/8" x 1/2"	0.224
3/8" x 3/4"	0.330
3/8" X 1"	0.441
3/8" X 1 1/4"	0.551
3/8" X 1 1/2"	0.661
3/8" X 2"	0.881
3/8" X 3"	1.320
3/8" X 4"	1.760
3/8" X 6"	2.640
1/2" x 3/4"	0.44
1/2" X 1"	0.587
1/2" X 1 1/2"	0.881
1/2" X 2"	1.180
1/2" X 2 1/2"	1.47
1/2" X 3"	1.760
1/2" X 4"	2.350
1/2" X 6"	3.520

6061 - T6 y T6511 continuó

Tamaño en pulgadas	Peso por pie lineal
5/8" X 1 1/2"	1.100
5/8" X 2"	1.47
3/4" X 1"	0.881
3/4" X 1 1/4"	1.100
3/4" X 1 1/2"	1.320
3/4" X 2"	1.760
3/4" X 3"	2.640
3/4" X 4"	3.530
3/4" X 6"	5.290
1" X 1 1/4"	1.47
1" X 1 1/2"	1.760
1" X 2"	2.350
1" X 2 1/2"	2.940
1" X 3"	3.530
1" X 4"	4.700
1" X 6"	7.050
1 1/4" X 2 1/2"	3.670
1 1/4" X 3"	4.400
1 1/2" X 2"	3.520
1 1/2" X 2 1/2"	4.410
1 1/2" X 3"	5.290
1 1/2" X 4"	7.050
1 1/2" X 6"	10.570
2" X 3"	7.050
2" X 4"	9.400
2" X 6"	14.100
2 1/2" X 4"	11.750
2 1/2" X 6"	17.620
3" X 4"	14.100
3" X 6"	21.150

6063 - T5 y T52

Tamaño en pulgadas	Peso por pie lineal
1/8" x 1/2"	0.075
1/8" x 5/8"	0.094
1/8" x 3/4"	0.113
1/8" X 1"	0.150
1/8" X 1 1/4"	0.187
1/8" X 1 1/2"	0.225
1/8" X 2"	0.300
1/8" X 3"	0.55
1/8" X 4"	0.600
3/16" x 1/2"	0.113
3/16" x 3/4"	0.169
3/16" x 1"	0.226
3/16" x 1 1/4"	0.282
3/16" x 1 1/2"	0.338
3/16" x 2"	0.451
3/16" x 2 1/2"	0.564
1/4" X 2"	0.600
1/4" X 2 1/2"	0.75
1/4" X 3"	0.900
1/4" X 4"	1.19
3/8" x 1/2"	0.225
3/8" x 5/8"	0.28
3/8" x 3/4"	0.337
3/8" X 1"	0.45
3/8" X 1 1/4"	0.564
3/8" X 1 1/2"	0.675
3/8" X 1 3/4"	0.771
3/8" X 2"	0.900
3/8" X 3"	1.350
3/8" X 4"	1.760
1/2" x 3/4"	0.45
1/2" X 1"	0.600
1/2" X 1 1/4"	0.75
1/2" X 1 1/2"	0.900
1/2" X 2"	1.200
1/2" X 2 1/2"	1500
1/2" X 3"	1.800
3/4" X 1 1/2"	1.350
3/4" X 2"	1.800
3/4" X 2 1/2"	2.200
3/4" X 3"	2.640
3/4" X 4"	3.520
1" X 1 1/2"	1.800
1" X 2"	2.4
1" X 3"	3.520

Barras cuadradas
2024 - T351

Tamaño en pulgadas	Peso por pie lineal
3/8"	0.168
1/2"	0.299
5/8"	0.467
3/4"	0.672
7/8"	0.916
1"	1.19
1 1/8"	1.510
1 1/4"	1.87
1 1/2"	2.69
1 3/4"	3.66
2"	4.78
2 1/2"	7.50
3"	10.80
3 1/4"	12.66
3 1/2"	14.68
4"	19.18

Barras hexagonales
2024 - T351

Tamaño en pulgadas	Peso por pie lineal
5/16"	0.101
3/8"	0.144
1/2"	0.259
5/8"	0.405
11/16"	0.491
3/4"	0.584
1"	1.04
1 1/8"	1.310
1 1/4"	1.62
1 1/2"	2.33
1 3/4"	3.18
1 7/8"	3.65
2 1/4"	5.25
2 1/2"	6.48
2 3/4"	7.85
3 3/8"	9.48

Pesos de aluminio hierro angular igual cara

6061 - estructural T6

Tamaño en pulgadas	Peso por pie lineal
1/8" x 3/4" x 3/4"	0.20
1/8" X 1" X 1"	0.28
3/16" x 1" X 1"	0.40
1/4" X 1" X 1"	0.51
1/8" X 1 1/4" X 1 1/4"	0.35
3/16" x 1 1/4" X 1 1/4"	0.51
1/4" X 1 1/4" X 1 1/4"	0.66
1/8" X 1 1/2" X 1 1/2"	0.43
3/16" x 1 1/2" X 1 1/2"	0.62
1/4" X 1 1/2" X 1 1/2"	0.81
1/8" X 1 3/4" X 1 3/4"	0.51
3/16" x 1 3/4" X 1 3/4"	0.74
1/4" X 1 3/4" X 1 3/4"	0.96
1/8" X 2" X 2"	0.59
3/16" x 2" X 2"	0.85
1/4" X 2" X 2"	1.11
3/8" X 2" X 2"	1.61
3/16" x 2 1/2" X 2 1/2"	1.07
1/4" X 2 1/2" X 2 1/2"	1.40
5/16" x 2 1/2" X 2 1/2"	1.73
3/16" x 3" X 3"	1.28
1/4" X 3" X 3"	1.68
5/16" x 3" X 3"	2.08
3/8" X 3" X 3"	2.47
5/16" x 3 1/2" X 3 1/2"	2.46
1/4" X 4" X 4"	2.28
5/16" x 4" X 4"	2.83
3/8" X 4" X 4"	3.38
3/8" X 5" X 5"	4.28
1/2" X 5" X 5"	5.58
3/8" X 6" X 6"	5.12
1/2" X 6" X 6"	6.75
1/2" X 8" X 8"	9.14

Contrapesos de hierro angular de aluminio cara desigual

6061 - estructural T6

Tamaño en pulgadas	Peso por pie lineal
1/8" X 1 1/4" X 1 1/2"	0.39
3/16" x 1 1/4" X 1 1/2"	0.57
1/4" X 1 1/4" X 1 1/2"	0.74
1/8" X 1 1/4" X 1 3/4"	0.42
3/16" x 1 1/4" X 1 3/4"	0.62
1/4" X 1 1/4" X 1 3/4"	0.81
1/8" X 1 1/2" X 2"	0.50
3/16" x 1 1/2" X 2"	0.73
1/4" X 1 1/2" X 2"	0.96
3/16" x 2" X 2 1/2"	0.96
1/4" X 2" X 2 1/2"	1.26
5/16" x 2" X 2 1/2"	1.55
3/16" x 2" X 3"	1.07
1/4" X 2" X 3"	1.40
3/8" X 2" X 3"	2.05
1/4" X 2 1/2" X 3"	1.54
1/4" X 2 1/2" X 3 1/2"	1.68
1/4" X 3" X 4"	1.99
3/8" X 3" X 4"	2.93
3/8" X 3" X 5"	3.35
1/2" X 3" X 5"	4.40
3/8" X 4" X 6"	4.24
1/2" X 4" X 6"	5.58

Pesos de canales estructurales de aluminio

6061 - T6 Estándar americano

Tamaño en pulgadas de profundidad WEB	Espesor	Ancho de brida en pulgadas	Peso por pie lineal
3"	0.170	1.410	1.42
3"	0.258	1.498	1.73
3"	0.356	1.596	2.07
4"	0.18	1.580	1.85
4"	0.247	1.647	2.16
4"	0.320	1.720	2.50
5"	0.190	1.750	2.32
5"	0.325	1.885	3.11
5"	0.472	2.032	3.97
6"	0.200	1.920	2.83
6"	0.225	1.945	3.00
6"	0.314	2.034	3.63
6"	0.437	2.157	4.48
7"	0.23	2.110	3.54
8"	0.250	2.290	4.25
8"	0.303	2.343	4.75
8"	0.487	2.527	6.48
10"	0.240	2.600	5.28
10"	0.526	2.886	8.64
12"	0.300	2.960	7.41
12"	0.510	3.170	10.38

6061 - Asociación de aluminio T6

Tamaño en pulgadas de profundidad WEB	Espesor	Ancho de brida en pulgadas	Peso por pie lineal
3"	0.13	-----	1.135
3"	0.170	-----	1.597
4"	0.150	-----	1.738
4"	0.190	-----	2.332
5"	0.150	-----	2.212
5"	0.190	-----	3.089
6"	0.170	-----	2.834
6"	0.21	-----	4.030
7"	0.170	-----	3.210
8"	0.190	-----	4.147
8"	0.250	-----	5.789
10"	0.250	-----	6.136
10"	0.310	-----	8.360

Aluminio H - vigas - WF
6061 - T6

Tamaño en pulgadas de profundidad WEB	Espesor	Ancho de brida en pulgadas	Peso por pie lineal
4"	0.313	4.000	4.76
5"	0.313	5.000	6.49
6"	0.250	5.938	7.85
6"	0.240	6.000	5.40
8"	0.23	5.25	5.91
8"	0.245	6.500	8.32
8"	0.288	8.000	10.73

I - Vigas de Aluminio
6061 - T6 Estándar americano

Tamaño en pulgadas de profundidad WEB	Espesor	Ancho de brida en pulgadas	Peso por pie lineal
3"	0.170	2.330	1.96
3"	0.349	2.509	2.59
4"	0.190	2.660	2.64
4"	0.326	2.796	3.28
5"	0.21	3.000	3.43
5"	0.494	3.284	5.10
6"	0.23	3.330	4.30
6"	0.343	3.443	5.10
8"	0.27	4.000	6.34

I - Vigas de Aluminio
6061 - Asociación de aluminio T6

Tamaño en pulgadas de profundidad WEB	Espesor	Ancho de brida en pulgadas	Peso por pie lineal
3"	0.13	2.50	1.637
3"	0.150	2.50	2.030
4"	0.150	3.00	2.310
4"	0.170	3.00	2.79
5"	0.190	3.50	3.699
6"	0.190	4.00	4.030
6"	0.21	4.00	4.693
8"	0.23	5.00	6.181
8"	0.250	5.00	7.023

Contrapesos de hierro angular de la arquitectura de aluminio

6063 - T52

Tamaño en pulgadas	Espesor	Peso por pie lineal
3/8" x 3/4"	0.094	0.116
1/2" x 1/2"	0.062	0.070
1/2" x 1/2"	0.125	0.131
1/2" X 1"	0.094	0.158
1/2" X 1"	0.125	0.206
1/2" X 1 1/4"	0.125	0.244
5/8" x 5/8"	0.125	0.168
3/4" x 3/4"	0.062	0.108
3/4" x 3/4"	0.125	0.206
3/4" X 1"	0.125	0.244
3/4" X 1 1/2"	0.125	0.319
1" X 1"	0.062	0.145
1" X 1"	0.125	0.281
1" X 1"	0.188	0.408
1" X 1 1/2"	0.125	0.356
1" X 2"	0.125	0.431
1 1/4" X 1 1/4"	0.125	0.356
1 1/4" X 1 1/4"	0.188	0.519
1 1/4" X 3 1/2"	0.125	0.694
1 1/2" X 1 1/2"	0.125	0.431
1 1/2" X 1 1/2"	0.188	0.633
1 3/4" X 1 3/4"	0.125	0.506
2" X 2"	0.125	0.581
2" X 2"	0.188	0.857
2" X 2"	0.250	1.124

Pesos de aluminio canal de hierro arquitectónico

6063 - T52

Tamaño en pulgadas	Espesor	Peso por pie lineal
1/2" x 3/8"	0.125	0.150
1/2" x 1/2"	0.094	0.148
1/2" x 3/4"	0.125	0.263
5/8" x 5/8"	0.125	0.244
3/4" x 3/8"	0.125	0.187
3/4" x 3/4"	0.125	0.300
1" x 1/2"	0.125	0.263
1" X 1"	0.125	0.413
1 1/4" x 1/2"	0.125	0.300
1 1/4" X 1 1/4"	0.125	0.526
1 7/16" x 1/2"	0.094	0.251
1 1/2" x 1/2"	0.125	0.337
1 3/4" x 1/2"	0.125	0.374
1 3/4" x 3/4"	0.125	0.45
1 3/4" X 1"	0.125	0.524
2" x 1/2"	0.125	0.413
2" X 1"	0.125	0.564
2 1/4" x 7/8"	0.125	0.563
2 1/2" X 1 1/2"	0.125	0.787
3" x 1/2"	0.125	0.563
3" X 1"	0.125	0.713

Tubo cuadrado extruido
6063 - T5 esquinas afiladas

Tamaño en pulgadas	Espesor de pared	Peso por pie lineal
3/4" x 3/4"	0.125	0.376
1" X 1"	0.125	0.526
1 1/4" X 1 1/4"	0.125	0.674
1 1/2" X 1 1/2"	0.125	0.825
1 3/4" X 1 3/4"	0.125	0.974
2" X 2"	0.125	1.126
3" X 3"	0.125	1.726
4" X 4"	0.125	2.326

Tubo cuadrado extruido
6061 - T6 esquinas afiladas

Tamaño en pulgadas	Espesor de pared	Peso por pie lineal
2" X 2"	0.188	1.636
2" X 2"	0.250	2.100
3" X 3"	0.188	2.538
3" X 3"	0.250	3.298
4" X 4"	0.188	3.372
4" X 4"	0.250	4.500

Tubo rectangular extruido
6063 - T5 esquinas afiladas

Tamaño en pulgadas	Espesor de pared	Peso por pie lineal
1/2" X 1"	0.125	0.383
3/4" X 1 1/2"	0.125	0.604
1" X 1 1/2"	0.125	0.677
1" X 2"	0.125	0.824
1 1/4" X 2 1/2"	0.125	1.045
1 1/2" X 2"	0.125	0.971
1 3/4" X 3"	0.125	1.339
1 3/4" X 3 1/2"	0.125	1.486
1 3/4" X 4"	0.125	1.633
1 3/4" X 4 1/2"	0.125	1.780
1 3/4" X 5"	0.125	1.927
2" X 3"	0.125	1.412
2" X 5"	0.125	2.000

Cuadrados, cubos y cuadrados y raíces cúbicas

Número	SQUARE	CUBE	Raíz cuadrada	Raíz cúbica
1	1	1	1.000	1.000
2	4	8	1.414	1.26
3	9	27	1.732	1.442
4	16	64	2.000	1.587
5	25	125	2.236	1.710
6	36	216	2.449	1.817
7	49	343	2.646	1.913
8	64	512	2.828	2.000
9	81	729	3.000	2.080
10	100	1.000	3.162	2.154
11	121	1.331	3.317	2.224
12	144	1.728	3.464	2.289
13	169	2.197	3.606	2.351
14	196	2.744	3.742	2.410
15	225	3.375	3.873	2.466
16	256	4.096	4.000	2.520
17	289	4.913	4.123	2.571
18	324	5.832	4.243	2.621
19	361	6.859	4.359	2.668
20	400	8.000	4.472	2.714
21	441	9.261	4.583	2.759
22	184	10.648	4.690	2.802
23	529	12.167	4.796	2.844
24	576	13.824	4.899	2.884
25	625	15.625	5.000	2.924
26	676	17.576	5.099	2.962
27	729	19.683	5.196	3.000
28	784	21.952	5.292	3.037
29	841	24.389	5.385	3.072
30	900	27.000	5.477	3.107
31	961	29.791	5.568	3.141
32	1.024	32.768	5.657	3.175
33	1.089	35.937	5.745	3.208
34	1.156	39.304	5.831	3.24
35	1.225	42.875	5.916	3.271
36	1.296	46.656	6.000	3.302
37	1.369	50.653	6.083	3.332
38	1.444	54.872	6.164	3.362
39	1.521	59.319	6.245	3.391
40	1.600	64.000	6.325	3.420
41	1.681	68.921	6.403	3.448
42	1.764	74.088	6.481	3.476
43	1.849	79.507	6.557	3.503
44	1.936	85.184	6.633	3.530
45	2.025	91.125	6.708	3.557
46	2.116	97.336	6.782	3.583
47	2.209	103.823	6.856	3.609
48	2.304	110.592	6.928	3.634
49	2.401	117.649	7.000	3.659
50	2.500	125.000	7.071	3.684

Número	SQUARE	CUBE	Raíz cuadrada	Raíz cúbica
51	2.601	132.651	7.141	3.708
52	2.704	140.608	7.211	3.733
53	2.809	148.877	7.280	3.756
54	2.916	157.464	7.348	3.780
55	3.025	166.375	7.416	3.803
56	3.136	175.616	7.483	3.826
57	3.249	185.193	7.550	3 849
58	3.364	195.112	7.616	3.871
59	3.481	205.379	7.681	3.893
60	3.600	216.000	7.746	3.915
61	3.721	226.981	7.810	3.936
62	3.844	238.328	7.874	3.958
63	3.969	250.047	7.937	3.979
64	4.096	262.144	8.000	4.000
65	4.225	274.625	8.062	4.021
66	4.356	287.496	8.124	4.041
67	4.489	300.763	8.185	4.062
68	2.423	314.432	8.264	4.082
69	4.761	328.509	8.307	4.102
70	4.900	343.000	8.367	4.121
71	5.041	357.911	8.426	4.141
72	5.184	373.248	8.485	4.160
73	5.329	389.017	8.544	4.179
74	5.476	405.224	8.602	4.198
75	5.625	421.875	8.660	4.217
76	5.776	438.976	8.718	4.236
77	5.929	456.533	8.775	4.254
78	6.084	474.552	8.832	4.273
79	6.241	493.039	8.888	4.291
80	6.400	512.000	8.944	4.309
81	6.561	531.441	9.000	4.327
82	6.724	551.368	9.055	4.344
83	6.889	571.787	9.110	4.362
84	7.056	592.704	9.165	4.380
85	7.225	614.125	9.220	4.397
86	7.396	636.056	9.274	4.414
87	7.569	658.503	9.327	4.431
88	7.744	681.472	9.381	4.448
89	7.921	704.969	9.434	4.465
90	8.100	729.000	9.487	4.481
91	8.281	753.571	9.539	4.498
92	8.464	778.688	9.592	4.514
93	8.649	804.357	9.644	4.531
94	8.836	830.584	9.695	4.547
95	9.025	857.375	9.747	4.563
96	9.216	884.736	9.798	4.579
97	9.409	912.673	9.849	4.595
98	9.604	941.192	9.899	4.610
99	9.801	970.299	9.950	4.626
100	10.000	1,000.000	10.000	4.642

Longitudes de acordes para ESPACIAMIENTO OFF La circunferencia de los círculos con un diámetro igual a 1"

NO. De espacios	Longitud de la cuerda	NO. De espacios	Longitud de la cuerda	NO. De espacios	Longitud de la cuerda	NO. De espacios	Longitud de la cuerda
3	.866025	51	.061560	99	.031727	147	.021369
4	.707106	52	.060378	100	.031410	148	.021225
5	.587785	53	.059240	101	.031099	149	.021082
6	.500000	54	.058144	102	.030795	150	.020942
7	.433883	55	.057088	103	.030496	151	.020803
8	.382683	56	.056070	104	.030202	152	.020666
9	.342020	57	.055087	105	.029915	153	.020531
10	.309017	58	.054138	106	.029633	154	.020398
11	.281732	59	.053222	107	.029356	155	.020266
12	.258819	60	.052336	108	.029084	156	.020137
13	.239315	61	.051478	109	.028817	157	.020008
14	.222520	62	.050649	110	.028556	158	.019882
15	.207911	63	.049845	111	.028296	159	.019757
16	.195090	64	.049067	112	.028046	160	.019633
17	.183749	65	.048313	113	.027798	161	.019511
18	.173648	66	.047581	114	.027554	162	.019391
19	.164594	67	.046872	115	.027314	163	.019272
20	.156434	68	.046183	116	.027079	164	.019154
21	.149042	69	.045514	117	.026847	165	.019038
22	.142314	70	.044864	118	.026620	166	.018924
23	.136166	71	.044233	119	.026396	167	.018810
24	.130526	72	.043619	120	.026176	168	.018698
25	.125333	73	.043022	121	.025960	169	.018588
26	.120536	74	.042441	122	.025747	170	.018478
27	.116092	75	.041875	123	.025538	171	.018370
28	.111964	76	.041324	124	.025332	172	.018264
29	.108118	77	.040788	125	.025130	173	.018158
30	.104528	78	.040265	126	.024930	174	.018054
31	.101168	79	.039756	127	.024734	175	.017950
32	.098017	80	.039259	128	.024541	176	.017848
33	.095056	81	.038775	129	.024350	177	.017748
34	.092268	82	.038302	130	.024163	178	.017648
35	.089639	83	.037841	131	.023979	179	.017549
36	.087155	84	.037391	132	.023797	180	.017452
37	.084805	85	.036951	133	.023618	181	.017355
38	.082579	86	.036522	134	.023442	182	.017260
39	.080466	87	.036102	135	.023268	183	.017166
40	.078459	88	.035692	136	.023097	184	.017073
41	.076549	89	.035291	137	.022929	185	.016980
42	.074730	90	.034899	138	.022763	186	.016889
43	.072995	91	.034516	139	.022599	187	.016799
44	.071339	92	.034141	140	.022438	188	.016709
45	.069756	93	.033774	141	.022278	189	.016621
46	.068242	94	.033414	142	.022122	190	.016533
47	.066792	95	.033063	143	.021967	191	.016447
48	.065403	96	.032719	144	.021814	192	.016361
49	.064070	97	.032381	145	.021664	193	.016276
50	.062790	98	.032051	146	.021516	194	.016193

Factores de conversión

Para convertir	Multiplicar por	Para obtener
Un		
ABAMPERES	1.0×10^1	Amperios
ABCOULOMBS	2.998×10^{10}	STATCOULOMBS
ABFARADS	1.0×10^9	Faradios
ABFARADS	1.0×10^{-15}	MICROFARADS
ABHENRIES	1.0×10^{-9}	HENRIES
ABHENRIES	1.0×10^{-6}	MILLIHENRIES
ABOHMS	1.0×10^{-9}	Ohmios
ABOHMS	1.0×10^{-15}	Megaohmios
ABVOLTS	1.0×10^{-8}	V
ACRES	1.0×10^1	Las cadenas (GUNTERS SQ)
ACRES	$1,60 \times 10^2$	Bielas
ACRES	1.0×10^5	Enlaces SQ
ACRES	4.047×10^{-1}	Hectáreas o SQ HECTOMETERS
ACRES	4.35×10^4	Pies cuadrados
ACRES	4.047×10^3	Metros Cuadrados
ACRES	1.562×10^3	Millas cuadradas
ACRES	4.840×10^3	Yardas cuadradas
ACRE - Pies	4.356×10^4	Pies cúbicos
ACRE - Pies	3.259×10^5	Galones
Amperios / CM2	6.452	AMPS / SQ EN
Amperios / CM2	1.0×10^4	AMPS / METROS CUADRADOS
Amperios / SQ EN	1.550×10^{-1}	AMPS / CM2
Amperios / SQ EN	1.550×10^3	AMPS / METROS CUADRADOS
Amperios / METROS CUADRADOS	1.0×10^{-4}	AMPS / CM2
Amperios / METROS CUADRADOS	6.452×10^{-4}	AMPS / SQ EN
AMPERE - Horas	3.600×10^3	Culombios
AMPERE - Horas	3.731×10^{-2}	FARADAYS
AMPERE - Giros	1.257	Islas Gilbert.
AMPERE - Giros / CM	2.540	AMP - gira / En
AMPERE - Giros / CM	1.0×10^2	AMP - gira / Metro
AMPERE - Giros / En	$3,937 \times 10^{-1}$	AMP - gira / CM
AMPERE - Giros / En	$3,937 \times 10^1$	AMP - gira / Metro
AMPERE - Giros / En	4.950×10^{-1}	Islas Gilbert / CM
AMPERE - Giros / Metro	1.0×10^{-2}	AMP - gira / CM
AMPERE - Giros / Metro	2.54×10^{-2}	AMP - gira / En
AMPERE - Giros / Metro	1.257×10^{-2}	Islas Gilbert / CM
Unidad ANGSTROM	$3,937 \times 10^{-9}$	Pulgadas
Unidad ANGSTROM	1.0×10^{-10}	Metros
Unidad ANGSTROM	1.0×10^{-4}	Micrones o (MU)
ARES	2.471×10^{-2}	ACRES (US)
ARES	1.196×10^2	Yardas cuadradas
ARES	1.0×10^2	Metros Cuadrados

Factores de conversión continua

Para convertir	Multiplicar por	Para obtener
Un		
Unidad Astronómica	1.495×10^8	Kilómetros
Atmósferas	7.348×10^{-3}	Toneladas / SQ.
Atmósferas	1.058	Toneladas / pies cuadrados
Atmósferas	7.6×10^1	CMS DE MERCURIO (en 0^0 C)
Atmósferas	3.39×10^1	Pies de agua (A 4^0 C)
Atmósferas	2.992×10^1	En de mercurio (a 0^0 C)
Atmósferas	7.6×10^{-1}	Metros de mercurio (a 0^0 C)
Atmósferas	7.6×10^2	Milímetros de mercurio (a 0^0 C)
Atmósferas	1.0333	Kg / CM2
Atmósferas	1.0333×10^4	Kg / m²
Atmósferas	1.47×10^1	Libras/pulgadas cuadradas.
Para convertir	**Multiplicar por**	**Para obtener**
B		
Barriles (EE.UU. Seco).	3,281	Bu.
Barriles (EE.UU. Seco).	7.056×10^3	CU PULG.
Barriles (EE.UU. Seco).	1.05×10^2	Cuartos de galón (seco).
Barriles (EE.UU. Líquido)	$3,15 \times 10^1$	Galones
Barriles (aceite)	4.2×10^1	Galones (aceite)
Bares	9.869×10^{-1}	Atmósferas
Bares	1.0×10^6	DYNES / CM2
Bares	1.020×10^4	Kg / m²
Bares	2.089×10^3	Libras/pulgadas cuadradas.
Bares	$1,45 \times 10^1$	Libras/pulgadas cuadradas.
BARYE	1.00	DYNES / CM2
Perno (EE.UU., paño)	3.6576×10^1	Metros
BTU	1.0409×10^1	Litro - ATMOSPHERS
BTU	1.0550×10^{10}	ERGS
BTU	7.7816×10^2	Libras pie
BTU	$2,52 \times 10^2$	GRAM - Calorías
BTU	3.927×10^{-4}	- Horas de potencia
BTU	1.055×10^3	Julios
BTU	$2,52 \times 10^{-1}$	Kilogramo - Calorías
BTU	1.0758×10^2	KILOGRAMMETERS
BTU	2.928×10^{-4}	- kilovatios horas
BTU/hr	2.162×10^{-1}	FT - libras / seg.
BTU/hr	7.0×10^{-2}	GRAM - CAL / seg.
BTU/hr	3.929×10^{-4}	Caballos de fuerza
BTU/hr	2.931×10^{-1}	Vatios
BTU / Mín.	1.296×10^1	Pies-libras / seg.
BTU / Mín.	2.356×10^{-2}	Caballos de fuerza
BTU / Mín.	$1,757 \times 10^{-2}$	Kilovatios
BTU / Mín.	$1,757 \times 10^1$	Vatios
BTU/sq ft/min.	1.22×10^{-1}	Vatios / SQ.

Para convertir	Multiplicar por	Para obtener
B		
Cucharón (BR) en seco	1.8184×10^4	CM3
Bu.	1.2445	Pie cúbico
Bu.	2.1504×10^3	Pulgadas cúbicas
Bu.	3.524×10^{-2}	Metros cúbicos
Bu.	3.524×10^1	Litros
Bu.	4.0	Besos
Bu.	6.4×10^1	Pintas (seco).
Bu.	3.2×10^1	Cuartos de galón (seco).
C		
Calorías, gramos (media)	3.9685×10^{-3}	BTU (media)
Velas / CM2	3.146	LAMBERTS
Velas / SQ.	4.870×10^{-1}	LAMBERTS
CANDELA / CM2	3.146	LAMBERTS
CANDELA / SQ.	$4.870 \times 10{-1}$	LAMBERTS
CENTARES	1.0	Metros Cuadrados
(grados centígrados)	$^0C \times 9/5 + 32$	FAHRENHEIT (grados)
(grados centígrados)	$^0C + 273.18$	KELVIN (grados)
CENTIGRAMS	1.0×10^{-2}	Gramos
Centilitros	3.382×10^{-1}	Onza (Fluido) U.S.
Centilitros	6.103×10^{-1}	Pulgadas cúbicas
Centilitros	2.705	Dram
Centilitros	1.0×10^{-2}	Litros
Centímetros	$3.281 \times 10{-2}$	Pies
Centímetros	$3.937 \times 10{-1}$	Pulgadas
Centímetros	1.0×10^{-5}	Kilómetros
Centímetros	1.0×10^{-2}	Metros
Centímetros	6.214×10^{-6}	Millas
Centímetros	1.0×10^1	Milímetros
Centímetros	3.937×102	MILS
Centímetros	1.094×10^{-2}	Astilleros
Centímetros	1.0×10^4	Micras
Centímetros	1.0×10^8	Unidades ANGSTROM
Centímetro - DYNES	1.020×10^{-3}	CN - G
Centímetro - DYNES	1.020×10^{-8}	Metro - kg.
Centímetro - DYNES	7.376×10^{-8}	Libra - FT
Centímetro - G	9.807×10^2	CM - DYNES
Centímetro - G	1.0×10^{-5}	Metro - kg.
Centímetro - G	7.233×10^{-5}	Libra - FT
Centímetros DE MERCURIO	1.316×10^{-2}	Atmósferas
Centímetros DE MERCURIO	4.461×10^{-1}	Pie de agua
Centímetros DE MERCURIO	1.36×10^2	Kg / m²
Centímetros DE MERCURIO	2.785×10^1	Libras/pies cuadrados
Centímetros DE MERCURIO	1.934×10^{-1}	Libras/pulgadas cuadradas.
Centímetros / seg.	1.969	Pies/min.
Centímetros / seg.	$3.281 \times 10{-2}$	Pies / seg.

Para convertir	Multiplicar por	Para obtener
C		
Centímetros / seg.	3.6×10^{-2}	Km/Hr
Centímetros / seg.	1.943×10^{-2}	Nudos
Centímetros / seg.	$6.0 \times 10\text{-}1$	Metros/min.
Centímetros / seg.	2.237×10^{-2}	Km/Hr
Centímetros / seg.	3.728×10^{-4}	Millas / Mín.
Centímetros / s / s.	$3.281 \times 10\text{-}2$	FT/Sec / seg.
Centímetros / s / s.	3.6×10^{-2}	Km / HR / seg.
Centímetros / s / s.	1.0×10^{-2}	M / s / s.
Centímetros / s / s.	2.237×10^{-2}	Km / HR / seg.
CENTIPOISE	1.0×10^{-2}	GR / CM - SEC
CENTIPOISE	6.72×10^{-4}	Libra / FT - SEC
CENTIPOISE	2.4	Libra / FT - HR
Las cadenas (GUNTERS)	7.92×10^{2}	Pulgadas
Las cadenas (GUNTERS)	2.012×10^{1}	Metros
Las cadenas (GUNTERS)	2.2×10^{1}	Astilleros
Milipulgadas circulares	5.067×10^{-6}	CM2
Milipulgadas circulares	7.854×10^{-1}	SQ MILS
Milipulgadas circulares	7.854×10^{-7}	Pulgadas cuadradas
La circunferencia	6.283	Radianes
Cuerdas	8.0	Pies de cable
Pies de cable	1.6×10^{1}	Pies cúbicos
Culombios	2.998×10^{9}	STATCOULOMBS
Culombios	1.036×10^{-5}	FARADAYS
Culombios / CM2	6.452	Culombios / SQ.
Culombios / CM2	1.0×10^{4}	Culombios / METROS CUADRADOS
Culombios / SQ.	1.550×10^{-1}	Culombios / CM2
Culombios / SQ.	1.550×10^{3}	Culombios / METROS CUADRADOS
Culombios / METROS CUADRADOS	1.0×10^{-4}	Culombios / CM2
Culombios / METROS CUADRADOS	6.452×10^{-4}	Culombios / SQ.
Centímetros cúbicos	3.531×10^{-5}	Pies cúbicos
Centímetros cúbicos	6.102×10^{-2}	Cúbicas.
Centímetros cúbicos	1.0×10^{-6}	Metros cúbicos
Centímetros cúbicos	1.308×10^{-6}	De yardas cúbicas
Centímetros cúbicos	2.642×10^{-4}	Galones (EE.UU. Líquido)
Centímetros cúbicos	1.0×10^{-3}	Litros
Centímetros cúbicos	2.113×10^{-3}	Pintas (EE.UU. Líquido)
Centímetros cúbicos	1057×10^{-3}	Cuartos de galón (EE.UU. Líquido)
Pies cúbicos	8.036×10^{-1}	Bu (seco).
Pies cúbicos	2.8320×10^{4}	CU CMS
Pies cúbicos	1.728×10^{3}	CU PULG.
Pies cúbicos	2.832×10^{-2}	Metros cúbicos
Pies cúbicos	3.704×10^{-2}	Astilleros CU
Pies cúbicos	7.48052	Galones (EE.UU. Líquido)
Pies cúbicos	2.832×10^{1}	Litros
Pies cúbicos	5.984×10^{1}	Pintas (EE.UU. Líquido)
Pies cúbicos	2.992×10^{1}	Cuartos de galón (EE.UU. Líquido)

Para convertir	Multiplicar por	Para obtener
C		
Pies cúbicos/MIN	4.72×10^2	CU CMS / seg.
Pies cúbicos/MIN	$1.247 \times 10\text{-}1$	Galones / seg.
Pies cúbicos/MIN	4.720×10^{-1}	Litros / seg.
Pies cúbicos/MIN	6.243×10^1	Libras de agua / Mín.
Pies cúbicos / seg.	6.46317×10^{-1}	MILLON GALS / día
Pies cúbicos / seg.	4.48831×10^2	Galones/MIN
Pulgadas cúbicas	1.639×10^1	CU CMS
Pulgadas cúbicas	5.787×10^{-4}	Pies cúbicos
Pulgadas cúbicas	1.639×10^{-5}	Metros cúbicos
Pulgadas cúbicas	2.143×10^{-5}	Astilleros CU
Pulgadas cúbicas	4.329×10^{-3}	Galones
Pulgadas cúbicas	1.639×10^{-2}	Litros
Pulgadas cúbicas	3.463×10^{-2}	Pintas (EE.UU. Líquido)
Pulgadas cúbicas	1.732×10^{-2}	Cuartos de galón (EE.UU. Líquido)
Metros cúbicos	2.838×10^1	Bu (seco).
Metros cúbicos	1.0×10^6	CU CMS
Metros cúbicos	3.531×10^1	Pies cúbicos
Metros cúbicos	6.1023×10^4	CU PULG.
Metros cúbicos	1.308	Astilleros CU
Metros cúbicos	2.642×10^2	Galones (EE.UU. Líquido)
Metros cúbicos	1.0×10^3	Litros
Metros cúbicos	2.113×10^3	Pintas (EE.UU. Líquido)
Metros cúbicos	1057×10^3	Cuartos de galón (EE.UU. Líquido)
De yardas cúbicas	7.646×10^5	CU CMS
De yardas cúbicas	2.7×101	Pies cúbicos
De yardas cúbicas	4.6656×10^4	CU PULG.
De yardas cúbicas	7.646×10^{-1}	Metros cúbicos
De yardas cúbicas	2.02×102	Galones (EE.UU. Líquido)
De yardas cúbicas	7.646×10^2	Litros
De yardas cúbicas	1.6159×10^3	Pintas (EE.UU. Líquido)
De yardas cúbicas	8.079×10^2	Cuartos de galón (EE.UU. Líquido)
Metros cúbicos / Mín.	4.5×10^{-1}	Pies cúbicos / seg.
Metros cúbicos / Mín.	3.367	Galones / seg.
Metros cúbicos / Mín.	1.274×10^1	Litros / seg.
D		
Dalton	1.650×10^{-24}	Gramos
Días	8.64×10^4	Segundos
Días	1.44×103	Minutos
Días	2.4×10^1	Horas
DECIGRAMS	1.0×10^{-1}	Gramos
DECILITERS	1.0×10^{-1}	Litros
Decímetros	1.0×10^{-1}	Metros
Grados (ángulo)	1.111×10^{-2}	Cuadrantes
Grados (ángulo)	1.745×10^{-2}	Radianes
Grados (ángulo)	3.6×10^3	Segundos

Para convertir	Multiplicar por	Para obtener
D		
Grados / seg.	1.745×10^{-2}	Radianes/seg.
Grados / seg.	1.667×10^{-1}	Revoluciones/MIN
Grados / seg.	2.778×10^{-3}	Revoluciones / seg.
DEKAGRAMS	1.0×10^{1}	Gramos
DEKALITERS	1.0×10^{1}	Litros
DEKAMETERS	1.0×10^{1}	Metros
Dram (APOTH O TROY)	1.3714×10^{-1}	Onzas (AVDP).
Dram (APOTH O TROY)	1.25×10^{-1}	Onzas (Troy)
Dram (EE.UU. El líquido o APOTH)	3.6967	CM3
Dram	1.7718	Gramos
Dram	2.7344×10^{1}	Gramos
Dram	$6.25 \times 10{-2}$	Onzas
DYNES / CM2	1.0×10^{-2}	ERGS / milímetros cuadrados
DYNES / CM2	9.869×10^{-7}	Atmósferas
DYNES / CM2	$2.953 \times 10{-5}$	En. De mercurio (a 0^{0} C)
DYNES / CM2	4.015×10^{-4}	En DEL AGUA (a 4^{0} C)
DYNES	1.020×10^{-3}	Gramos
DYNES	1.0×10^{-7}	Julios/CM.
DYNES	1.0×10^{-5}	Julios/m (Newtons)
DYNES	1.020×10^{-6}	Kilogramos
DYNES	7.233×10^{-5}	POUNDALS
DYNES	2.248×10^{-6}	Libras
DYNES / CM2	1.0×10^{-6}	Bares
E		
ELL	1.1430×10^{2}	CM
ELL	4.5×10^{1}	Pulgadas
EM, PICA	$1.67 \times 10{-1}$	Pulgada
EM, PICA	4.233×10^{-1}	CM
ERG / seg.	1.0	DYNE - cm/seg.
ERGS	9.486×10^{-11}	BTU
ERGS	1.0	DYNE - centímetros
ERGS	7.376×10^{-8}	Pie - Libras
ERGS	2.389×10^{-8}	GRAM - Calorías
ERGS	1.020×10^{-3}	G - CMS
ERGS	3.7250×10^{-14}	Caballos - HRS.
ERGS	1.0×10^{-7}	Julios
ERGS	2.389×10^{-11}	KG - Calorías
ERGS	1.020×10^{-8}	KG - metros
ERGS	2.773×10^{-14}	Kilovatios - HRS.
ERGS	2.773×10^{-11}	Vatio - HRS.
ERGS / seg.	5.668×10^{-9}	BTU / Mín.
ERGS / seg.	4.426×10^{-6}	FT - LBS / Mín.
ERGS / seg.	7.3756×10^{-8}	FT - LBS / seg.
ERGS / seg.	1.341×10^{-10}	Caballos de fuerza
ERGS / seg.	$: 1433 \times 10^{-9}$	KG - calorías / Mín.
ERGS / seg.	1.0×10^{-10}	Kilovatios

Factores de conversión continua

Para convertir	Multiplicar por	Para obtener
F		
FAHRENHEIT	(TF-32) 5 / 9	El Centígrado
FAHRENHEIT	(TF-32) 5 / 9 + 273.15	KELVIN
Faradios	1.0×10^6	MICROFARADS
FARADAY / seg.	9.65×10^4	El amperio (absoluta)
FARADAYS	2.68×101	AMPERE - Horas
FARADAYS	9.649×10^4	Culombios
Sondea	1.8288	Metros
Sondea	6.0	Pies
Pies	3.048×101	Centímetros
Pies	$3.048 \times 10\text{-}4$	Kilómetros
Pies	$3.048 \times 10\text{-}1$	Metros
Pies	1.645×10^{-4}	Millas (NAUT.)
Pies	1.894×10^{-4}	Millas (STAT)
Pies	3.048×102	Milímetros
Pies	1.2×104	MILS
Pies de agua	2.95×10^{-2}	Atmósferas
Pies de agua	8.826×10^{-1}	En. De mercurio
Pies de agua	$3.048 \times 10\text{-}2$	Kg / CM2
Pies de agua	3.048×102	Kg / m²
Pies de agua	6.243×10^1	Libras/pies cuadrados
Pies de agua	4335×10^{-1}	Libras/pulgadas cuadradas.
Pies/min.	5.080×10^{-1}	CMS / seg.
Pies/min.	1.667×10^{-2}	Pies / seg.
Pies/min.	1.829×10^{-2}	Km/Hr
Pies/min.	$3.048 \times 10\text{-}1$	Metros/min.
Pies/min.	1.136×10^{-2}	Km/Hr
Pies / seg.	3.048×101	CMS / seg.
Pies / seg.	1.097	Km/Hr
Pies / seg.	5.921×10^{-1}	Nudos
Pies / seg.	1.829×10^1	Metros/min.
Pies / seg.	6.818×10^{-1}	Km/Hr
Pies / seg.	1.136×10^{-2}	Millas / Mín.
Pies / s / s.	3.048×101	CMS / s / s.
Pies / s / s.	1.097	Km / h /seg.
Pies / s / s.	$3.048 \times 10\text{-}1$	M / s / s.
Pies / s / s.	6.818×10^{-1}	Km / HR / seg.
Pies / 100 pies	1.0	Calidad POR CIENTO
Pie - vela	1.0764×10^1	LUMEN / METROS CUADRADOS
Pie - vela	1.0764×10^1	LUX
Pie - Libras	1.286×10^{-3}	BTU
Pie - Libras	1.356×10^7	ERGS
Pie - Libras	3.241×10^{-1}	GRAM - Calorías
Pie - Libras	5.050×10^{-7}	Caballos - HRS.
Pie - Libras	1.356	Julios
Pie - Libras	3.241×10^{-4}	KG - Calorías
Pie - Libras	1.383×10^1	KG - metros
Pie - Libras	3.766×10^{-7}	Kilovatios - HRS.

Factores de conversión continua

Para convertir	Multiplicar por	Para obtener
F		
Pie - libras / Mín.	1.286×10^{-3}	BTU / Mín.
Pie - libras / Mín.	1.667×10^{-2}	Pie - libras / seg.
Pie - libras / Mín.	3.030×10^{-5}	Caballos de fuerza
Pie - libras / Mín.	3.241×10^{-4}	KG - calorías / Mín.
Pie - libras / Mín.	2.260×10^{-5}	Kilovatios
Pie - libras / seg.	4.6263	BTU/hr
Pie - libras / seg.	7.717×10^{-2}	BTU / Mín.
Pie - libras / seg.	1.818×10-3	Caballos de fuerza
Pie - libras / seg.	1.945×10^{-2}	KG - calorías / Mín.
Pie - libras / seg.	1.356×10^{-3}	Kilovatios
FURLONGS	1.25×10^{-1}	Millas (Estados Unidos).
FURLONGS	4.0×10^{1}	Bielas
FURLONGS	6.6×102	Pies
FURLONGS	2.0017×10^{2}	Metros
G		
Galones	3.785×10^{3}	CU CMS
Galones	1.337×10^{-1}	Pies cúbicos
Galones	2.31×10^{2}	CU PULG.
Galones	3.785×10^{-3}	Metros cúbicos
Galones	4.951×10^{-3}	Astilleros CU
Galones	3.785	Litros
Galones (LIQ. BR. IMP).	1.20095	Galones (EE.UU. Líquido)
Galones (EE.UU.)	8.3267×10^{-1}	Galones (IMP).
Los galones de agua	8.337	Libras de agua
Galones/MIN	2.228×10^{-3}	Pies cúbicos / seg.
Galones/MIN	6.308×10^{-2}	Litros / seg.
Galones/MIN	8.02086.452	Pies cúbicos/hr
GAUSSES	6.452	Líneas/SQ.
GAUSSES	1.0×10^{-8}	WEBERS / CM2
GAUSSES	6.452×10^{-6}	WEBERS/SQ.
GAUSSES	1.0×10^{-4}	WEBERS / METROS CUADRADOS
GAUSSES	7.958×10^{-1}	AMP - GIRAR / CM
GAUSSES	1.0	GILBERT / CM
Islas Gilbert.	7.958×10^{-1}	AMPERE - Giros
Islas Gilbert / CM	7.958×10^{-1}	AMPERE - Giros / a.
Islas Gilbert / CM	2.021	AMPERE - Giros / a.
Islas Gilbert / CM	7.958×10^{1}	AMPERE - Giros / m.
Branquias (Británicas)	1.4207×10^{2}	CM3
Branquias (Estados Unidos).	1.18295×10^{2}	CM3
Branquias (Estados Unidos).	1.183×10^{-1}	Litros
Branquias (Estados Unidos).	2.5×10-1	Pintas (líquido)
Grado	1.571×10^{-2}	RADIAN
Los granos	3.657×10^{-2}	Dram (AVDP).
Los granos (Troy)	1.0	Los granos (AVDP).
Los granos (Troy)	6.48×10-2	Gramos
Los granos (Troy)	2.0833×10^{-2}	Onzas (AVDP).
Los granos (Troy)	4.167×10^{-2}	PENNYWEIGHT (Troy)

Factores de conversión continua

Para convertir	Multiplicar por	Para obtener
G		
Granos / galón U.S.	1.7118×10^1	Piezas / millones
Granos / galón U.S.	1.4286×10^2	Libras / Millones de galones
Granos / Imp. Galón	1.4286×10^1	Piezas / millones
Gramos	9.807×10^2	DYNES
Gramos	1.543×10^1	Los granos (Troy)
Gramos	9.807×10^{-5}	Julios/CM.
Gramos	9.807×10^{-3}	Julios/m (Newtons)
Gramos	1.0×10^{-3}	Kilogramos
Gramos	1.0×10^3	Miligramos
Gramos	3.527×10^{-2}	Onzas (AVPD).
Gramos	3.215×10^{-2}	Onzas (Troy)
Gramos	7.093×10^{-2}	POUNDALS
Gramos	2.205×10^{-3}	Libras
Gramos/CM.	5.6×10^{-3}	Libras/pulg.
Gramos/cm3	6.243×10^1	Libras/Pies cúbicos
Gramos/cm3	3.613×10^{-2}	Libras / CU IN.
Gramos/cm3	3.405×10^{-7}	/ MIL LIBRAS - pie
Gramos/litro	5.8417×10^1	Granos / GAL.
Gramos/litro	8.345	Libras / 1.000 gal.
Gramos/litro	6.2427×10^{-2}	Libras/Pies cúbicos
Gramos/cm2	2.0481	Libras/pies cuadrados
G - Calorías	3.9683×10^{-3}	BTU
G - Calorías	4.184×10^7	ERGS
G - Calorías	3.086	Pie - Libras
G - Calorías	1.5596×10^{-6}	Caballos - HRS.
G - Calorías	1.162×10^{-6}	KILLOWATT - HRS.
G - Calorías	1.162×10^{-3}	Vatio - HRS.
G - calorías /seg.	1.4286×10^1	BTU/hr
G - centímetros	9.297×10^{-8}	BTU
G - centímetros	9.807×10^2	ERGS
G - centímetros	9.807×10^{-5}	Julios
G - centímetros	2.343×10^{-8}	KG - Calorías
G - centímetros	1.0×10^{-5}	KG - metros
H		
Mano	1.016×101	CM
Hectáreas	2.471	ACRES
Hectáreas	1.076×10^5	Pies cuadrados
HECTOGRAMS	1.0×10^2	Gramos
Hectolitros	1.0×10^2	Litros
HECTOMETERS	1.0×10^2	Metros
HECTOWATTS	1.0×10^2	Vatios
HENRIES	1.0×10^3	MILLIHENRIES
HOGSHEADS (Británicas)	1.0114×10^1	Pies cúbicos
HOGSHEADS (U.S)	8.42184	Pies cúbicos
HOGSHEADS (U.S)	6.3×10^1	Galones (EE.UU.)

Para convertir	Multiplicar por	Para obtener
H		
Caballos de fuerza	4.244×10^1	BTU / Mín.
Caballos de fuerza	3.3×10^4	- lbs pie / Mín.
Caballos de fuerza	5.50×10^2	- lbs pie / seg.
Potencia (métrico)	9.863×10^{-1}	Caballos de fuerza
Caballos de fuerza	1.014	Potencia (métrico)
Caballos de fuerza	1.068×101	KG - calorías / Mín.
Caballos de fuerza	7.457×10^{-1}	Kilovatios
Caballos de fuerza	7.457×10^2	Vatios
Potencia (Caldera)	3.352×10^4	BTU/hr
Potencia (Caldera)	9.803	Kilovatios
- Horas de potencia	2.547×10^3	BTU
- Horas de potencia	2.6845×10^{13}	ERGS
- Horas de potencia	1.98×106	- lbs pie
- Horas de potencia	6.4119×10^5	GRAM - Calorías
- Horas de potencia	2.684×10^6	Julios
- Horas de potencia	6.417×10^2	KG - Calorías
- Horas de potencia	2.737×10^5	KG - metros
- Horas de potencia	7.457×10^{-1}	Kilovatios - HRS.
Horas	4.167×10^{-2}	Días
Horas	5.952×10^{-3}	Semanas
Horas	3.6×10^3	Segundos
HUNDREDWGTS (largo)	1.12×10^2	Libras
HUNDREDWGTS (largo)	5.0×10^2	Toneladas (largo)
HUNDREDWGTS (largo)	5.08023×10^1	Kilogramos
HUNDREDWGTS (breve).	4.53592×10^{-2}	TONS (métrica)
HUNDREDWGTS (breve).	4.46429×10^{-2}	Toneladas (largo)
HUNDREDWGTS (breve).	4.53592×10^1	Kilogramos
I		
Pulgadas	2.540	Centímetros
Pulgadas	2.540×10^{-2}	Metros
Pulgadas	1.578×10^{-5}	Millas
Pulgadas	2.54×10^1	Milímetros
Pulgadas	1.0×10^3	MILS
Pulgadas	2.778×10^{-2}	Astilleros
Pulgadas	2.54×10^8	Unidades ANGSTROM
Pulgadas	5.0505×10^{-3}	Bielas
Pulgadas de mercurio	3.342×10^{-2}	Atmósferas
Pulgadas de mercurio	1.133	Pies de agua
Pulgadas de mercurio	3.453×10^{-2}	Kg / CM2
Pulgadas de mercurio	3.453×10^2	Kg / m²
Pulgadas de mercurio	7.073×10^1	Libras/pies cuadrados
Pulgadas de mercurio	4.912×10^{-1}	Libras/pulgadas cuadradas.
En. Del agua (A 4^0 C)	2.458×10^{-3}	Atmósferas
En. Del agua (A 4^0 C)	7.355×10^{-2}	Pulgadas de mercurio
En. Del agua (A 4^0 C)	2.54×10^{-3}	Kg / CM2

Factores de conversión continua

Para convertir	Multiplicar por	Para obtener
I		
En. Del agua (A 4⁰ C)	5.781×10^{-1}	Onzas/SQ.
En. Del agua (A 4⁰ C)	5.204	Libras/pies cuadrados
En. Del agua (A 4⁰ C)	3.613×10^{-2}	Libras/pulgadas cuadradas.
AMPERE INTERNACIONAL	9.998×10^{-1}	ABSOLUTE AMP (EE.UU.)
V INTERNACIONAL	1.00033	Voltios (absoluta) de EE.UU.
Culombio internacional	9.99835×10^{-1}	Culombio absoluta
J		
Julios	9.486×10^{-4}	BTU
Julios	1.0×10^{7}	ERGS
Julios	7.736×10^{-1}	Pie - Libras de fuerza
Julios	2.389×10^{-4}	KG - Calorías
Julios	1.020×10^{-1}	KG - metros
Julios	2.778×10^{-4}	Vatio - HRS.
Julios/CM.	1.020×10^{4}	Gramos
Julios/CM.	1.0×10^{7}	DYNES
Julios/CM.	1.0×10^{2}	Julios/metro (Newtons)
Julios/CM.	7.233×10^{2}	POUNDALS
Julios/CM.	2.248×10^{1}	Libras
K		
KELVIN	TK-273.15	El Centígrado
KELVIN	(Tk-273.15) 9/5 + 32	FAHRENHEIT
Kilogramos	9.80665×10^{5}	DYNES
Kilogramos	1.0×10^{3}	Gramos
Kilogramos	9.807×10^{-2}	Julios/CM.
Kilogramos	9.807	Julios/m (Newtons)
Kilogramos	7.093×10^{1}	POUNDALS
Kilogramos	2.2046	Libras
Kilogramos	9.842×10^{-4}	Toneladas (largo)
Kilogramos	1.102 x 10-3	Toneladas (breve).
Kilogramos	3.5274×10^{1}	Onzas (AVDP).
Kilogramos / Metro CU	1.0×10^{-3}	Gramos/cm3
Kilogramos / Metro CU	6.243×10^{-2}	Libras/Pies cúbicos
Kilogramos / Metro CU	3.613×10^{-5}	Libras / CU IN.
Kilogramos / Metro CU	3.405×10^{-10}	/ MIL LIBRAS - pie
Kilogramos / Metro	6.72×10^{-1}	Libras/pie
Kg / CM2	9.80665×10^{5}	DYNES / CM2
Kg / CM2	9.678×10^{-1}	Atmósferas
Kg / CM2	3.281 x 101	Pies de agua
Kg / CM2	2.896×10^{1}	Pulgadas de mercurio
Kg / CM2	2.048 x 103	Libras/pies cuadrados
Kg / CM2	1.422 x 101	Libras/pulgadas cuadradas.
Kg / m²	9.678×10^{-5}	Atmósferas
Kg / m²	9.807×10^{-5}	Bares
Kg / m²	3.281 x 10-3	Pies de agua
Kg / m²	2.896×10^{-3}	Pulgadas de mercurio

Para convertir	Multiplicar por	Para obtener
K		
Kg / m²	4.848×10^6	Pascales
Kg / m²	$2.048 \times 10\text{-}1$	Libras/pies cuadrados
Kg / m²	$1.422 \times 10\text{-}3$	Libras/pulgadas cuadradas.
Kg / m²	9.80665×10^1	DYNES / CM2
Kg / mm2	1.0×10^6	Kg / m²
Kg - Calorías	3.968	BTU
Kg - Calorías	3.086×10^3	Pie - Libras
Kg - Calorías	1.558×10^{-3}	Potencia / HRS.
Kg - Calorías	4.183×10^3	Julios
Kg - Calorías	4.269×10^2	KG - metros
Kg - Calorías	4.186	Kilojulios
Kg - Calorías	1.163×10^{-3}	Kilovatios - HRS.
Kg - calorías / Mín.	5.143×10^1	FT - LBS / seg.
Kg - calorías / Mín.	9.351×10^{-2}	Caballos de fuerza
Kg - calorías / Mín.	6.972×10^{-2}	Kilovatios
Kg - metros	9.296×10^{-3}	BTU
Kg - metros	9.807×10^7	ERGS
Kg - metros	7.233	Pie - Libras
Kg - metros	9.807	Julios
Kg - metros	2.342×10^{-3}	KG - Calorías
Kg - metros	2.723×10^{-6}	Kilovatios - HRS.
KILOLINES	10×10^3	MAXWELLS
Kilolitros	1.0×10^3	Litros
Kilolitros	1.308	De yardas cúbicas
Kilolitros	3.5316×10^1	Pies cúbicos
Kilolitros	2.6418×10^2	Galones (EE.UU. Líquido)
Kilómetros	1.0×10^5	Centímetros
Kilómetros	3.281×103	Pies
Kilómetros	3.937×104	Pulgadas
Kilómetros	1.0×10^3	Metros
Kilómetros	6.214×10^{-1}	Millas (Estatuto)
Kilómetros	5.396×10^{-1}	(millas náuticas)
Kilómetros	1.0×10^6	Milímetros
Kilómetros	1.0936×10^3	Astilleros
Km/Hr	2.778×10^1	CMS / seg.
Km/Hr	5.468×10^1	Pies/min.
Km/Hr	9.113×10^{-1}	Pies / seg.
Km/Hr	5.396×10^{-1}	Nudos
Km/Hr	1.667×10^1	Metros/min.
Km/Hr	6.214×10^{-1}	Km/Hr
Km / h /seg.	2.778×10^1	CMS / s / s.
Km / h /seg.	9.113×10^{-1}	FT/Sec / seg.
Km / h /seg.	2.778×10^{-1}	M / s / s.
Km / h /seg.	6.214×10^{-1}	Km / HR / seg.
Kilovatios	5.692×10^1	BTY / Mín.

Para convertir	Multiplicar por	Para obtener
K		
Kilovatios	4.426×10^4	- lbs pie / Mín.
Kilovatios	7.376×10^2	- lbs pie / seg.
Kilovatios	1.341	Caballos de fuerza
Kilovatios	1.434×10^1	KG - calorías / Mín.
Kilovatios	1.0×10^3	Vatios
Kilovatios - HRS.	3.413×10^3	BTU
Kilovatios - HRS.	3.6×10^{13}	ERGS
Kilovatios - HRS.	2.655×10^6	- lbs pie
Kilovatios - HRS.	8.5985×10^3	Gramo calorías
Kilovatios - HRS.	1.341	- Horas de potencia
Kilovatios - HRS.	3.6×10^6	Julios
Kilovatios - HRS.	8.605×10^2	KG - Calorías
Kilovatios - HRS.	3.671×10^5	KG - metros
Kilovatios - HRS.	3.53	Libras de agua evaporada DESDE Y A 212^0 F
Kilovatios - HRS.	2.275×10^1	Libras de agua aumentó de 62^0 A 212^0 F
KIPS	1.0×10^3	Libras
Nudos	6.080×10^3	Pies / HR
Nudos	1.8532	Km/Hr
Nudos	1.0	Millas náuticas/hr
Nudos	1.151	STSTUTE km/hr
Nudos	2.027×10^3	Astilleros / HR
Nudos	1.689	Pies / seg.
Nudos	5.148×10^1	CM/seg.
L		
LAMBERT	3.183×10^{-1}	Velas / CM2
LAMBERT	2.054	Velas / SQ.
Liga	3.0	Millas (aprox.)
Año luz	5.91×10^{12}	Millas
Año luz	9.46091×10^{12}	Kilómetros
Líneas/cm2	1.0	GAUSSES
Líneas/SQ.	$1.55 \times 10{-1}$	GAUSSES
Líneas/SQ.	$1.55 \times 10{-9}$	WEBERS / CM2
Líneas/SQ.	1.0×10^8	WEBERS/SQ.
Líneas/SQ.	$1.55 \times 10{-5}$	WEBERS / METROS CUADRADOS
Enlaces (ingenieros)	1.2×10^{-1}	Pulgadas
Enlaces (peritos)	7.92	Pulgadas
Litros	2.838×10^{-2}	Bu (EE.UU. Seco).
Litros	1.0×10^3	CU CM
Litros	3.531×10^{-2}	Pies cúbicos
Litros	6.102×10^1	CU PULG.
Litros	1.0×10^{-3}	Metros cúbicos
Litros	1.308×10^{-3}	Astilleros CU
Litros	2.642×10^{-1}	Galones (EE.UU. Líquido)
Litros	2.113	Pintas (EE.UU. Líquido)

Factores de conversión continua

Para convertir	Multiplicar por	Para obtener
L		
Litros	1.057	Cuartos de galón (EE.UU. Líquido)
Litros/min.	5.886×10^{-4}	CU FT/seg.
Litros/min.	4.403×10^{-3}	GALS / seg.
Iniciar sesión$_{10}$ N	2.303	En n
En n	4.343×10^{-1}	Iniciar sesión$_{10}$ N
LUMEN	7.958×10^{-2}	Alimentación velas esféricas
LUMEN / pies cuadrados	1.0	Pie - Velas
LUMEN / pies cuadrados	1.076×10^{1}	LUMEN - METROS CUADRADOS
LUX	9.29×10^{-2}	Pie - Velas
M		
MAXWELLS	1.0×10^{-3}	KILOLINES
MAXWELLS	1.0×10^{-8}	WEBERS
MEGALINES	1.0×10^{6}	MAXWELLS
Megaohmios	1.0×10^{12}	MICROHMS
Megaohmios	1.0×10^{6}	Ohmios
MEGMHOS / cm cúbicos	1.0×10^{-3}	ABMHOS / cm cúbicos
MEGMHOS / cm cúbicos	2.54	/ MEGMHOS cúbicas.
MEGMHOS / cm cúbicos	1.662×10^{-1}	MHOS / mil pies
MEGMHOS / a. CUBE	3.937 x 10-1	MEGMHOS / cm cúbicos
Metros	1.0×10^{10}	Unidades ANGSTROM
Metros	1.0×10^{2}	Centímetros
Metros	5.4681×10^{-1}	Sondea
Metros	3.281	Pies
Metros	3.937 x 101	Pulgadas
Metros	1.0×10^{-3}	Kilómetros
Metros	5.396×10^{-4}	(millas náuticas)
Metros	6.214×10^{-4}	Millas (Estatuto)
Metros	1.0×10^{3}	Milímetros
Metros	1.094	Astilleros
Metros/min.	1.667	CMS / seg.
Metros/min.	3.281	Pies/min.
Metros/min.	5.468×10^{-2}	Pies / seg.
Metros/min.	6.0 x 10-2	Km/Hr
Metros/min.	3.238×10^{-2}	Nudos
Metros/min.	3.728×10^{-2}	Km/Hr
M / seg.	1.968×10^{2}	Pies/min.
M / seg.	3.281	Pies / seg.
M / seg.	3.6	Kilómetros
M / seg.	6.0 x 10-2	Kilómetros / Mín.
M / seg.	2.237	Km/Hr
M / seg.	3.728×10^{-2}	Millas / Mín.
M / s / s.	1.0×10^{2}	CMS / s / s.
M / s / s.	3.281	FT/Sec / seg.
M / s / s.	3.6	Km / HR / seg.
M / s / s.	2.237	Km / HR / seg.
Metro - Kilogramos	9.807×10^{7}	CM - DYNES

Para convertir	Multiplicar por	Para obtener
M		
Metro - Kilogramos	1.0×10^5	CM - G
Metro - Kilogramos	7.233	Libra - Pies
MICROFARADS	1.0×10^{-10}	ABFARADS
MICROFARADS	1.0×10^{-6}	Faradios
MICROFARADS	9.0×10^5	STATFARADS
Microgramos	1.0×10^{-6}	Gramos
MICROHMS	1.0×10^3	ABOHMS
MICROHMS	1.0×10^{-12}	Megaohmios
MICROHMS	1.0×10^6	Ohmios
Microlitros	1.0×10^{-6}	Litros
MICROMICRONS	1.0×10^{-12}	Metros
Micrones (um Hg en 0^0 C)	1.333 x 10-1	Pascales
Micras	1.0×10^6	Metros
(millas náuticas)	6.076×10^3	Pies
(millas náuticas)	1.853	Kilómetros
(millas náuticas)	1.853×10^3	Metros
(millas náuticas)	1.1516	Millas (Estatuto)
(millas náuticas)	2.0254×10^3	Astilleros
Millas (Estatuto)	1.609×10^5	Centímetros
Millas (Estatuto)	5.280×10^3	Pies
Millas (Estatuto)	6.336×10^4	Pulgadas
Millas (Estatuto)	1.609	Kilómetros
Millas (Estatuto)	1.609×10^3	Metros
Millas (Estatuto)	8.684×10^{-1}	(millas náuticas)
Millas (Estatuto)	1.760×10^3	Astilleros
Millas (Estatuto)	1.69×10^{13}	Años luz
Km/Hr	4.470×10^1	CMS / seg.
Km/Hr	8.8×10^1	FT/min.
Km/Hr	1.467	Pies / seg.
Km/Hr	1.6093	Km/Hr
Km/Hr	2.682×10^{-2}	KMS / Mín.
Km/Hr	8.684×10^{-1}	Nudos
Km/Hr	2.682×10^1	Metros/min.
Km/Hr	1.667×10^{-2}	Millas / Mín.
Km / HR / seg.	4.47×10^1	CMS / s / s.
Km / HR / seg.	1.467	FT/Sec / seg.
Km / HR / seg.	1.6093	Km / HR / seg.
Km / HR / seg.	4.47×10^{-1}	M / s / s.
Millas / Mín.	2.682×10^3	CMS / seg.
Millas / Mín.	8.8×10^1	Pies / seg.
Millas / Mín.	1.6093	KMS / Mín.
Millas / Mín.	8.684×10^{-1}	Nudos / Mín.
Millas / Mín.	6.0×10^1	Km/Hr
MILLIERS	1.0×10^3	Kilogramos
MILLIMICRONS	1.0×10^{-9}	Metros
Miligramos	1.5432×10^{-2}	Los granos

Factores de conversión continua

Para convertir	Multiplicar por	Para obtener
M		
Miligramos	1.0×10^{-3}	Gramos
Miligramos / litros	1.0	Piezas / millones
MILLIHENRIES	1.0×10^{-3}	HENRIES
MI	1.0×10^{-3}	Litros
Milímetros	1.0×10^{-1}	Centímetros
Milímetros	3.281×10^{-3}	Pies
Milímetros	3.937×10^{-2}	Pulgadas
Milímetros	1.0×10^{-6}	Kilómetros
Milímetros	1.0×10^{-3}	Metros
Milímetros	6.214×10^{-7}	Millas
Milímetros	3.937×10^{1}	MILS
Milímetros	1.094×10^{-3}	Astilleros
Millones de galones/día	1.54723	CU FT/seg.
MILS	2.54×10^{-3}	Centímetros
MILS	8.333×10^{-5}	Pies
MILS	1.0×10^{-3}	Pulgadas
MILS	2.54×10^{-8}	Kilómetros
MILS	2.778×10^{-5}	Astilleros
MINER'S PULGADAS	1.5	CU FT/min.
Mínimas (Británicas)	5.9192×10^{-2}	CM3
Mínimas (EE.UU. Fluido)	6.1612×10^{-2}	CM3
Minutos (ángulos)	1.667×10^{-2}	DEGEES
Minutos (ángulos)	1.852×10^{-4}	Cuadrantes
Minutos (ángulos)	2.909×10^{-4}	Radianes
Minutos (ángulos)	6.0×10^{-1}	Segundos
Minutos (tiempo)	9.9206×10^{-5}	Semanas
Minutos (tiempo)	6.944×10^{-4}	Días
Minutos (tiempo)	1.667×10^{-2}	Horas
Minutos (tiempo)	6.0×10^{-1}	Segundos
Peso molecular	1.0	MOLES
MOLES	1.0	Gramos
MOLES	1.0×10^{-3}	Kilogramos
MYRIAGRAMS	1.0×10^{1}	Kilogramos
MYRIAMETERS	1.0×10^{1}	Kilómetros
MYRIAWATTS	1.0×10^{1}	Kilovatios
N		
Clavos	2.25	Pulgadas
NEWTONS	1.0×10^{5}	DYNES
O		
OHM (internacional)	1.0005	OHM (absoluta)
OHMWS	1.0×10^{-6}	Megaohmios
OHMWS	1.0×10^{6}	MICROHMS
Onzas	8.0	Dram
Onzas	4.375×10^{-2}	Los granos
Onzas	2.8349×10^{1}	Gramos
Onzas	6.25×10^{-2}	Libras

Para convertir	Multiplicar por	Para obtener
O		
Onzas	9.115×10^{-1}	Onzas (Troy)
Onzas	3.790×10^{-5}	Toneladas (largo)
Onzas	3.125×10^{-5}	Toneladas (breve).
Onzas (fluido)	1.805	CU PULG.
Onzas (fluido)	2.957×10^{-2}	Litros
Onzas (Troy)	4.80×10^{2}	Los granos
Onzas (Troy)	3.1103×10^{1}	Gramos
Onzas (Troy)	1.097	Onzas (AVDP).
Onzas (Troy)	2.0×10^{1}	PENNYWEIGHTS (Troy)
Onzas (Troy)	8.333×10^{-2}	Libras (Troy)
Onza / SQ.	4.309×10^{3}	DYNES / CM2
Onza / SQ.	6.25×10^{-2}	Libras/pulgadas cuadradas.
P		
Ritmo	3.0×10^{1}	Pulgadas
Pascales	2.062×10^{7}	Kg / m²
Pascales	1.45×10^{-4}	Libras/pulgadas cuadradas.
PARSEC	1.9×10^{13}	Millas
PARSEC	3.084×10^{13}	Kilómetros
Piezas / millones	5.84×10^{-2}	Granos / U.S. gal
Piezas / millones	7.016×10^{-2}	Granos / Imp. GAL
Piezas / millones	8.345	Millones de libras/GAL.
Besos (Británicas)	5.546×10^{2}	Pulgadas cúbicas
Besos (Británicas)	9.0919	Litros
Besos (Estados Unidos).	10.5×10^{-1}	Bu.
Besos (Estados Unidos).	5.376×10^{2}	Pulgadas cúbicas
Besos (Estados Unidos).	8.8096	Litros
Besos (Estados Unidos).	8	Cuartos de galón (seco).
PENNYWEIGHTS (Troy)	2.4×10^{1}	Los granos
PENNYWEIGHTS (Troy)	5.0×10^{-2}	Onzas (Troy)
PENNYWEIGHTS (Troy)	1.555	Gramos
PENNYWEIGHTS (Troy)	4.1667×10^{-3}	Libras (Troy)
Pintas (seco).	3.36×10^{1}	Pulgadas cúbicas
Pintas (seco).	1.5625×10^{-2}	Bu.
Pintas (seco).	5.0×10^{-1}	Cuartos
Pintas (seco).	5.5059×10^{-1}	Litros
Pintas (líquido	4.732×10^{2}	CUBIC CMS
Pintas (líquido	1.671×10^{-2}	Pies cúbicos
Pintas (líquido	2.887×10^{1}	Pulgadas cúbicas
Pintas (líquido	4.732×10^{-4}	Metros cúbicos
Pintas (líquido	6.189×10^{-4}	De yardas cúbicas
Pintas (líquido	1.25×10^{-1}	Galones
Pintas (líquido	4.732×10^{-1}	Litros
Pintas (líquido	5.0×10^{-1}	Cuartos de galón (líquido)
QUANTUM de planck	6.624×10^{-27}	ERG - Segundos
Garbo	1.0	Gramo / CM - SEC
Libras (AVDP).	1.4583×10^{1}	Onzas (Troy)

Factores de conversión continua

Para convertir	Multiplicar por	Para obtener
P		
POUNDALS	1.3826×10^4	DYNES
POUNDALS	1.41×10^1	Gramos
POUNDALS	1.383×10^{-3}	Julios/CM.
POUNDALS	1.383×10^{-1}	Julios/m (Newtons)
POUNDALS	1.41×10^{-2}	Kilogramos
POUNDALS	3.108×10^{-2}	Libras
Libras	2.56×10^2	Dram
Libras	4.448×10^5	DYNES
Libras	7.0×10^3	Los granos
Libras	4.5359×10^2	Gramos
Libras	4.448×10^{-2}	Julios/CM.
Libras	4.448	Julios/m (Newtons)
Libras	4.5×10^{-1}	Kilogramos
Libras	1.0×10^{-3}	KIPS
Libras	1.6×10^1	Onzas
Libras	1.458×10^1	Onzas (Troy)
Libras	3.217×10^1	POUNDALS
Libras	1.21528	Libras (Troy)
Libras	5.0×10^{-4}	Toneladas (breve).
Libras (Troy)	5.760×10^3	Los granos
Libras (Troy)	3.7324×10^2	Gramos
Libras (Troy)	1.3166×10^1	Onzas (AVDP).
Libras (Troy)	1.2×10^1	Onzas (Troy)
Libras (Troy)	2.4×10^2	PENNYWEIGHTS (Troy)
Libras (Troy)	8.2286×10^{-1}	Libras (AVDP).
Libras (Troy)	3.6735×10^{-4}	Toneladas (largo)
Libras (Troy)	3.7324×10^{-4}	TONS (métrica)
Libras (Troy)	4.1143×10^{-4}	Toneladas (breve).
Libras de agua	1.602×10^{-2}	Pies cúbicos
Libras de agua	2.768×10^1	CU PULG.
Libras de agua	1.198×10^{-1}	Galones
Libras de agua / Mín.	2.670×10^{-4}	CU FT/seg.
Libra - Pies	1.356×10^7	CM - DYNES
Libra - Pies	1.3825×10^4	CM - G
Libra - Pies	1.383×10^{-1}	Metro - kg.
Libras/Pies cúbicos	1.602×10^{-2}	Gramos/cm3
Libras/Pies cúbicos	1.602×10^1	Kg / medidor de CU
Libras/Pies cúbicos	5.787×10^{-4}	CU libras/pulg.
Libras/Pies cúbicos	5.456×10^{-9}	/ MIL LIBRAS - pie
Libras / CU IN.	2.768×10^1	Gramos/cm3
Libras / CU IN.	1.768×10^4	Kg / medidor de CU
Libras / CU IN.	1.728×10^3	Libras/Pies cúbicos
Libras / CU IN.	9.425×10^{-6}	/ MIL LIBRAS - pie
Libras/pie	1.488	Kg/m
Libras/pulg.	1.786×10^2	Gramos/CM.
/ MIL LIBRAS - pie	2.306×10^6	Gramos/cm3

Factores de conversión continua

Para convertir	Multiplicar por	Para obtener
P		
Libras/pies cuadrados	4.725×10^{-4}	Atmósferas
Libras/pies cuadrados	1.602×10^{-2}	Pies de agua
Libras/pies cuadrados	1.414×10^{-2}	Pulgadas de mercurio
Libras/pies cuadrados	4.882	Kg / m²
Libras/pies cuadrados	6.944×10^{-3}	Libras/pulgada2
Libras/pulgadas cuadradas.	6.804×10^{-2}	Atmósferas
Libras/pulgadas cuadradas.	2.307	Pies de agua
Libras/pulgadas cuadradas.	2.036	Pulgadas de mercurio
Libras/pulgadas cuadradas.	7.031×10^{2}	Kg / m²
Libras/pulgadas cuadradas.	6.895×10^{3}	Pascales
Libras/pulgadas cuadradas.	1.44×10^{2}	Libras/pies cuadrados
Libras/pulgadas cuadradas.	7.2×10^{-2}	Toneladas cortas / pies cuadrados
Libras/pulgadas cuadradas.	7.03×10^{-2}	Kg / CM2
Q		
Los cuadrantes (ángulo)	9.0×10^{1}	Grados
Los cuadrantes (ángulo)	5.4×10^{3}	Minutos
Los cuadrantes (ángulo)	1.571	Radianes
Los cuadrantes (ángulo)	3.24×10^{5}	Segundos
Cuartos de galón (seco).	6.72×10^{1}	CU PULG.
Cuartos de galón (líquido)	9.464×10^{2}	CU CMS
Cuartos de galón (líquido)	3.342×10^{-2}	Pies cúbicos
Cuartos de galón (líquido)	5.775×10^{1}	CU PULG.
Cuartos de galón (líquido)	9.464×10^{-4}	Metros cúbicos
Cuartos de galón (líquido)	1.238×10^{-3}	Astilleros CU
Cuartos de galón (líquido)	2.5×10^{-1}	Galones
Cuartos de galón (líquido)	9.463×10^{-1}	Litros
R		
Radianes	5.7296×10^{1}	Grados
Radianes	3.438×10^{3}	Minutos
Radianes	6.366×10^{-1}	Cuadrantes
Radianes	2.063×10^{5}	Segundos
Radianes/seg.	5.7296×10^{1}	Grados / seg.
Radianes/seg.	9.549	Revoluciones/MIN
Radianes/seg.	1.592×10^{-1}	Revoluciones / seg.
Radianes / s / s.	5.7296×10^{2}	Revoluciones / min / Mín.
Radianes / s / s.	9.549	Revoluciones / min / seg.
Radianes / s / s.	1.592×10^{-1}	Revoluciones / s / s.
Resmas	5.0×10^{2}	Hojas
Revoluciones	3.60×10^{2}	Grados
Revoluciones	4.0	Cuadrantes
Revoluciones	6.283	Radianes
Revoluciones/MIN	6.0	Grados / seg.
Revoluciones/MIN	1.047×10^{-1}	Radianes/seg.
Revoluciones/MIN	1.667×10^{-2}	Revoluciones / seg.
Revoluciones / min / Mín.	1.745×10^{-3}	Radianes / s / s.
Revoluciones / min / Mín.	1.667×10^{-2}	Revoluciones / min / seg.

Factores de conversión continua

Para convertir	Multiplicar por	Para obtener
R		
Revoluciones / min / Mín.	2.778×10^{-4}	Revoluciones / s / s.
Revoluciones / seg.	3.6×10^2	Grados / seg.
Revoluciones / seg.	6.283	Radianes/seg.
Revoluciones / seg.	6.0×10^1	Revoluciones / Mín.
Revoluciones / s / s.	6.283	Radianes / s / s.
Revoluciones / s / s.	3.6×10^3	Revoluciones / min / Mín.
Revoluciones / s / s.	6.0×10^1	Revoluciones / min / seg.
Bielas	2.5×10^{-1}	Las cadenas (GUNTERS)
Bielas	5.029	Metros
Varillas (AGRIMENSORES MEAS).	5.5	Astilleros
Bielas	1.65×10^1	Pies
Bielas	1.98×10^2	Pulgadas
Bielas	3.125×10^{-3}	Millas
Cuerda	2.0×10^1	Pies
S		
Los escrúpulos	2.0×10^1	Los granos
Segundos (ángulo)	2.778×10^{-4}	Grados
Segundos (ángulo)	1.667×10^{-2}	Minutos
Segundos (ángulo)	3.087×10^{-6}	Cuadrantes
Segundos (ángulo)	4.848×10^{-6}	Radianes
Babosas	1.459×10^1	Kilogramos
Babosas	3.217×10^1	Libras
Esfera (ángulo sólido)	1.257×10^1	STERADIANS
Centímetros cuadrados	1.973×10^5	Milipulgadas circulares
Centímetros cuadrados	1.076×10^{-3}	Pies cuadrados
Centímetros cuadrados	1.550×10^{-1}	Pulgadas cuadradas
Centímetros cuadrados	1.0×10^{-4}	Metros Cuadrados
Centímetros cuadrados	3.861×10^{-11}	Millas cuadradas
Centímetros cuadrados	1.0×10^2	Milímetros cuadrados
Centímetros cuadrados	1.196×10^{-4}	Yardas cuadradas
Grados cuadrados	3.0462×10^{-4}	STERADIANS
Pies cuadrados	2.296×10^{-5}	ACRES
Pies cuadrados	1.833×10^8	Milipulgadas circulares
Pies cuadrados	9.29×10^2	SQ CMS
Pies cuadrados	1.44×10^2	Pulgadas cuadradas
Pies cuadrados	9.29×10^{-2}	Metros Cuadrados
Pies cuadrados	3.587×10^{-8}	Millas cuadradas
Pies cuadrados	9.29×10^4	Milímetros cuadrados
Pies cuadrados	1.111×10^{-1}	Yardas cuadradas
Pulgadas cuadradas	1.273×10^6	Milipulgadas circulares
Pulgadas cuadradas	6.452	SQ CMS
Pulgadas cuadradas	6.944×10^{-3}	Pies cuadrados
Pulgadas cuadradas	6.452×10^2	Milímetros cuadrados
Pulgadas cuadradas	1.0×10^6	SQ MILS
Pulgadas cuadradas	7.716×10^{-4}	Yardas cuadradas
Kilómetros cuadrados	2.471×10^2	ACRES

Factores de conversión continua

Para convertir	Multiplicar por	Para obtener
S		
Kilómetros cuadrados	1.0×10^{10}	SQ CMS
Kilómetros cuadrados	1.076×10^{7}	Pies cuadrados
Kilómetros cuadrados	1.550×10^{9}	Pulgadas cuadradas
Kilómetros cuadrados	1.0×10^{6}	Metros Cuadrados
Kilómetros cuadrados	3.861×10^{-1}	Millas cuadradas
Kilómetros cuadrados	1.196×10^{6}	Yardas cuadradas
Metros Cuadrados	2.471×10^{-4}	ACRES
Metros Cuadrados	1.0×10^{4}	SQ CMS
Metros Cuadrados	1.076×10^{1}	Pies cuadrados
Metros Cuadrados	1.55×10^{3}	Pulgadas cuadradas
Metros Cuadrados	3.861×10^{-7}	Millas cuadradas
Metros Cuadrados	1.0×10^{6}	Milímetros cuadrados
Metros Cuadrados	1.196	Yardas cuadradas
Millas cuadradas	6.40×10^{2}	ACRES
Millas cuadradas	2.788×10^{7}	Pies cuadrados
Millas cuadradas	2.590	SQKMS
Millas cuadradas	2.590×10^{6}	Metros Cuadrados
Millas cuadradas	3.098×10^{6}	Yardas cuadradas
Milímetros cuadrados	1.973×10^{3}	Milipulgadas circulares
Milímetros cuadrados	1.0×10^{-2}	SQ CMS
Milímetros cuadrados	1.076×10^{-5}	Pies cuadrados
Milímetros cuadrados	1.55×10^{-3}	Pulgadas cuadradas
SQUARE MILS	1.273	Milipulgadas circulares
SQUARE MILS	6.452×10^{-6}	SQ CMS
SQUARE MILS	1.0×10^{-6}	Pulgadas cuadradas
Metros Cuadrados	2.066×10^{-4}	ACRES
Metros Cuadrados	8.361×10^{3}	SQ CMS
Metros Cuadrados	9.0	Pies cuadrados
Metros Cuadrados	1.296×10^{3}	Pulgadas cuadradas
Metros Cuadrados	8.361×10^{-1}	Metros Cuadrados
Metros Cuadrados	3.228×10^{-7}	Millas cuadradas
Metros Cuadrados	8.361×10^{5}	Milímetros cuadrados
STERADIANS	7.958×10^{-2}	Esferas
STERADIANS	1.592×10^{-1}	Hemisferios
STERADIANS	6.366×10^{-1}	SPHEREICAL ángulos rectos
STERADIANS	3.283×10^{3}	Grados cuadrados
STERES	9.99973×10^{2}	Litros
T		
Temperatura (^{0}C)	1.0 + 273	Temperatura absoluta. (^{0}K)
Temperatura (^{0}C)	1.8 + 17,78	Temperatura (^{0}F)
Temperatura (^{0}F)	1.0 + 460.	Temperatura absoluta. (^{0}R)
Temperatura (^{0}F)	5/9 - 32	Temperatura (^{0}C)
Toneladas (largo)	1.016×10^{3}	Kilogramos
Toneladas (largo)	2.24×10^{3}	Libras
Toneladas (largo)	1.12	Toneladas (breve).
TONS (métrica)	1.0×10^{3}	Kilogramos

Factores de conversión continua

Para convertir	Multiplicar por	Para obtener
T		
TONS (métrica)	2.205×10^3	Libras
Toneladas (breve).	9.0718×10^2	Kilogramos
Toneladas (breve).	3.2×10^4	Onzas
Toneladas (breve).	2.9166×10^4	Onzas (Troy)
Toneladas (breve).	2.0×10^3	Libras
Toneladas (breve).	2.43×10^3	Libras (Troy)
Toneladas (breve).	8.9287×10^{-1}	Toneladas (largo)
Toneladas (breve).	9.078×10^{-1}	TONS (métrica)
Toneladas (corto) / pies cuadrados	9.765×10^3	Kg / m²
Toneladas (corto) / pies cuadrados	1.389×10^1	Libras/pulgadas cuadradas.
Toneladas (corto) / SQ EN	1.406×10^6	Kg / m²
Toneladas (corto) / SQ EN	2.0×10^3	Libras/pulgadas cuadradas.
Toneladas de agua / 24 hrs.	8.333×10^1	Libras de agua / HR
Toneladas de agua / 24 hrs.	1.6643×10^{-1}	Galones/MIN
Toneladas de agua / 24 hrs.	1.3349	CU FT/hr
TORR	1.333×10^{-1}	Pascales
V		
VOLT / pulg.	3.937×10^7	ABVOLTS / CM
VOLT / pulg.	3.937×10^{-1}	V / CM
Voltios (absoluta)	3.336×10^{-3}	STATVOLTS
V	1.0×10^8	ABVOLTS
W		
Vatios	3.4129	BTU/hr
Vatios	5.688×10^{-2}	BTU / Mín.
Vatios	1.0×10^7	ERGS / seg.
Vatios	4.427×10^1	FT - LBS / Mín.
Vatios	7.378×10^{-1}	FT - LBS / seg.
Vatios	1.341×10^{-3}	Caballos de fuerza
Vatios	1.36×10^{-3}	Potencia (métrico)
Vatios	1.433×10^{-2}	KG - calorías / Mín.
Vatios	1.0×10^{-3}	Kilovatios
Vatios (ABS).	1.0	Julios / seg.
Vatio - Horas	3.413	BTU
Vatio - Horas	3.6×10^{10}	ERGS
Vatio - Horas	2.656×10^3	- lbs pie
Vatio - Horas	8.605×10^2	GRAM - Calorías
Vatio - Horas	1.341×10^{-3}	- Horas de potencia
Vatio - Horas	8.605×10^{-1}	Kilogramo - Calorías
Vatio - Horas	3.672×10^2	Kg - metros
Vatio - Horas	2.0×10^{-3}	- kilovatios horas
WATT (internacional)	1.000165	WATT (absoluta)
WEBERS	1.0×10^8	MAXWELLS
WEBERS	1.0×10^5	KILOLINES
WEBERS/SQ.	1.55×10^7	GAUSSES
WEBERS/SQ.	1.0×10^8	Líneas/SQ.
WEBERS/SQ.	1.55 x 10-1	WEBERS / CM2

Factores de conversión continua

Para convertir	Multiplicar por	Para obtener
W		
WEBERS/SQ.	1.55×10^3	WEBERS / METROS CUADRADOS
WEBERS / METROS CUADRADOS	1.0×10^4	GAUSSES
WEBERS / METROS CUADRADOS	6.452×10^4	Líneas/SQ.
WEBERS / METROS CUADRADOS	1.0×10^{-4}	WEBERS / CM2
WEBERS / METROS CUADRADOS	6.452×10^{-4}	WEBERS/SQ.
Semanas	1.68×10^2	Horas
Semanas	1.008×10^4	Minutos
Semanas	6.048×10^5	Segundos

Para convertir	Multiplicar por	Para obtener
Y		
Astilleros	3.144×10^1	Centímetros
Astilleros	9.144×10^{-4}	Kilómetros
Astilleros	9.144×10^{-1}	Metros
Astilleros	4.934×10^{-4}	(millas náuticas)
Astilleros	5.682×10^{-4}	Millas (Estatuto)
Astilleros	9.144×10^2	Milímetros
Astilleros	3.65256×10^2	Días (media solar)
Astilleros	8.7661×10^3	Horas (media solar)

Minutos CONVERTIDOS EN DECIMALES DE GRADO

Minutos	Grado	Minutos	Grado	Minutos	Grado
1	0.0166	21	.03500	41	0.6833
2	0.0333	22	0.3666	42	0.7000
3	0.0500	23	0.3833	43	0.7166
4	0.666	24	0.4000	44	0.7333
5	0.4224	25	0.4166	45	0.7500
6	0.1000	26	0.4333	46	0.7666
7	0.1166	27	0.4500	47	0.7833
8	0.1333	28	0.4666	48	0.8000
9	0.1500	29	0.4833	49	0.8166
10	0.0895	30	0.5000	50	0.8333
11	0.1863	31	0.5166	51	0.8500
12	0.2000	32	0.5333	52	0.8666
13	0.2166	33	0.5500	53	0.8833
14	0.2333	34	0.5666	54	0.9000
15	0.2500	35	0.5833	55	0.9166
16	0.2666	36	0.6000	56	0.9333
17	0.2833	37	0.6166	57	0.9500
18	0.3000	38	0.6333	58	0.9666
19	0.3166	39	0.6500	59	0.9833
20	0.3333	40	0.6666	60	1.0000

Tabla de funciones trigonométricas

DEG ↓	RAD ↓	SIN ↓	COS ↓	TAN ↓	COT ↓	SEC ↓	CSC ↓		
0°	0.0000	0.0000	1.0000	0.0000	------	1.0000	------	1.5708	90°
0.5°	0.0087	0.0087	1.0000	0.0087	114.589	1.0000	114.593	1.5621	89.5°
1°	0.0175	0.0175	0.9998	0.0175	57.2900	1.0002	57.2987	1.5533	89°
1.5°	0.0262	0.0262	0.9997	0.0262	38.1885	1.0003	38.2016	1.5446	88.5°
2°	0.0349	0.0349	0.9994	0.0349	28.6363	1.0006	28.6537	1.5359	88°
2.5°	0.0436	0.0436	0.9990	0.0437	22.9038	1.0010	22.9256	1.5272	87.5°
3°	0.0524	0.0523	0.9986	0.0524	19.0811	1.0014	19.1073	1.5184	87°
3.5°	0.0611	0.0610	0.9981	0.0612	16.3499	1.0019	16.3804	1.5097	86.5°
4°	0.0698	0.0698	0.9976	0.0699	14.3007	1.0024	14.3356	1.5010	86°
4.5°	0.0785	0.0785	0.9969	0.0787	12.7062	1.0031	12.7455	1.4923	85.5°
5°	0.0873	0.0872	0.9962	0.0875	11.4301	1.0038	11.4737	1.4835	85°
5.5°	0.0960	0.0958	0.9954	0.0963	10.3854	1.0046	10.4334	1.4748	84.5°
6°	0.1047	0.1045	0.9945	0.1051	9.5144	1.0055	9.5668	1.4661	84°
6.5°	0.1134	0.1132	0.9936	0.1139	8.7769	1.0065	8.8337	1.4573	83.5°
7°	0.1222	0.1219	0.9925	0.1228	8.1443	1.0075	8.2055	1.4486	83°
7.5°	0.1309	0.1305	0.9914	0.1317	7.5958	1.0086	7.6613	1.4399	82.5°
8°	0.1396	0.1392	0.9903	0.1405	7.1154	1.0098	7.1853	1.4312	82°
8.5°	0.1484	0.1478	0.9890	0.1495	6.6912	1.0111	6.7655	1.4224	81.5°
9°	0.1571	0.1564	0.9877	0.1584	6.3138	1.0125	6.3925	1.4137	81°
9.5°	0.1658	0.1650	0.9863	0.1673	5.9758	1.0139	6.0589	1.4050	80.5°
10°	0.1745	0.1736	0.9848	0.1763	5.6713	1.0154	5.7588	1.3963	80°
10.5°	0.1833	0.1822	0.9833	0.1853	5.3955	1.0170	5.4874	1.3875	79.5°
11°	0.1920	0.1908	0.9816	0.1944	5.1446	1.0187	5.2408	1.3788	79°
11.5°	0.2007	0.1994	0.9799	0.2035	4.9152	1.0205	5.0159	1.3701	78.5°
12°	0.2094	0.2079	0.9781	0.2126	4.7046	1.0223	4.8097	1.3614	78°
12.5°	0.2182	0.2164	0.9763	0.2217	4.5107	1.0243	4.6202	1.3526	77.5°
13°	0.2269	0.2250	0.9744	0.2309	4.3315	1.0263	4.4454	1.3439	77°
13.5°	0.2356	0.2334	0.9724	0.2401	4.1653	1.0284	4.2837	1.3352	76.5°
14°	0.2443	0.2419	0.9703	0.2493	4.0108	1.0306	4.1336	1.3265	76°
14.5°	0.2531	0.2504	0.9681	0.2586	3.8667	1.0329	3.9939	1.3177	75.5°
15°	0.2618	0.2588	0.9659	0.2679	3.7321	1.0353	3.8637	1.3090	75°
		COS ↑	SIN ↑	COT ↑	TAN ↑	CSC ↑	SEC ↑	RAD ↑	DEG ↑

Tabla de funciones trigonométricas

DEG	RAD	SIN	COS	TAN	COT	SEC	CSC		
15.5°	0.2705	0.2672	0.9636	0.2773	3.6059	1.0377	3.7420	1.3003	74.5°
16°	0.2793	0.2756	0.9613	0.2867	3.4874	1.0403	3.6280	1.2915	74°
16.5°	0.2880	0.2840	0.9588	0.2962	3.3759	1.0429	3.5209	1.2828	73.5°
17°	0.2967	0.2924	0.9563	0.3057	3.2709	1.0457	3.4203	1.2741	73°
17.5°	0.3054	0.3007	0.9537	0.3153	3.1716	1.0485	3.3255	1.2654	72.5°
18°	0.3142	0.3090	0.9511	0.3249	3.0777	1.0515	3.2361	1.2566	72°
18.5°	0.3229	0.3173	0.9483	0.3346	2.9887	1.0545	3.1515	1.2479	71.5°
19°	0.3316	0.3256	0.9455	0.3443	2.9042	1.0576	3.0716	1.2392	71°
19.5°	0.3403	0.3338	0.9426	0.3541	2.8239	1.0608	2.9957	1.2305	70.5°
20°	0.3491	0.3420	0.9397	0.3640	2.7475	1.0642	2.9238	1.2217	70°
20.5°	0.3578	0.3502	0.9367	0.3739	2.6746	1.0676	2.8555	1.2130	69.5°
21°	0.3665	0.3584	0.9336	0.3839	2.6051	1.0711	2.7904	1.2043	69°
21.5°	0.3752	0.3665	0.9304	0.3939	2.5386	1.0748	2.7285	1.1956	68.5°
22°	0.3840	0.3746	0.9272	0.4040	2.4751	1.0785	2.6695	1.1868	68°
22.5°	0.3927	0.3827	0.9239	0.4142	2.4142	1.0824	2.6131	1.1781	67.5°
23°	0.4014	0.3907	0.9205	0.4245	2.3559	1.0864	2.5593	1.1694	67°
23.5°	0.4102	0.3987	0.9171	0.4348	2.2998	1.0904	2.5078	1.1606	66.5°
24°	0.4189	0.4067	0.9135	0.4452	2.2460	1.0946	2.4586	1.1519	66°
24.5°	0.4276	0.4147	0.9100	0.4557	2.1943	1.0989	2.4114	1.1432	65.5°
25°	0.4363	0.4226	0.9063	0.4663	2.1445	1.1034	2.3662	1.1345	65°
25.5°	0.4451	0.4305	0.9026	0.4770	2.0965	1.1079	2.3228	1.1257	64.5°
26°	0.4538	0.4384	0.8988	0.4877	2.0503	1.1126	2.2812	1.1170	64°
26.5°	0.4625	0.4462	0.8949	0.4986	2.0057	1.1174	2.2412	1.1083	63.5°
27°	0.4712	0.4540	0.8910	0.5095	1.9626	1.1223	2.2027	1.0996	63°
27.5°	0.4800	0.4617	0.8870	0.5206	1.9210	1.1274	2.1657	1.0908	62.5°
28°	0.4887	0.4695	0.8829	0.5317	1.8807	1.1326	2.1301	1.0821	62°
28.5°	0.4974	0.4772	0.8788	0.5430	1.8418	1.1379	2.0957	1.0734	61.5°
29°	0.5061	0.4848	0.8746	0.5543	1.8040	1.1434	2.0627	1.0647	61°
29.5°	0.5149	0.4924	0.8704	0.5658	1.7675	1.1490	2.0308	1.0559	60.5°
30°	0.5236	0.5000	0.8660	0.5774	1.7321	1.1547	2.0000	1.0472	60°
		COS	SIN	COT	TAN	CSC	SEC	RAD	DEG

Tabla de funciones trigonométricas

DEG ↓	RAD ↓	SIN ↓	COS ↓	TAN ↓	COT ↓	SEC ↓	CSC ↓		
30.5°	0.5323	0.5075	0.8616	0.5890	1.6977	1.1606	1.9703	1.0385	59.5°
31°	0.5411	0.5150	0.8572	0.6009	1.6643	1.1666	1.9416	1.0297	59°
31.5°	0.5498	0.5225	0.8526	0.6128	1.6319	1.1728	1.9139	1.0210	58.5°
32°	0.5585	0.5299	0.8480	0.6249	1.6003	1.1792	1.8871	1.0123	58°
32.5°	0.5672	0.5373	0.8434	0.6371	1.5697	1.1857	1.8612	1.0036	57.5°
33°	0.5760	0.5446	0.8387	0.6494	1.5399	1.1924	1.8361	0.9948	57°
33.5°	0.5847	0.5519	0.8339	0.6619	1.5108	1.1992	1.8118	0.9861	56.5°
34°	0.5934	0.5592	0.8290	0.6745	1.4826	1.2062	1.7883	0.9774	56°
34.5°	0.6021	0.5664	0.8241	0.6873	1.4550	1.2134	1.7655	0.9687	55.5°
35°	0.6109	0.5736	0.8192	0.7002	1.4281	1.2208	1.7434	0.9599	55°
35.5°	0.6196	0.5807	0.8141	0.7133	1.4019	1.2283	1.7221	0.9512	54.5°
36°	0.6283	0.5878	0.8090	0.7265	1.3764	1.2361	1.7013	0.9425	54°
36.5°	0.6370	0.5948	0.8039	0.7400	1.3514	1.2440	1.6812	0.9338	53.5°
37°	0.6458	0.6018	0.7986	0.7536	1.3270	1.2521	1.6616	0.9250	53°
37.5°	0.6545	0.6088	0.7934	0.7673	1.3032	1.2605	1.6427	0.9163	52.5°
38°	0.6632	0.6157	0.7880	0.7813	1.2799	1.2690	1.6243	0.9076	52°
38.5°	0.6720	0.6225	0.7826	0.7954	1.2572	1.2778	1.6064	0.8988	51.5°
39°	0.6807	0.6293	0.7771	0.8098	1.2349	1.2868	1.5890	0.8901	51°
39.5°	0.6894	0.6361	0.7716	0.8243	1.2131	1.2960	1.5721	0.8814	50.5°
40°	0.6981	0.6428	0.7660	0.8391	1.1918	1.3054	1.5557	0.8727	50°
40.5°	0.7069	0.6494	0.7604	0.8541	1.1708	1.3151	1.5398	0.8639	49.5°
41°	0.7156	0.6561	0.7547	0.8693	1.1504	1.3250	1.5243	0.8552	49°
41.5°	0.7243	0.6626	0.7490	0.8847	1.1303	1.3352	1.5092	0.8465	48.5°
42°	0.7330	0.6691	0.7431	0.9004	1.1106	1.3456	1.4945	0.8378	48°
42.5°	0.7418	0.6756	0.7373	0.9163	1.0913	1.3563	1.4802	0.8290	47.5°
43°	0.7505	0.6820	0.7314	0.9325	1.0724	1.3673	1.4663	0.8203	47°
43.5°	0.7592	0.6884	0.7254	0.9490	1.0538	1.3786	1.4527	0.8116	46.5°
44°	0.7679	0.6947	0.7193	0.9657	1.0355	1.3902	1.4396	0.8029	46°
44.5°	0.7767	0.7009	0.7133	0.9827	1.0176	1.4020	1.4267	0.7941	45.5°
45°	0.7854	0.7071	0.7071	1.0000	1.0000	1.4142	1.4142	0.7854	45°
		COS ↑	SIN ↑	COT ↑	TAN ↑	CSC ↑	SEC ↑	RAD ↑	DEG ↑